国际电气工程先进技术译丛

# 嵌入式系统中的
# 辐射效应

## Radiation Effects on Embedded Systems

［法］拉乌尔·委拉兹克（Raoul Velazco）

［法］帕斯卡·弗埃雷特（Pascal Fouillat）　　等著

［巴西］里卡多·赖斯（Ricardo Reis）

黄云　张战刚　雷志锋　师谦　何玉娟　刘远　岳龙　译

机 械 工 业 出 版 社

本书由法国 TIMA 实验室的 Raoul Velazco、法国波尔多第一大学的 Pascal Fouillat 和巴西南里奥格兰德联邦大学的 Ricardo Reis 共同编著，从环境、效应、测试、评价、加固和预计等方面全面详细介绍了嵌入式系统中的辐射效应，主要内容包括空间辐射环境、微电子器件中的辐射效应、电子器件的在轨飞行异常、多层级故障效应评估、基于脉冲激光的单粒子效应测试和分析技术、电路的加固方法及自动化工具、辐射效应试验测试设备以及数字架构的错误率预计方法等。

本书内容全面、丰富且针对性强，覆盖了电子器件及系统辐射效应的方方面面。区别于其他电子系统辐射效应论著，本书从工程化的角度论述空间辐射效应评估、地面模拟、软错误率预计等技术以及国际上目前先进的研究方法论，同时兼具基础性和理论性。

本书适合专业从事电子器件及系统辐射效应研究的科研人员和工程化应用的技术人员阅读和借鉴；同时，也可为该领域的“新人”（如研究生）提供必备的基础知识。

# 译 者 序

2015 年 5 月 8 日，国务院正式印发的《中国制造 2025》明确了航空/航天装备国产化和自主可控的发展方向。随着我国航空航天事业的飞速发展，载人航天、月球探测、北斗导航、深空探测等航天工程对抗辐射电子学提出了迫切需求，大型飞机、宽体客机、干支线飞机、直升机、无人机、通用飞机等军民用飞机研制和产业化的发展使国内越来越关注大气中子辐射效应及其检测方法。近些年，在国家大力支持和行业迫切需求的背景下，国内航天抗辐射行业迅速发展，基础科研、产品、应用、试验等相关人员队伍迅速壮大，但国内辐射效应及其试验方法等相关书籍很少，难以满足科技人员的需要。此外，随着微电子器件的特征尺寸不断减小，集成度不断提高，电子器件及系统中的单粒子效应越来越严重，成为威胁航天、航空电子系统安全可靠运行的重要隐患。

本书由法国 TIMA 实验室的 Raoul Velazco、法国波尔多第一大学的 Pascal Fouillat 和巴西南里奥格兰德联邦大学的 Ricardo Reis 共同编著，从环境、效应、测试、评价、加固和预计等方面全面详细介绍了嵌入式系统中的辐射效应，主要内容包括空间辐射环境、微电子器件中的辐射效应、电子器件的在轨飞行异常、多层级故障效应评估、基于脉冲激光的单粒子效应测试和分析技术、电路的加固方法及自动化工具、辐射效应试验测试设备以及数字架构的错误率预计方法等。

本书内容全面、丰富且针对性强，覆盖了电子器件及系统辐射效应的方方面面。区别于其他电子系统辐射效应论著，本书从工程化的角度论述空间辐射效应评估、地面模拟、软错误率预计等技术以及国际上目前先进的研究方法论，同时兼具基础性和理论性。本书适合专业从事电子器件及系统辐射效应研究的科研人员和工程化应用的技术人员阅读和借鉴；同时，也可为该领域的"新人"（如研究生）提供必备的基础知识。

本书的翻译和校对工作主要由工业和信息化部电子第五研究所电子元器件可靠性物理及其应用技术重点实验室的辐射效应研究团队完成。其中，第 1 章和第 4 章由岳龙翻译，第 2 章和第 5 章由刘远翻译，第 3 章和第 11 章由张战刚翻译，第 6 章和第 12 章由雷志锋翻译，第 7 章和第 8 章由师谦翻译，第 9 章和第 10 章由何玉娟翻译，最后由黄云负责统稿和审校。

机械工业出版社为本书的出版发行提供了大力支持，在此表示衷心感谢！

由于译者水平有限，译本中难免有不妥之处，敬请读者不吝指正。

黄 云

于工业和信息化部电子第五研究所

电子元器件可靠性物理及其应用技术重点实验室

# 原 书 前 言

从 1962 年高海拔核测试导致的 Telestar 卫星失效开始，自然或人造辐射可能干扰电子设备的操作这一事实已被人们所知晓。今天，航天器高度依赖于电子学。因此，空间辐射效应必须在设计阶段就予以考虑，以保证这些项目的高可靠性和安全性要求。即使宇航级器件存在，在设计和/或制造层面采用所谓的辐射效应"加固"，它们相比于同等货架产品（Commercial Off The Shelf，COTS）的高成本和低性能导致其用于空间的元器件量产（不是专门设计用于空间）是准强制性的。这给未来任务的可行性和成功带来一个巨大挑战：一方面，必须尽可能地理解空间环境的本质和变化性；另一方面，必须评价空间环境对电子器件的影响，考虑持续演化的技术和多种多样的器件种类。

此外，随着制造技术的持续发展，纳米电子器件的特点（晶体管的尺寸、操作频率）导致其潜在地对地球大气，甚至地面上的粒子敏感。各种各样应用中的大量集成电路产生一个不可忽略的概率：晶体管出现错误，统称为"SEE"（Single Event Effects，单粒子效应），源于大气中子与硅中原子核反应产生的二次粒子电离。这使得高可靠性/安全性的应用必须强制地在应用设计的前期考虑这些问题，引入需要的硬件/软件错误耐受性机制。

估计一个器件或架构对辐射的敏感性是深入了解辐射对可靠性/安全性层次影响的强制步骤。这样一个步骤要求辐射地面测试，即所谓的加速测试，通过辐射装置，如粒子加速器或激光设备，和对应用环境建模的软件工具来执行。这样的估计，尤其对于导致存储器单元内容扰动的单粒子翻转（SEU），也可能要求实现故障注入；在故障注入中，辐射效应的影响在对目标器件合适描述可用的层次被考虑。基于不使用束流的故障注入方法获得结果的实现和利用构成了一个宝贵的信息源，涉及应用的 SEE 敏感性估计和一个设计或架构潜在的、应被加固的弱点识别。

本书致力于为读者提供重要的指南，用于处理当今空间以及高海拔大气或地面应用中应当包括的元器件辐射效应。本书包括一系列章节，基于 2005 年 11 月 20 -25 日在巴西玛瑙斯市举办的"用于空间的嵌入式系统辐射效应国际学校"的内容。本书共分十二章，前三章分别涉及空间辐射环境的分析和建模、电子器件辐射效应的基础机理、累积或瞬态辐射效应导致的一系列已知的电子器件飞行异常案例描述。

接着的三章致力于多级错误效应的评价、辐射对模拟和混合信号电路的影响［转变为单粒子瞬态（SET）和单粒子翻转（SEU）］、用于 SEU 模拟的脉冲激光技术基理。

后续的三章涉及辐射效应的减缓技术：用于 CMOS 技术、保护电路不受辐射效应影响的设计加固（HBD）方法学，FPGA 中的辐射效应和相关的缓和技术，设计加固自动工具的研究和进展。

　　最后三章致力于 SEE 和剂量测试的装置描述、数字架构错误率预计的测试方法学和工具以及一个脉冲激光系统用于研究辐射导致的集成电路单粒子瞬态的可能性。列出了三个案例研究，用于说明这种技术空间和时间分辨率的优点。

**Raoul Velazco，Pascal Fouillat，Ricardo Reis**

# 目　　录

# 第 1 章　空间辐射环境

Jean – Claude Boudenot

THALES, RD 128, 91767 Palaiseau Cedex（法国）

（jean – claude. boudenot@ thalesgroup. com）

**摘要：**辐射带、太阳耀斑和宇宙射线是空间辐射环境的来源。辐射带内的电子、质子和日冕层大规模喷射释放的质子会对电子器件产生总剂量效应，而宇宙射线以及太阳耀斑中的重离子会对电子器件产生重离子效应。在本章第一部分，首先回顾这些辐射效应。在本章第二部分，将会对影响低轨卫星的原子氧环境、太阳紫外射线、微流星体以及人造空间碎片环境进行阐述。

## 1.1　空间辐射效应

### 1.1.1　空间辐射环境：范艾伦带、太阳耀斑、太阳风和宇宙射线

地球及其邻近的环境受到大气层的保护，大气层相当于半渗透型的屏蔽层，能够让光线和热量透过，而阻挡宇宙射线和紫外线。因为这样的自然保护在空间有限，人类和电子器件必须能够应对一系列由辐射环境造成的危害。

我们的讨论对象仅限于空间常见的辐射环境，并将这些现象按照来源划分为四类：辐射带、太阳耀斑、太阳风和宇宙射线。尽管这些划分方法是人为规定的（四种辐射环境有时是相互重叠的），但是这种划分方法对于后续对相关辐射效应的研究是有益的。请注意，我们关心的粒子环境是不同来源的电子、质子和重离子，它们具有不同的能量。电子和质子主要产生总剂量效应；重离子和质子产生一系列特殊的效应，这些效应被归类为单粒子效应（Single Event Effect，SEE）。

#### 1. 辐射带

辐射带包含俘获电子和质子。俘获电子分为内带电子和外带电子。内带电子的能量小于5MeV。外带电子能量高达7MeV。另外，外带电子的通量的波动程度以及通量的强度都要大于内带电子。值得指出的是，在1991年3月24日出现了地球磁暴，此时人们发现了第三个辐射带。该辐射带位于原辐射带内带和外带之间，其中包含的电子能量可达30MeV。

辐射带俘获的离子环境中还包含一个内质子辐射带。同时，在 1991 年 3 月 24 日的磁暴期间，人们发现了第二个这样的质子辐射带，其中质子能量可达 100MeV。强烈的磁暴会产生新的辐射带，其寿命不确切估计可达 2 年以上。

如同电子和质子一样，重离子也会被磁层俘获，这个辐射环境被称为 ACR 或异常宇宙射线，这种现象很早就被发现了。1991 年，Grigorou 推论如果离子能量低于 50MeV/核，离子就可以被磁层俘获。这个推论在 1993 年的 SAMPEX 卫星的测试结果中得到了证实。这个离子带主要是由轻质的粒子（He、C、N、O、Ne 等）产生的，而且这些离子具有很低的能量。俘获的离子易受太阳活动的影响，具有很低的穿透能力，基本不会对电子器件产生影响。但是要注意的是，这些离子对宇航员具有一定的辐射危害：会对人体产生较高的生物学效应，表现为高等效剂量辐射危害。

**2. 太阳耀斑**

太阳黑子的活动周期为 11 年，按照对人类活动的影响程度，这个周期又可粗略地划分为四个低活动年和 7 个高活动年。有两类事件与本书介绍的辐射环境相关，其一为日冕物质喷射，这个过程持续 7 天，抛洒出高能质子（可达几百 MeV）。具有标志性的事件是 1972 年 8 月发生的太阳质子爆发。当时正值第 20 次太阳活动周期，超过 30MeV 的质子中 84% 的部分来自于这次事件。第二类事件为一些瞬态事件或者短时脉冲事件，这些过程主要抛洒出重离子。太阳耀斑中的高能离子具有每核几十 MeV 到几百 GeV 的能量，只发生一次电离，不同的事件产生的离子成分不同，详细结果可参见 1977 年 9 月和 1989 年 10 月 24 日的重离子耀斑。

**3. 太阳风**

太阳日冕的温度很高（约为 $2 \times 10^6$ K），可以将电子加速到足够高的能量而脱离太阳引力的束缚，从日冕中喷射而出。从日冕中喷发电子会导致电荷不平衡，从而诱发质子和重离子的喷发。最终形成一种稀薄的等离子体，且具有极高的温度。在这种稀薄的等离子中的离子是均匀分布的。等离子体的能量密度超过它的磁场强度，使得太阳磁场在等离子中是"冻结"的。这个电中性的等离子体以 300 ~ 900km/s 的速度流出太阳表面，其温度为 $10^4$ ~ $10^6$ K。其中离子能量范围为 0.5 ~ 2keV/核。太阳风中的离子密度为 1 ~ 30g/cm$^3$。太阳风中离子的成分为 P$^+$ 占 95%、He$^{++}$ 占 4%、其他重离子比重小于 1%。同时其中还存在等电量的电子，以保证电中性。

受太阳风密度（太阳耀斑）、太阳风速度（日冕物质喷/抛射）和太阳内嵌磁场方向变化的影响，地磁场会发生扰动。日冕物质抛射和太阳耀斑会造成太阳风的扰动，这些扰动与地球磁层发生交互作用会导致地磁暴和地磁亚暴。磁暴的频次与太阳活动的强度密切相关，较大规模的地磁暴与日冕物质抛射的关系更加密切。在太阳活动极大年，太阳磁场的扰动明显，这些扰动会造成地磁场线的压缩。当地磁场线出现压缩时，地球受阳面的等离子体就会被推向地球表面。当等离子体接近地球表面时，电子和离子就会受到地球磁场作用而发生转向，这样的结果使得位于当地时间午夜和上午 6 点之间轨道上的航天器会遭遇大量的高能电子。从而可以得出一个结论，当地时间午夜和上午 6 点之间轨道上的航天器运行安全是最值得关注的问题。

而在地球同步轨道上，正常情况下，等离子体温度很高（平均值为：电子约 2keV，离子约 10keV），密度低（$10 \sim 100/\mathrm{cm}^3$），在地磁暴期间其温度上升（平均值为：电子约 10keV，离子约 14keV），但密度下降（$1\mathrm{cm}^3$）；低地球轨道上，等离子体温度低并且不具有产生充电的能力。另外由于高能粒子能够沿着地磁场线运动，因此高轨道的高能等离子体也可能影响到低轨道如极地轨道航天器的运行。通过原位观察显示，极地轨道上的电子可以被加速约几千电子伏，产生的等离子环境可造成严重的充放电现象。这些等离子体被限制在极区附近一个环形的区域，在这个区域磁场线进入低轨道高度。因为航天器仅仅是周期性地穿越这个区域，所以在极区的充电过程是极短的。一般的低能量等离子能够起到中和电荷的作用，而且密度较高，充电现象越能够得到缓解；而在高能量低密度等离子体环境中，这种中和效应就较低，而在这种环境下，航天器表面充电更为严重。

### 4. 太阳风：产生的效应和消除方法

材料的光吸收和光电子发射特性不同，同时接收到的太阳辐照的程度也会出现差异，局域效应会产生非均匀的电子分布，这些因素会造成航天器绝缘体表面的电位差（这个现象称为差异表面充电）。另外，如果电子能量足够高，可以射入热防护层内部，这会引发表面和部件内部的充电。航天器上典型的绝缘体有线缆外皮、非接地的包覆层、热控涂层、密封材料等。更高能量的电子将穿透子系统底盘部件，将电荷沉积在电路板上、线缆绝缘层上、连接器上、电容上等。在这个过程中，高能电子穿透电路板元件和器件，在绝缘材料内形成内建陷阱电荷，这个过程称为深度绝缘体充电。

消除上述充电现象的方法包括使用金属线网阻止放电产生的瞬态脉冲，使用表面覆盖层（涂层等）和一些能够消除沉积电荷的材料。利用屏蔽层对敏感的器件或材料进行保护，从而降低高能电子的入射通量也是值得建议的方法。

### 5. 宇宙射线

宇宙射线是由高能子核组成的。在实际情况下，宇宙线包含 1% 的重核离子、83% 的质子、13% 的氦核和 3% 的电子。这些辐射离子的来源还未被完全确认。我们所知的是这些离子中一部分来自银河系的外部，其余的来自于银河系内部。宇宙射线中的离子能量非常高（大多数离子能量可达 $3 \times 10^{20}\,\mathrm{eV}$，接近

50J），而人们对这些离子的加速机制还不能全面了解。银河射线在到达磁层附近时近似各向同性。但是一旦这些射线离子与地磁场发生耦合，各向同性就不再保持。银河宇宙线的离子成分与星系中的离子成分近似一致，看来这是受到了星际间物质作用的影响。低于 1GeV/核的粒子束通量与太阳活动有关。

## 1.1.2 剂量效应：产生原因、对电子器件的影响、辐射强度

空间环境中遇到的总剂量效应几乎都归因于辐射带的俘获电子和太阳耀斑发射的质子。

电离总剂量的评估。评估电子元器件受到的总剂量，人们通常通过剂量沉积曲线来描述，这个曲线主要是描述电子或质子穿过不同厚度屏蔽层（通常模型为空心铝球体）后沉积到元器件中的剂量。这条曲线通常被用作规范，因为在计算剂量率时通常要按照航天器任务进行评估。然后考虑指定的电子元器件在航天器中的确切位置以及不同的屏蔽层（如航天用绝缘体、印制电路插件和壳体部件等）利用这条曲线对剂量率进行计算。通常，可以通过两种方法计算，其一为基于"区域分析"的解析法，即通过剂量剖面的权重加和计算，即积分法。另一种方法是 Monte – Carlo 法。

轨道的影响。在低地球轨道上（300～5000km），辐射粒子的空间分布不均匀：外电子辐射带在高纬度（极区形成的号角形区域）接近地表，在南大西洋中心区有一个高密度的辐射带粒子区域（主要是电子和质子）。这就意味着：

1）位于低赤道轨道（300km）的航天器受到的辐射量较小。

2）在倾角小于 45° 的低轨道的航天器会受到南大西洋异常区的影响（SAA）。

3）在倾角大于 55° 的低极地轨道的航天器（即太阳同步轨道航天器）既会受到南大西洋异常区的影响也会受到极区号角形区域的影响。

4）在轨道高度超过 1400km（即星座卫星）会受到剂量效应的强烈影响。质子辐射带的总剂量效应会对卫星产生进一步的影响，使得卫星承受的总剂量要超过地球同步轨道的剂量。

在地球同步静止轨道（36000km 高度）和中地球轨道（5000～36000km）总剂量辐射的主要来源是外电子带。比如，地球同步轨道上服役 18 年，经 5mm 铝屏蔽后其接收到的累积剂量为 100 krad 而经 10mm 铝屏蔽的剂量为 10krad。屏蔽盒对电子的屏蔽效果十分突出，因此在这样的轨道上采用屏蔽盒进行局域屏蔽是十分有效的（作为比较，2000km 高度的卫星，经 10mm 铝屏蔽后，5 年接收到的总剂量在 300 krad 的范围）。

剂量效应：辐射强度。电子器件所能承受的总剂量与器件工艺水平有关。标准 CMOS 货架产品所能承受的总剂量为 1 至几十 krad，而加固的 CMOS 器件的抗

总剂量水平可达 100krad ~ 1Mrad。标准双极型器件的抗总剂量水平优于标准 CMOS 器件，可达几十 krad 到 100krad。GaAs 器件本身具有优秀的抗总剂量辐射能力，可达 1 Mrad 或者更高。但是人们需要特别注意以下的物理因素，因为总剂量效应还受很多相关因素的影响，如①剂量率（双极型工艺下会出现低剂量率增强效应，相反 MOS 工艺下会出现高剂量率增强效应）；②辐射前后的偏置条件；③辐射后的恢复时间（退火和恢复）；④其他的许多因素。

### 1.1.3 位移效应：产生原因、对电子器件的效应、辐射强度

高于 1400km 的低轨道飞行器会受到辐射带质子产生的原子位移效应的影响。这个效应与军事服役的武器遭受中子辐射后产生的效应相似，目前为止，这种辐射效应在空间中或多或少被忽略。质子辐射带中出现了越来越多的新轨道，航天工业不得不将质子诱发的位移效应列入辐射分析的范畴。位移效应是采用非电离能量损失（Non Ionizing Energy Loss，NIEL）来定量描述的，这是相对于电离剂量的一个物理量，值得注意的是质子不同于电子，是有质量的电荷，因此质子辐射既可产生电离效应也会产生位移效应。

各种器件所能承受的位移相应的量级如下：CCD 和光联器件能够承受 $10^{11}$ n（相当于 1MeV 中子）/$cm^2$；双极型器件能承受 $10^{12}$ n（相当于 1MeV 中子）/$cm^2$；MOS 器件可承受 $10^{14}$ n（相当于 1MeV 中子）/$cm^2$；GaAs 能承受 $10^{15}$ n（相当于 1MeV 中子）/$cm^2$。

举个例子，低地球轨道上 1400 ~ 2000km 的高度上，位移损伤的量级为 $10^{12} \sim 3 \times 10^{12}$ n（相当于 1MeV 中子）/$cm^2$。这个位移损伤数量是与屏蔽厚度无关的。对于高集成度的模拟器件，如 CCD 和光纤陀螺，这种轨道辐射效应需要着重考虑。

### 1.1.4 重离子效应：产生原因、对电子器件的效应、辐射强度

重离子在物质中运行轨迹为直线。离子质量越大，在其运行轨迹上沉积的电离能量越多。事实上，利用线性能量沉积（Linear Energy Transfer，LET）这个物理量可对重离子的电离能力进行描述。线性能量沉积表述为每单位轨迹长度内沉积的电离能，一般 LET 值随离子的原子序数增加而增大。不同能量的不同离子的 LET 值可以通过计算得出，在进行此类计算时，我们首先要注意的是，目前已知的最大 LET 值为 $100MeV \cdot cm^2/mg$。当离子穿过器件的敏感区时，就会在其轨迹上电离出电荷，在电场作用下，这些电荷会被收集，产生离子电流。离子电流会产生多种影响：

1）单粒子翻转（Single Event Upset，SEU），这是一种瞬态效应，对存储器影响较大。

2）单粒子锁定（Single Event Latch-up，SEL），这个效应会造成器件的损毁，主要是在 CMOS 结构器件上发生。

3）单粒子烧毁（Single Event Burnout，SEB），会产生破坏性的影响，主要影响功率 MOSFET。

4）单粒子栅穿（Single Event Gate Rupture，SEGR），会造成潜在性的破坏，主要影响亚微米结构器件。

5）单粒子硬错误（Single Hard Error，SHE），主要是指除 SEB 和 SEGR 以外的单粒子效应导致的永久性破坏的事件。

器件对重离子单粒子效应的敏感程度可利用两个参数进行衡量：其一为 LET 阈值；其二为截面。当离子在器件中的 LET 值超过不同效应的阈值时，沉积的能量就会发生相应的单粒子效应。截面用来描述一个离子作用于敏感区的概率。截面越高，器件对单粒子效应越敏感。从技术的角度出发，目前所有工艺下制成的器件都会对单粒子效应敏感。敏感区体积越大，器件越容易受到单粒子效应的影响。这就是双极型工艺器件要比 MOS 工艺器件对 SEE 更敏感，以及体硅 MOS 器件比 SOI MOS 器件对 SEE 更敏感的原因。随着器件集成度的提高以及大规模集成电路的发展，需要小心选择相应的元器件以抵抗单粒子效应的影响。

## 1.1.5 质子效应：产生原因（直接或间接）、对电子器件的效应、辐射强度

质子引发的单粒子翻转现象早在 1990 年就已被证实。对于重离子的单粒子效应可以划分为非破坏性效应（如 SEU）以及破坏性效应（如 SEL 和 SEB）。下面就要对质子与物质交互作用时产生的非直接效应和直接效应进行区分，非直接效应是由质子与物质原子核作用产生的（如散裂反应），进而通过反应产物间接电离导致的单粒子效应，直接效应是质子在器件敏感区发生的直接电离造成的单粒子效应。

研究表明，即使最恶劣的质子辐射（能量最高）在器件中产生直接翻转的现象也只是偶然事件。相反，质子与原子核发生作用产生由重离子残片形成的反冲核或者形成两个具有相似质量的两个离子，这些二次离子会产生间接的 SEE，这种情况更容易发生。

产生间接重离子事件的质子来源有三个：

1）耀斑质子，主要影响同步轨道和低极地轨道。

2）中地球轨道的辐射带质子。

3）低地球轨道的南大西洋异常区。

相对于重离子，磁层对质子产生了天然的屏蔽。这种屏蔽作用的效果依赖于轨道类型和服役的时间。对于同步轨道和高倾角的低轨道这种屏蔽作用很弱，但

对于小倾角的低轨道作用很强。此外，在太阳活动期最大时，质子和重离子的通量是最小的，这是因为星际间磁场强化了对离子的散射，这使得离子无法到达磁层。需注意的是，重离子产生的直接效应和间接效应随轨道类型和元器件类型的变化要相对明显些。

## 1.2  其他效应

### 1.2.1  原子氧：来源和效应

原子氧是 200km 大气的主要物质，200km 处原子氧的密度为 $10^9$ ~ $10^{10}$ atom/cm$^3$，800km 时为 $10^5$ atom/cm$^3$（每立方厘米中含有的原子个数）。原子氧密度还随太阳活动发生变化，800km 时太阳活动极小年，原子氧密度为 $10^4$ atom/cm$^3$，极大年为 $10^8$ atom/cm$^3$。由于原子氧具有较高的速度（8km/s）和温度（800K 相当于 5eV），因此其氧化能力得到了加强。

原子氧的作用是多种多样的：

1）材料的侵蚀。作用效果因材料而异：

① 对 Al 和 Au 侵蚀效果很弱。

② 对 Kapton 侵蚀明显（#$3 \times 10^{-24}$ cm$^3$/atom）：对 ISSA 有 500 μm 30 年了。

③ 对 Ag 的腐蚀最明显（#$10.5 \times 10^{-24}$ cm$^3$/atom）。

2）引起电互连线氧化。

3）造成反射镜反射率下降。

4）导致热控能力下降（$\alpha_s$；$\varepsilon$）。

5）产生荧光。

消除这些原子氧效应的措施主要有选择适当的轨道高度减少对原子氧的暴露，选择原子化学稳定、高溅射阈值的材料，采用防护涂层对表面进行防护，尽量避免敏感表面和器件迎向原子氧入射方向，通过降低航天器截面减少气动阻力。

### 1.2.2  太阳紫外线：来源和效应

太阳光谱相当于 5600K 的黑体辐射。在没有大气保护，即没有紫外线过滤器（臭氧层过滤器 $\lambda < 0.3$ μm）时，航天器会受到紫外线的照射。紫外线具有高能量（0.13μm 9.2eV；0.39μm 3.2eV），在照射材料时会引起材料的化学键合断裂。以下给出了几种典型的化学断键的能量：

1）C≡C（0.14μm）；C≡N（0.13μm）；C≡O（0.16μm）。

2）C=C（0.20μm）；C=N（0.19μm）；C=O（0.16μm）。

3）C - C（0.36m）；C - N（0.36μm）；C - O（0.36μm）。

太阳紫外辐射产生的效应：

1）纤维退化。

2）光学暗化（产生色心）。

3）热学参数变化（$\alpha_s$；$\varepsilon$）（对航天器服役期内的许多材料 $\Delta\alpha_s = 0.01$）。

4）力学性能下降。

### 1.2.3 微流星体：来源和效应

微流星体有两类：①连续的背底（全向且无固定周期）；②流星雨（定向且具有周期性）就像英仙座和狮子座流星雨一样。这种微流星体的质量为 $10^{-10}$ ~ 1g，密度为 0.5 ~ 2g/cm³，速度为 10 ~ 70km/s。微流星体产生的效应有：

1）表面材料的侵蚀。

2）热控层性能变化：$\Delta\alpha_s$、$\Delta\varepsilon$。

3）敏感表面污染。

4）壳体击穿。

5）这些效应与流星体尺寸有关：

① 0.1mm→侵蚀。

② 1mm→严重损伤。

③ 3mm 速度 10km/s 携带的动能相当于一个以 100km/h 速度运动的保龄球的动能。

④ 1cm 粒子动能相当于 180kg。

### 1.2.4 轨道碎片：来源和效应

轨道碎片是常见的轨道环境，当其运动方向与飞行器方向相反时，其对航天器影响最大，其运动的速度小于微流星体。轨道碎片的数量受太阳周期影响，太阳活动会增加气动阻力。

1）碎片来源有：

① 废弃的航天器、推进器、航天爆炸碎片。

② 碎片。

③ 固体火箭燃料颗粒，表面侵蚀掉的颗粒。

2）碎片数量在持续增长：

① 大于 1cm 的碎片为 30000 ~ 100000 颗。

② 大于 4cm 的碎片约为 20000 颗。

③ 大于 10cm 的碎片约为 7000 颗。

3）轨道碎片平均速度为 11km/s，产生的效应有：

① 壳体击穿。

② 热控层性能变化：$\Delta\alpha_s$、$\Delta\varepsilon$。

③ 敏感表面污染。

④ 表面材料的侵蚀。

消除微流星体和轨道碎片的影响措施有选择适当的轨道和倾角减少碎片的撞击，避免敏感器件和结构迎向碎片，采用层状减振结构保护关键部位。

# 参 考 文 献

[1] Alan Tribble : The space environment. Implications for spacecraft design., Princeton University Press (1995).

[2] Andrew Holmes-Siedle and Len Adams : Handbook of radiation effects., Oxford science publications (1993).

[3] N.J. Rudie : Principles and techniques of radiation hardening., Western Periodicals Company (1986).

[4] Jean-Claude Boudenot : L'environnement spatial., Coll. Que sais-je? 2$^d$ Edn. PUF (1996).

[5] Jean-Claude Boudenot & Gérard Labaune : Compatibilité électromagnétique et nucléaire, Ed. Ellipses (1998).

# 第 2 章 微电子器件的辐射效应

R. D. Schrimpf

空间与国防电子研究所，范德堡大学，纳什维尔市，田纳西州 37235，美国

ron. schrimpf@ vanderbilt. edu

**摘要：**空间中电子系统可能受到不同种类粒子与光子的辐射，这些辐射效应将导致电路出现参数的长期退化或状态的瞬态变化，因此有必要了解电子器件与电路的辐射效应。本章对与空间环境相关的器件级辐射效应进行概述，包括 MOS 器件与双极型器件等。基于大量单粒子效应的分析，本章提出了一种分析单粒子效应的新型仿真方法；相较于分析平均粒子入射下器件响应的传统仿真方法，该方法可提供更精确的分析结果。

## 2.1 引言

随着微电子材料与器件结构的发展，集成电路在近五年的变化较过去四十年都快。虽然部分变革仍停留在实验室层面，但许多变革已应用于主流产品。部分变革将影响集成电路的抗辐照加固。在辐射效应中，能量吸收、载流子产生、载流子输运、载流子捕获与陷阱生成等效应均与集成电路中所用的材料有关。与器件常规电学特性相关的辐射诱生固定电荷、寿命退化、器件边缘与器件间泄漏电流等效应均取决于器件尺寸及掺杂情况。此外，考虑受尺寸减小所造成的多位翻转效应、与粒子入射角度有关的增强效应等现象，高速电路相较于原先的旧工艺对单粒子效应越发敏感。过去业界常将大尺寸器件的总剂量效应与单粒子效应分别展开研究；然而由于单个粒子入射也可能诱发电离和损伤，这两种效应之间的研究界限在近年来逐渐模糊。本书分别考虑了长期与瞬态两种类别的辐射效应，对先进工艺中辐射效应的主导机制进行了回顾。

### 2.1.1 长期效应

辐射将在器件与电路内诱生相对稳定、长期的变化，这将造成参数退化或功能失效。总剂量辐射主要对绝缘层产生影响，其将诱生陷阱电荷与界面态。非电离能量损失将造成位移损伤，这将在绝缘层与半导体区域内产生缺陷。在早期工艺中，可假定沉积能量累积随空间呈均匀分布来分析以上效应。该假设的准确与

否取决于器件尺寸及单个粒子或光子能量沉积区域的大小。在小于 130nm 的器件中，该近似将不再成立。

氧化层固定电荷（$N_{ot}$）指辐射诱生的电荷，其通常为正电荷且性能较稳定。在较薄且高质量的栅氧化层中，由于产生氧化层固定电荷的空间较小且其容易隧穿出氧化层，因而其影响通常较小。然而，在介电常数 K 高的介质中，其有效厚度较大，其相比于热氧化层更容易受到电离辐射效应的影响[1-3]。在先进 MOS 集成电路中，场氧化层与钝化层结构较器件有源区对辐射更为敏感[4]。电离辐射亦将在半导体/绝缘层界面处诱生界面态，其将与半导体在短时间内交换电荷。在 MOSFET 中，界面态将使得亚阈 $I-V$ 曲线变缓，并使得反型层迁移率降低。在双极型器件中，辐射诱生界面态会导致表面复合率增加，这将使其电流增益随总剂量的增加而减小[5]。边界陷阱类似于微结构中的氧化层陷阱，但其电学特性则类似于慢界面态[6]。

粒子辐射所沉积的非电离能量将使得原子出现位移现象并产生新的缺陷。这些缺陷将减小载流子寿命与迁移率、改变载流子密度并使得光学器件中的非辐射传输过程增加。少子器件对位移损伤将更为敏感。

## 2.1.2 瞬态效应

随着栅氧化层的减薄及掺杂浓度的增加，商用器件的抗总剂量辐照能力在近年来得到显著提升。然而，随着器件尺寸减小与相关工艺改良，微电子器件对于瞬态辐射效应将更为敏感[7]。单个电离粒子（单粒子效应）或高剂量率电离辐射（剂量率效应）均将产生瞬态效应。

单粒子效应是影响空间用电子系统的严重问题之一，对航空及海洋用电子系统亦呈现出越来越严重的影响。单个电离粒子的电荷沉积可造成一系列效应，包括单粒子翻转、单粒子瞬态、单粒子功能紊乱、单粒子闩锁、单粒子介质击穿等。通常，器件尺寸减小、电路速度提升将使得某种工艺对单粒子效应的敏感程度提升[8]。单粒子效应可能由直接电离、核反应过程或弹性碰撞产生的二次粒子所引起。近年来，先进器件的重离子辐射、光子辐射试验结果表明：SEE 响应是不可预测的（如本章参考文献 [9]）。

在高剂量率辐射环境中，辐射所产生的能量在整个集成电路中呈近似于均匀分布。高剂量率辐射产生的光电流将导致集成电路的 rail-span 崩溃、模块翻转以及金属线烧毁[10]。根据系统工作需求，可决定该器件是否需要工作在该剂量率环境下，或者暂时关机以避开该环境。

## 2.2 MOS 器件

### 2.2.1 阈值电压漂移

电离辐射诱生氧化层固定电荷与界面态将引起器件阈值电压漂移，这在过去曾是 MOS 器件辐射效应的主要影响因素。但在先进 MOS 工艺中，阈值电压漂移量的影响已不再显著，其原因将在后文讨论。相同的物理机制也将影响场氧化层的性能，并造成较大的泄漏电流。

氧化层固定电荷通常为正电荷；界面态的电荷态则与表面势、陷阱的物理属性有关。氧化层固定电荷与界面态电荷的静电性能可由泊松方程进行描述。考虑一维泊松方程，MOSFET 中纵向电场可通过下式进行分析：

$$\frac{\mathrm{d}E}{\mathrm{d}x} = -\frac{\mathrm{d}^2 V}{\mathrm{d}x^2} = \frac{\rho}{\varepsilon} \tag{2-1}$$

式中，$E$ 为电场；$V$ 为静电势；$\rho$ 为空间电荷密度；$\varepsilon$ 为介电常数。

当 MOSFET 暴露于电离辐射环境时，辐射将在器件内产生电子 - 空穴对；所产生载流子的数量直接取决于材料内沉积的能量，通常可由总电离剂量（TID）进行描述；剂量单位通常为 Gray（1 焦耳/千克）或 rad（100ergs/g），而 1Gray 等于 100rad。在高能辐射中，在 Si 中产生一个电子 - 空穴对所需的能量通常为 3.6eV，而在 SiO$_2$ 中则需要近 18eV。

硅材料中辐射诱生的载流子将在电场作用下漂移或扩散，部分载流子将被复合。载流子逃过初期复合的概率取决于载流子浓度及其电场大小。载流子在硅材料中的输运将造成瞬态电流的变化，并进而影响电路工作，但其对器件特性并无长期、稳定的影响。然而，氧化层中电子迁移率较高，其在相关偏压作用下将很快被移出氧化层；而所剩下的空穴迁移率较低，其将部分被氧化层中陷阱所捕获；陷阱捕获电荷与陷阱能级有关。初始条件下，辐射诱生空穴将分布在整个氧化层内，而深能级陷阱却大部分集中在 Si/SiO$_2$ 界面[11]。当在栅氧化层上施加正电压时（N 沟道 MOSFET 处于开启状态），空穴将向界面处漂移，此处部分空穴将被陷阱所捕获。

在 Si/SiO$_2$ 界面，除氧化层固定电荷外，电离辐射亦将在禁带内诱生部分电子能级（界面态）。界面态通常呈施主态（当无电荷占据时呈正电性，当被电子占据时呈中性）或受主态（当无电荷占据时呈中性，当被电子占据时呈负电性）。界面态的产生过程包括以下步骤[12]：①辐射诱生空穴在氧化层中被捕获，随后释放 H 离子；②H 离子（通常为质子）向 Si/SiO$_2$ 界面漂移或扩散；③质子与界面处被氢钝化的陷阱互相作用，并释放出 H$_2$ 分子，进而形成陷阱态[13-15]；

④氢分子输运出界面。界面态电荷将影响器件的电学工作，其将与陷阱相关的能级一起作为复合中心，并由此使得表面复合速率增加。

在栅氧化层无固定电荷、$Si/SiO_2$ 界面处无界面态条件下，MOSFET 器件阈值电压为

$$V_T = \begin{cases} \varPhi_{MS} + 2\phi_F + \dfrac{1}{C_{ox}}\sqrt{2\varepsilon_s q N_A(2\phi_F)} & \text{N 沟道} \\[3mm] \varPhi_{MS} + 2\phi_F - \dfrac{1}{C_{ox}}\sqrt{2\varepsilon_s q N_D(2|\phi_F|)} & \text{P 沟道} \end{cases} \tag{2-2}$$

式中，$\varPhi_{MS}$ 为金属栅 – 半导体的功函数差；$\phi_F$ 为体电势；$C_{ox}$ 为单位面积的氧化层电容；$\varepsilon_s$ 为硅的介电常数；$q$ 为电荷量；$N_A$ 为 P 型硅中的掺杂密度；$N_D$ 为 N 型硅中的掺杂密度。

辐照诱生氧化层固定电荷将影响器件的阈值电压，阈值电压漂移量取决于固定电荷密度及其空间分布，有

$$\Delta V_T = -\frac{1}{\varepsilon_{ox}}\int_0^{x_{ox}} x\rho_{ox}(x)\,\mathrm{d}x \tag{2-3}$$

式中，$V_T$ 为阈值电压；$\varepsilon_{ox}$ 为二氧化硅的介电常数；$x_{ox}$ 为氧化层厚度；$\rho_{ox}$ 为氧化层内的电荷密度；$x$ 为氧化层中的空间位置。如果所有电荷均处于 $Si/SiO_2$ 界面，其影响将最为显著，而阈值电压漂移量将转为

$$\Delta V_T = -\frac{Q_{int}}{C_{ox}} \tag{2-4}$$

式中，$Q_{int}$ 为界面处总的电荷密度；$C_{ox} = \varepsilon_{ox}/x_{ox}$。

陷阱电荷分布在整个氧化层内，但其空间分布通常是未知的。为表征氧化层内电荷对静电势的影响，可简单通过电荷的面密度来进行等效分析，其通常被定义为氧化层固定电荷密度 $Q_{ot}$（氧化层电荷的数量为 $N_{ot}$）。该电荷对阈值电压漂移量的贡献为

$$\Delta V_{ot} = -\frac{Q_{ot}}{C_{ox}} \tag{2-5}$$

界面态电荷与表面势有关，因而界面态对阈值电压漂移量的贡献也依赖于表面势的数值。当栅压为阈值电压时，表面势通常定义为体内表面处少子电荷数等于多子电荷数时的电势，即

$$\phi_s = 2\phi_F \tag{2-6}$$

在该条件下，表面陷阱内的电荷是唯一的，其对阈值电压漂移量的贡献为

$$\Delta V_{it} = -\frac{Q_{it}}{C_{ox}} \tag{2-7}$$

式中，$Q_{it}$ 为阈值电压处表面陷阱所捕获电荷态的面密度（其电荷数量为 $N_{it}$）。辐射诱生界面态在硅能级上半部分通常呈受主态，在硅能级的下半部分通常为施

主态。因此，当费米能级处于禁带中心时，界面态的网电荷密度近似为 0。对于 N 沟道 MOSFET 而言，在阈值电压处的费米能级通常高于禁带中心，因而禁带下半部分的施主态通常被填满并呈中性，而禁带上半部分被填满的受主态通常呈负电性。与此相似，P 沟道 MOSFET 中界面态的网电荷通常呈正电性。

由氧化层固定电荷与界面态电荷所引起阈值电压总的漂移量为

$$\Delta V_{\mathrm{T}} = \Delta V_{\mathrm{ot}} + \Delta V_{\mathrm{it}} \tag{2-8}$$

对于 N 沟道 MOSFET 而言，由氧化层固定电荷所引起阈值电压的漂移量通常为负值，而由界面态所引起阈值电压的漂移量通常为正值；总漂移量则可正可负。然而，对于 P 沟道 MOSFET 而言，两者所引起阈值电压的漂移量均为负值。在 N 沟道 MOSFET 中，某些情况下氧化层固定电荷密度与界面态密度均很大，但其阈值电压漂移量却相对较小；但这并不是一个理想的现象，因为其结果将直接取决于辐射剂量率、温度和其他影响因素。此外，在阈值电压未发生显著变化等情况下，其他器件参数（例如亚阈斜率、载流子迁移率等）亦可能出现退化。

辐射诱生氧化层内固定电荷的密度与氧化层厚度呈等比关系。此外，氧化层固定电荷对阈值电压的影响也直接取决于电荷距离栅电极的距离。在考虑电荷产生的空间及静电势指向条件下，阈值电压漂移量可表征为

$$\Delta V_{\mathrm{T}} = - \frac{Q_{\mathrm{ot}}}{C_{\mathrm{ox}}} \propto x_{\mathrm{ox}}^2 \tag{2-9}$$

因此，相比于场氧化层和旧工艺条件下的栅氧化层，先进栅氧化层等的薄氧化层对总剂量辐射较不敏感。事实上，受隧穿效应等影响，距界面 5nm 内的绝大部分电荷将很快被移除，这使得薄栅氧化层对总剂量辐射的敏感程度较先前预估的更小。

## 2.2.2 退化效应

考虑库伦散射效应，辐射诱生电荷将显著影响反型层的迁移率。电荷是否影响载流子的散射取决于其是否存在于界面附近；相较于氧化层体内的电荷，界面态电荷将对迁移率产生更大影响。业界已分析未辐照器件中界面电荷对 MOSFET 中反型层迁移率的影响[16]。考虑辐射诱生界面态与固定电荷密度，迁移率与界面态电荷密度的公式已被用于辐照后 MOSFET 器件[17]的有关电特性分析中[18]：

$$\mu = \frac{\mu_0}{1 + \alpha_{\mathrm{it}} N_{\mathrm{it}} + \alpha_{\mathrm{ot}} N_{\mathrm{ot}}} \tag{2-10}$$

式中，$\alpha_{\mathrm{it}}$ 和 $\alpha_{\mathrm{ot}}$ 为氧化层固定电荷与界面态对迁移率影响的两个参数。由于界面电荷对迁移率的影响远大于固定电荷的影响，因而 $\alpha_{\mathrm{it}}$ 远大于 $\alpha_{\mathrm{ot}}$。考虑界面态与氧化层固定电荷的影响，迁移率随电离辐射总剂量的变化如图 2-1 所示。

## 2.2.3　亚阈斜率

当栅压小于阈值电压时，MOS-FET 的源漏电流并不会迅速消失。当 $V_G < V_T$ 时，器件将工作在亚阈区。N 沟道 MOSFET 中亚阈电流将随表面势呈指数变化，其可表征为[19]

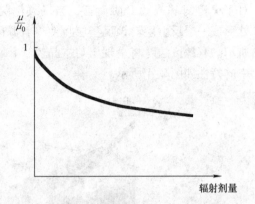

图 2-1　辐照后 MOSFET 器件中反型层载流子迁移率随辐射总剂量的变化

$$I_D = \frac{1}{2}\mu_n\left(\frac{W}{L}\right)\left(\frac{kT}{q}\right)^2 \frac{\sqrt{2\varepsilon_s q N_A}}{\sqrt{\phi_s - kT/q}}\exp$$

$$\left[\frac{q(\phi_s - 2\phi_F - V_{SB})}{kT}\right]\left(1 - e^{-\frac{qV_{DS}}{kT}}\right)$$

$$(2-11)$$

式中，$\mu_n$ 为电子迁移率；$W$ 为沟道宽度；$L$ 为沟道长度；$K$ 为玻耳兹曼常数；$T$ 为环境温度；$V_{SB}$ 为源–体电压；$V_{DS}$ 为源–漏电压。假设表面势近似于器件强反型时的电势值，此时亚阈斜率 $S$ 可近似估算为[19]

$$S = \left(\frac{\partial \log I_D}{\partial V_{GS}}\right)^{-1} = \left(\frac{kT}{q}\right)\ln(10)\left[1 + \frac{C_D}{C_{ox}} + \frac{C_{it}}{C_{ox}}\right] \qquad (2-12)$$

式中，$C_D$ 为单位面积的耗尽层电容；$C_{it}$ 为界面态等效的单位面积电容值。当氧化层电容较耗尽层及界面态电容大很多时，$S$ 的理想值通常为 59.6mV/decade。

随着辐射诱生界面态密度的增加，亚阈斜率将减小（$S$ 增加），MOSFET 的关断速度将更缓慢。随着 MOSFET 尺寸的减小，电源电压与阈值电压也将随之减小，亚阈斜率的变化将变得更加重要。在阈值电压很小且未施加栅压时，流过器件的电流将很大，如图 2-2 所示。这将造成器件额外功耗的增加；如果器件不能正常关断，甚至有可能导致功能错误。

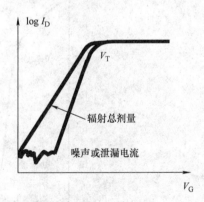

图 2-2　工作在亚阈区时 MOSFET 中源–漏电流随栅压的变化

## 2.2.4　MOSFET 的泄漏电流

如 2.2.1 节所述，随着栅氧化层厚度的等比例缩小，辐射诱生电荷对 MOS-FET 阈值电压漂移量的影响将很小。然而，环绕器件有源区的绝缘层依然很厚，因而这些场氧化层将决定绝大部分未加固 CMOS 集成电路的辐射响应。由于辐射将在这些氧化层中诱生正的固定电荷，在 Si 界面附近将有相应的负电荷聚集。

对于 P 型衬底或者 P 阱而言，当场氧化层内正电荷数量足够高时，其将在表面处形成一层反型层。该反型层将使得有源区边缘的器件源、漏区短路，如图 2-3 所示。有源区边缘将呈现出与主晶体管并联的另一个寄生晶体管，其在 SOI 器件中的特性如图 2-4 所示。

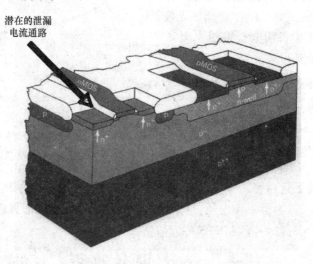

图 2-3  辐射在 N 沟道 MOSFET 中诱生源、漏间泄漏电流通路[20]

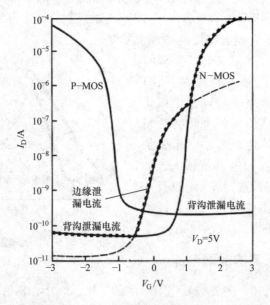

图 2-4  CMOS SOI 晶体管中源－漏电流随栅压的变化。对于辐射后的 N 沟道器件，
黑线表明泄漏电流对器件 $I-V$ 曲线的影响十分显著[20]

在相邻 N 型沟道器件的场氧区下方，辐射亦有可能诱使硅发生反型，并在一个器件的漏区与另一个器件的源区之间诱生泄漏电流。如果整个晶片中场氧化层下方的 P 型区域都反型，则将使得功耗大幅增加。电离辐射产生的网电荷通常为正电荷，因而场区反型现象通常针对 N 沟道 MOSFET 而言。

## 2.3　双极型器件

### 2.3.1　简介

在双极型器件中，总剂量电离辐射与位移损伤都将使得参与 Si/SiO$_2$ 表面或 Si 体内 Shockley – Read – Hall 复合的缺陷数量增加，这将使得基极电流上升、电流增益减小[21, 22]。除电流增益减小外，与上文所述 MOSFET 器件类似，双极型集成电路亦将出现器件 – 器件间或集电极 – 发射极间泄漏电流[23 - 27]。当电流增益超过某些值后，其影响机制已在部分电路中不再重要；此时，辐射诱生泄漏电流将是以上电路失效的主要机制。

BiCMOS 集成电路在衬底上同时集成了双极型与 MOS 晶体管。原则上，每种器件类型均应用于其擅长的领域。BiCMOS 工艺中双极型器件与 MOS 器件均将受到辐射的影响，因而两种类型的器件随辐射的特性退化（增益退化、泄漏电流、阈值电压漂移、表面迁移率退化等）均需被考虑。然而，BiCMOS 工艺却呈现出相当高的抗辐照能力[28, 29]。

### 2.3.2　电流成分

当 NPN BJT 处于正向工作区时，电子将从正向偏置的射 – 基结注入，再扩散过基区，最后在电场作用下扫过集电区的耗尽区，最终形成集电极电流。如果任何注入基区的电子都到达集电区，则集电区电流密度等于基区电子的扩散电流：

$$J_C = \frac{q D_{nB} n_{B0}}{W_B} \exp\left(\frac{q V_{BE}}{kT}\right) \tag{2-13}$$

式中，$J_C$ 为集电极电流密度；$D_{nB}$ 为基区的电子扩散率；$n_{B0}$ 为基区的平衡电子浓度；$W_B$ 为中立基区宽度；$V_{BE}$ 为基 – 射结电压。

在 NPN BJT 中，基区电流的主要成分包含基区向集电区的空穴背注入电流（$J_{B1}$）、射 – 基间耗尽区内的复合电流（$J_{B2}$）、中立基区的复合电流（$J_{B3}$）。在未辐射器件中，基区电流的背部注入部分为其主导成分。然而，对于辐射后的器件而言，$J_{B2}$ 和 $J_{B3}$ 都将增加；此时 $J_{B2}$ 将主导基区电流。当位移损伤主导器件退化时，$J_{B2}$ 和 $J_{B3}$ 将显著增加。$J_{B1}$ 为从基区扩散入发射区的空穴电流密度：

$$J_{\mathrm{B1}} = \frac{qD_{\mathrm{pE}}p_{\mathrm{E0}}}{L_{\mathrm{pE}}}\exp\left(\frac{qV_{\mathrm{BE}}}{kT}\right) \tag{2-14}$$

式中，$D_{\mathrm{pE}}$ 为发射区的空穴扩散率；$p_{\mathrm{E0}}$ 为发射区的平衡空穴浓度；$L_{\mathrm{pE}}$ 为空穴在发射区的扩散长度。相似方程亦可用于描述 PNP 晶体管的电学特性，仅需交换一下空穴与电子的角色即可。

### 2.3.3　射 - 基间耗尽区的复合效应

基区电流增加通常为电离辐射对 BJT 器件最主要的影响，这主要由射 - 基间耗尽区内复合效应的增强效应所引起。过剩基极电流被定义为基极电流相较于辐射前的增加值（$\Delta I_{\mathrm{B}} = I_{\mathrm{B}} - I_{\mathrm{B0}}$，此处 $I_{\mathrm{B0}}$ 为辐射前基极电流）。复合率的增加主要集中在靠近 Si/SiO$_2$ 界面附近的横向耗尽区内，这主要由界面态引起；此时界面态工作类似于复合中心，因而表面复合率将随界面态密度的增加而增加。当 BJT 受到粒子入射时，硅体内亦会有位移损伤出现，其所诱生的缺陷将减小少子寿命。

复合率的大小取决于其在耗尽区内所处的位置，通常在 $n = p$ 时达到顶峰。当复合率最高时，理想因子通常为 2（即 $\exp\left(\dfrac{qV}{n_{\mathrm{B}}kT}\right)$ 中的 $n_{\mathrm{B}}$），而基极电流中的理想成分则为 1。然而，必须计算整个耗尽区内的总复合率，以明确复合效应对基区电流的贡献。在考虑不同空间位置上器件的复合效应后，表面复合所引起过剩基极电流通常的理想因子介于 1 ~ 2 之间。然而，在大多数情况下仍可假定过剩基极电流由最大复合率所决定，其可表征为

$$J_{\mathrm{B2,surf}} \propto v_{\mathrm{surf}}\exp\left(\frac{qV}{2kT}\right) \tag{2-15}$$

$$J_{\mathrm{B2,bulk}} \propto \frac{1}{\tau_{\mathrm{d}}}\exp\left(\frac{qV}{2kT}\right) \tag{2-16}$$

式中，$J_{\mathrm{B2,surf}}$ 和 $J_{\mathrm{B2,bulk}}$ 为在 Si/SiO$_2$ 界面附近及硅体内的耗尽区内复合所导致的基区电流密度；$v_{\mathrm{surf}}$ 是表面复合速率；$\tau_{\mathrm{d}}$ 为耗尽区内的少子寿命。尽管耗尽区内复合效应所引起基极电流随电压的变化速度远小于基区电流中背注入电流分量 $J_{\mathrm{B1}}$ 的增长速度，该效应在较低的射 - 基偏压下仍较为显著。

### 2.3.4　中立基区的复合效应

当少子从发射区注入基区后，部分少子将在它们到达集电区之前被复合。这种中立基区的复合效应将出现在体硅内或 Si/SiO$_2$ 表面（如果 Si 表面为中性，则取决于氧化层内电荷或基区上方其他电极的偏压）。在未受到辐射的器件中，该部分复合的少子数量较少；然而在辐射后器件中，该部分的少子数量较为显著。

如果基区内少子的平均寿命为 $\tau_{\mathrm{B}}$，则由复合过程所引起的基区电流密度为

$$J_{B3} = \frac{Q_B}{\tau_B} = \frac{qW_B n_{B0} \exp\left(\dfrac{qV_{BE}}{kT}\right)}{2\tau_B} \qquad (2\text{-}17)$$

与射－基间耗尽区的复合效应不同的是，中立基区的理想因子接近于 1，而射－基间耗尽区的理想因子趋近于 2。中立基区的复合效应通常将主导 BJT 器件的位移损伤效应。

## 2.3.5　电流增益

共射极电流增益通常定义为集电极电流与基极电流的比值：

$$\beta = \frac{I_C}{I_B} \qquad (2\text{-}18)$$

当 BJT 被辐照后，基极电流随之增加，而集电极电流通常保持不变，这将使得器件电流增益下降[30, 31]。一个典型的古梅尔（Gummel）曲线（log $I_C$ 与 $I_B$ 随 $V_{BE}$ 的变化）示例如图 2-5 所示。对于该器件而言，除极低偏压条件外，集电极电流通常维持不变，而基极电流却显著增加；这将使得器件电流增益明显下降，在较低偏压条件下尤为明显（此时基极电流迅速上升）。未辐射 NPN BJT 器件的电流增益随 $V_{BE}$ 的变化如图 2-6 所示。

由于注入基区的载流子数量仅仅依赖于基区掺杂和外加偏置，因而在给定偏置条件下，射－基间耗尽区复合效应的增加并不能使得集电极电流减小。如果耗尽区复合效应增加，则发射极、基极电流均增加，而集电极电流维持不变。然而，当注入基区的载流子复合后，其并不能到达集电结，因而集电极电流也将减少。

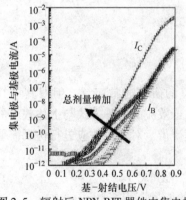

图 2-5　辐射后 NPN BJT 器件中集电极电流与基极电流随基－射结电压的变化

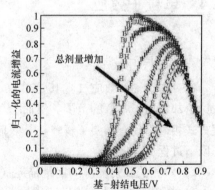

图 2-6　辐射后 NPN BJT 器件中归一化电流增益随基－射结电压的变化

电离辐射引入氧化层的固定电荷通常为正电荷，因而 PN 结的耗尽区将在 P 区部分展宽。就 NPN 器件而言，其轻掺杂 P 型基区表面将变为耗尽。复合率在电子与空穴数量相等时达到最大值，该种情况通常发生在耗尽区。

复合效应在发射极边缘更为明显，因而表面复合所导致的过剩基极电流与发射极周长成比例变化关系[32]。由于过剩基极电流（与发射极周长成比例）较基极电流的理想成分（与发射极面积呈比例）大许多，因而拥有较大的周长－面积比版图布局的器件将对电离辐射更为敏感。

由于辐射诱生陷阱电荷通常聚集在 N 型基区表面，这将使得射－基间耗尽区的宽度减小，因而垂直 PNP 晶体管相比于垂直 NPN 器件更抗辐照。固定电荷将使得 P 型发射区反型；但由于发射区体内通常为重掺杂，因而该效应相对较微弱。

在横向 PNP BJT 晶体管中，过剩基极电流随表面复合速率成比例变化，且将随表面陷阱的数量呈近线性变化关系。然而，该种增长亦受到基区上方氧化层固定电荷的调控。该种正电荷将在基区表面聚集并遏制表面复合。因而，辐射诱生氧化层固定电荷与表面复合速率的增加将相互抑制。然而，辐射导致表面复合速率上升与氧化层固定电荷调控这两种效应的耦合过程通常将诱使横向 PNP 晶体管电流增益出现显著退化。

在 LNPN 器件中，电流通常呈横向流动，其流动区域一般为表面复合中心聚集的区域；而 SPNP 器件中电流传输途径却呈纵向流动。因而，在常用双极型工艺中，横向 PNP 晶体管较衬底 PNP 晶体管对电离辐射效应更为敏感。当系统需要承受较高剂量的电离辐照时，必须避免使用 LPNP 器件。两种极性的垂直 BJT 器件均具有较高的抗电离辐照能力。

## 2.4　单粒子效应

### 2.4.1　引言

针对瞬态辐射效应（尤其是单粒子效应）的研究非常广泛，但对其进行深入讨论却超出了本章的范围。然而，尽管单粒子效应的处理方式与上述效应的处理方式相似，仍有必要了解单粒子效应的物理模型。对辐射效应进行仿真需要考虑以下过程：

1）对相关辐射环境的定量描述（粒子流、能量等）。

2）辐射与电子材料相互作用过程中形成的能量沉积。

3）能量与电荷、陷阱之间的转换过程。

4）辐射诱生电荷在半导体或绝缘体中的传输过程。

5）电荷被捕获过程。

6）考虑辐射诱生电荷与陷阱条件下器件的电流－电压特性。

7）解析模型中参数的提取过程。

8）考虑辐射诱生瞬态效应与参数改变条件下电路的仿真过程。

基于对大量单个粒子相互作用的详细描述与分析，本节将提供一种单粒子效应仿真的近似方法。单个能量粒子入射后，所形成空间与时间上电荷的沉积分布将作为器件仿真的输入文件[33]，其最终将决定电路级别的输出响应。该近似方法的概述如图 2-7 所示。

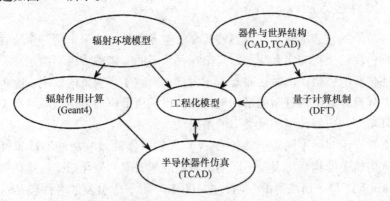

图 2-7　分等级的辐射效应仿真工具组织结构

近年来，常可通过描述粒子轨迹上的平均能量沉积来定量描述辐射与器件间的相互作用，如线性能量传输 LET 或非电离能量损失 NIEL 等。该近似的有效性强烈依赖于器件的面积，并通过对辐射效应的集总得到；由于该近似仅考虑单粒子效应，其已不再适用于高集成度的器件。通过考虑单个主要粒子所引发的一系列响应，由此来描述辐射环境并研究其对器件的影响，采用该近似可获得器件平均响应和统计学分析结果。与常用辐射效应仿真方法不同的是：多比特翻转、有源器件附近材料内发生的二次辐射、微剂量和高局域态位移损伤等与相关器件微结构相关的辐射过程都可被定量分析。

## 2.4.2　仿真方法

基于范德堡大学所开发的 MRED（蒙特卡罗辐射能量沉积）代码和商用器件仿真软件，即可对辐射沉积能量、器件中电荷传输及后续电路级效应进行仿真。基于 Geant4（一个基于 C＋＋程序开发的复杂模型库）所开发的 MRED 软件，即可采用蒙特卡洛仿真方法对辐射与物质间的相互作用进行仿真。对于一个系统而言，则必须考虑单个粒子等级的效应；而平均响应通常并不是平均激发所引起的响应。对于绝大部分小尺寸器件而言，单粒子效应即为全部效应。

MRED 可用于描述一系列单个粒子效应。这些效应通常是三维的，其所产生的粒子包含电子、质子、中子和其他亚原子粒子、大原子碎片、声子等。所提供的能量取决于空间和时间，并伴随着部分可引发电离的能量分量。采用商用工具可处理该信息，将其转化为三维电荷分布，随后在器件仿真软件中将其自动网格化。器件仿真软件可模拟瞬态电流随时间的变化；若该器件被嵌入电路仿真中，则可决定电路是否出现翻转。对一系列单个粒子效应的仿真即可在更高层次分析电路级响应，例如翻转横截面与事件粒子特性之间的关系等。

### 2.4.3 器件级效应

平均粒子的轨迹结构将作为器件仿真的输入文件；如果采用一个实际的粒子结构，则仿真结果将与实际测量结果出现显著不同。考虑该种不确定性，在通过仿真方法估算电路错误率时，需要考虑大量单个粒子所引发的效应。除考虑能量沉积的差异性外，空间分布的不均匀性将使得该情形更加复杂。该情况类似于实际空间环境与加速器环境测试类似的遭遇。

图2-8 显示四种不同质子（100MeV）入射下器件级响应的不确定性。每种粒子的入射轨迹结构都将引发不同的源漏电流随时间的变化响应。这些结果是针对 0.18μm MOSFET 所取得的，四种由 100MeV 质子所引发的事件包括：①考虑 LET 值的平均效应；②考虑 delta 电子所引起的效应；③$(p, \alpha)$ 相互作用；④分裂作用。

图2-8 中所示的 LET 值表明该响应对应的是一个平均粒子，而其他三个图

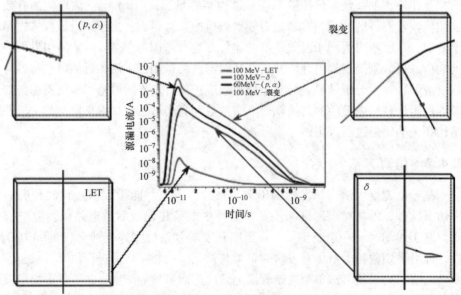

图2-8 四种 100MeV 质子入射下，0.18μm MOSFET 器件漏源电流随时间的变化：
①考虑 LET 值的平均效应；②考虑 delta 电子所引起的效应；③$(p, \alpha)$ 相互作用；④分裂作用[34]

则分别对应单个粒子所可能引起的响应。其他三种响应所引起的漏源电流分别较 LET 粒子所引起的大 $10^4 \sim 10^6$ 量级。Delta 电子将直接穿过器件敏感区，这会比大量能量沉积所取得的结果更有效。

## 2.5 概述

明确电子系统的辐射效应是一个复杂、持久的挑战过程。随着现有工艺的每一次革新，将呈现出新的辐射效应并修正旧的辐射效应。近年来，新材料与新器件结构的引入极大加速了该种变革。本章回顾了部分影响半导体器件辐射效应的潜在机理，尤其是针对影响 MOSFET 和 BJT 器件退化的基本机制进行回顾。本文重点分析了决定现在与未来工艺对辐射敏感性的相关物理现象。

本书还描述了电子系统辐射效应的仿真近似方法。采用 Geant4 等软件可对大量的单个粒子行为进行描述。随后基于用户定义的标准（包括能量沉积的数量等），可选择部分特殊单粒子效应用于器件仿真。许多极端效应与常见效应均可以得到准确的仿真结果。在很多传统近似方法不再适用的情况下，该仿真近似可提供并优化小尺寸器件中单粒子效应的仿真能力。

## 致谢

感谢 Hugh Barnaby，Dan Fleetwood，Ken Galloway，Lloyd Massengill，Sokrates Pantelides，Robert Reed，Bob Weller 和 Marcus Mendenhall 在技术讨论上的帮助。

# 参 考 文 献

[1] J. A. Felix, D. M. Fleetwood, R. D. Schrimpf, J. G. Hong, G. Lucovsky, J. R. Schwank, and M. R. Shaneyfelt, "Total-Dose Radiation Response of Hafnium-Silicate Capacitors," *IEEE Trans. Nucl. Sci.*, vol. 49, pp. 3191-3196, 2002.

[2] J. A. Felix, H. D. Xiong, D. M. Fleetwood, E. P. Gusev, R. D. Schrimpf, A. L. Sternberg, and C. D'Emic, "Interface trapping properties of $Al_2O_3/SiO_xN_y/Si(100)$ nMOSFETS after exposure to ionizing radiation," *Microelectron. Engineering*, vol. 72, pp. 50-54, 2004.

[3] J. A. Felix, M. R. Shaneyfelt, D. M. Fleetwood, T. L. Meisenheimer, J. R. Schwank, R. D. Schrimpf, P. E. Dodd, E. P. Gusev, and C. D'Emic, "Radiation-induced charge trapping in thin $Al_2O_3/SiO_xN_y/Si[100]$ gate dielectric stacks," *IEEE Trans. Nucl. Sci.*, vol. 50, pp. 1910-1918, 2003.

[4] M. Turowski, A. Raman, and R. D. Schrimpf, "Nonuniform total-dose-induced charge distribution in shallow-trench isolation oxides," *IEEE Transactions on Nuclear Science*, vol. 51, pp. 3166-3171, 2004.

[5] R. D. Schrimpf, "Gain Degradation and Enhanced Low-Dose-Rate Sensitivity in Bipolar Junction Transistors," *Int. J. High Speed Electronics and Systems*, vol. 14, pp. 503-517, 2004.

[6] D. M. Fleetwood, "Border Traps' in MOS Devices," *IEEE Trans. Nucl. Sci.*, vol. 39, pp. 269-271, 1992.

[7] P. E. Dodd and L. W. Massengill, "Basic mechanisms and modeling of single-event upset in digital microelectronics," *IEEE Trans. Nucl. Sci.*, vol. 50, pp. 583-602, 2003.

[8] P. E. Dodd, M. R. Shaneyfelt, J. A. Felix, and J. R. Schwank, "Production and propagation of single-event transients in high-speed digital logic ICs," *IEEE Trans. Nucl. Sci.*, vol. 51, pp. 3278-3284, 2004.

[9] R. A. Reed, P. W. Marshall, H. S. Kim, P. J. McNulty, B. Fodness, T. M. Jordan, R. Reedy, C. Tabbert, M. S. T. Liu, W. Heikkila, S. Buchner, R. Ladbury, and K. A. LaBel, "Evidence for angular effects in proton-induced single-event upsets," *IEEE Trans. Nucl. Sci.*, vol. 49, pp. 3038-3044, 2002.

[10] L. W. Massengill, S. E. Diehl, and J. S. Browning, "Dose-Rate Upset Patterns in a 16K Cmos Sram," *IEEE Trans. Nucl. Sci.*, vol. 33, pp. 1541-1545, 1986.

[11] G. F. Derbenwick and B. L. Gregory, "Process Optimization of Radiation Hardened CMOS Circuits," *IEEE Trans. Nucl. Sci.*, vol. 22, pp. 2151-2158, 1975.

[12] N. S. Saks and D. B. Brown, "Interface Trap Formation via the Two-Stage $H^+$ Process," *IEEE Trans. Nucl. Sci.*, vol. NS-36, pp. 1848-1857, 1989.

[13] S. T. Pantelides, S. N. Rashkeev, R. Buczko, D. M. Fleetwood, and R. D. Schrimpf, "Reactions of Hydrogen with Si-SiO$_2$ Interfaces," *IEEE Trans. Nucl. Sci.*, vol. 47, pp. 2262-2268, 2000.

[14] S. N. Rashkeev, D. M. Fleetwood, R. D. Schrimpf, and S. T. Pantelides, "Proton-Induced Defect Generation at the Si-SiO$_2$ Interface," *IEEE Trans. Nucl. Sci.*, vol. 48, pp. 2086-2092, 2001.

[15] S. N. Rashkeev, D. M. Fleetwood, R. D. Schrimpf, and S. T. Pantelides, "Defect generation by hydrogen at the Si-SiO$_2$ interface," *Phys. Rev. Lett.*, vol. 87, pp. 165506.1-165506.4, 2001.

[16] S. C. Sun and J. D. Plummer, "Electron Mobility in Inversion and Accumulation Layers on Thermally Oxidized Silicon Surfaces," *IEEE Trans. Electron Devices*, vol. ED-27, pp. 1497-1508, 1980.

[17] K. F. Galloway, M. Gaitan, and T. J. Russell, "A Simple Model for Separating Interface and Oxide Charge Effects in MOS Device Characteristics," *IEEE Trans. Nucl. Sci.*, vol. NS-31, pp. 1497-1501, 1984.

[18] D. Zupac, K. F. Galloway, P. Khosropour, S. R. Anderson, R. D. Schrimpf, and P. Calvel, "Separation of Effects of Oxide-Trapped Charge and Interface-Trapped Charge on Mobility in Irradiated Power MOSFETs," *IEEE Trans. Nucl. Sci.*, vol. 40, pp. 1307-1315, 1993.

[19] C. Y. Chang and S. M. Sze, ULSI Devices. New York, NY: Wiley-Interscience, 2000.

[20] J. Y. Chen, CMOS Devices and Technology for VLSI. Saddle River, NJ: Prentice Hall, 1990.

[21] R. D. Schrimpf, "Recent Advances in Understanding Total-Dose Effects in Bipolar Transistors," *IEEE Trans. Nucl. Sci.*, vol. 43, pp. 787-796, 1996.

[22] S. L. Kosier, A. Wei, R. D. Schrimpf, D. M. Fleetwood, M. DeLaus, R. L. Pease, and W. E. Combs, "Physically Based Comparison of Hot-Carrier-Induced and Ionizing-Radiation-Induced Degradation in BJTs," *IEEE Trans. Electron Devices*, vol. 42, pp. 436-444, 1995.

[23] R. L. Pease, R. M. Turfler, D. Platteter, D. Emily, and R. Blice, "Total Dose Effects in Recessed Oxide Digital Bipolar Microcircuits," *IEEE Trans. Nucl. Sci.*, vol. NS-30, pp. 4216-4223, 1983.

[24] J. L. Titus and D. G. Platteter, "Wafer Mapping of Total Dose Failure Thresholds in a Bipolar Recessed Field Oxide Technology," *IEEE Trans. Nucl. Sci.*, vol. 34, pp. 1751-1756, 1987.

[25] E. W. Enlow, R. L. Pease, W. E. Combs, and D. G. Platteter, "Total dose induced hole trapping in trench oxides," *IEEE Trans. Nucl. Sci.*, vol. 36, pp. 2415-2422, 1989.

[26] J. P. Raymond, R. A. Gardner, and G. E. LaMar, "Characterization of radiation effects on trench-isolated bipolar analog microcircuit technology," *IEEE Trans. Nucl. Sci.*, vol. 39, pp. 405-412, 1992.

[27] W. C. Jenkins, "Dose-rate-independent total dose failure in 54F10 bipolar logic circuits," *IEEE Trans. Nucl. Sci.*, vol. 39, pp. 1899-1902, 1992.

[28] M. Dentan, E. Delagnes, N. Fourches, M. Rouger, M. C. Habrard, L. Blanquart, P. Delpierre, R. Potheau, R. Truche, J. P. Blanc, E. Delevoye, J. Gautier, J. L. Pelloie, d. Pontcharra, O. J.; Flament, J. L. Leray, J. L. Martin, J. Montaron, and O. Musseau, "Study of a CMOS-JFET-bipolar radiation hard analog-digital technology suitable for high energy physics electronics," *IEEE Trans. Nucl. Sci.*, vol. 40, pp. 1555-1560, 1993.

[29] M. Dentan, P. Abbon, E. Delagnes, N. Fourches, D. Lachartre, F. Lugiez, B. Paul, M. Rouger, R. Truche, J. P. Blanc, C. Leroux, E. Delevoye-Orsier, J. L. Pelloie, J. de Pontcharra, O. Flament, J. M. Guebhard, J. L. Leray, J. Montaron, and O. Musseau, "DMILL, a mixed analog-digital radiation-hard BICMOS technology for high energy physics electronics," *IEEE Trans. Nucl. Sci.*, vol. 43, pp. 1763-1767, 1996.

[30] A. Wei, S. L. Kosier, R. D. Schrimpf, W. E. Combs, and M. DeLaus, "Excess Collector Current Due to an Oxide-Trapped-Charge-Induced Emitter in Irradiated NPN BJTs," *IEEE Trans. Electron Devices*, vol. 42, pp. 923-927, 1995.

[31] H. J. Barnaby, R. D. Schrimpf, D. M. Fleetwood, and S. L. Kosier, "The Effects of Emitter-Tied Field Plates on Lateral PNP Ionizing Radiation Response," in *IEEE BCTM Proc.*, pp. 35-38, 1998.

[32] R. N. Nowlin, R. D. Schrimpf, E. W. Enlow, W. E. Combs, and R. L. Pease, "Mechanisms of Ionizing-Radiation-Induced Gain Degradation in Modern Bipolar Devices," in *Proc. 1991 IEEE Bipolar Circuits and Tech. Mtg.*, pp. 174-177, 1991.

[33] A. S. Kobayashi, A. L. Sternberg, L. W. Massengill, R. D. Schrimpf, and R. A. Weller, "Spatial and temporal characteristics of energy deposition by protons and alpha particles in silicon," *IEEE Trans. Nucl. Sci.*, vol. 51, pp. 3312-3317, 2004.

[34] R. A. Weller, A. L. Sternberg, L. W. Massengill, R. D. Schrimpf, and D. M. Fleetwood, "Evaluating Average and Atypical Response in Radiation Effects Simulations," *IEEE Trans. Nucl. Sci.*, vol. 50, pp. 2265-2271, 2003.

# 第 3 章　电子器件的飞行异常

Robert Ecoffet

法国国家太空研究中心（CNES）

Edouard Belin 大街 18 号，图卢兹 31401，法国

robert. ecoffet@ cnes. fr

　　**摘要：** 电子器件辐射效应引起的航天器异常从航天时代的最开始就已经为人们所知。本章将描述已知的累积或瞬时效应实例，也简短回顾了环境探测器和技术试验。

## 3.1　引言

　　辐射导致的航天器异常从空间探索的第一天就已经为人们所知。空间辐射的测量已经成为新生辐射团体最关心的事之一。

　　第一个美国人造卫星——探索者一号，由喷气推进实验室设计和制造，于 1958 年 1 月 31 日发射。探索者一号搭载了一个盖革计数器，由 J. A. Van Allen 提议。当航天器达到一定的高度后，盖革计数器突然停止对宇宙射线进行计数。后来发现，计数器实际上是因为一个极端高的粒子计数率而饱和。这正是范艾伦带被发现之日。1958 年 3 月 26 日发射的探索者三号证实了范艾伦带的存在。探索者卫星发现范艾伦带是 1958 国际地球物理年杰出发现之一。在这方面，地球辐射带中存在俘获粒子的证据可以被认为是航天时代的第一个科学结果。

　　空间辐射环境的知识随着空间技术的发展而"成长"。两个领域有相同的"年龄"，也都仍在发展。对环境的更好认知帮助建造更好的硬件，更好的硬件反过来允许发展更好的设备。同其他与航天器设计相关的学科（比如航天时代之前就存在的空间力学或电磁学）相反，空间环境的知识是空间探索本身的一个结果。

　　探索者一号发射后几年，由贝尔电话实验室设计和建造、AT&T 资助、NASA 支持的 TELSTAR 于 1962 年 7 月 10 日发射。TELSTAR 决定性地开启了卫星无线电通信的时代，发射当天就将一个实时电视画面从美国传输到法国。这是第一个装载收发机的卫星，然后是放大器，因此是第一个现役的无线电通信卫星。1962 年 7 月 9 日，TELSTAR 发射的前一天，美国进行了一个高空核测试。

电子导致的极高辐射等级注入辐射带，导致一些电子元器件的退化（命令译码器中的二极管）。最终，导致 1963 年 2 月 21 日的卫星损毁。这是辐射效应导致的第一个航天器损毁。

虽然这些失效由人造辐射引起，但是从空间探索的第一天起，一长系列辐射导致的飞行器异常就开始出现了。

随后，一种新的效应出现了，它开始于 1978 年的首次观测：Intel 公司发现DRAM 在地面出现异常翻转。这些效应被称为"单粒子效应"，因为它们由一个粒子触发，源于元器件封装中微量不稳定元素裂变反应产生的 α 粒子。很快，离子、质子和中子被证实同样可以产生单粒子效应。单粒子效应很快成为空间元器件功能紊乱的主要原因之一。

从这些早期时代开始，辐射导致的航天器异常已经被经常观测到。

## 3.2  辐射效应综述

### 3.2.1  空间环境

空间自然辐射环境（其主要来源见表 3-1）已经在第 2 章中详细描述。此处仅概略地回顾组成环境的主要成分。

表 3-1  空间自然辐射环境的主要来源

| | | |
|---|---|---|
| 辐射带 | 电子 | eV ~ 10MeV |
| | 质子 | keV ~ 500MeV |
| 太阳耀斑 | 质子 | keV ~ 500MeV |
| | 离子 | 1 ~ 几十 MeV/n |
| 银河宇宙射线 | 质子和离子 | 最大通量位于约 300MeV/n 处 |

### 3.2.2  元器件中的主要效应类型

空间辐射在电子元器件中引起的效应将会在本书接下来的章节中进一步详细描述。虽然如此，此处仍将介绍效应的主要类型，为分析飞行异常案例提供基本元素。

辐射 – 物质相互作用的基本效应是在对象物体中引入能量沉积。这些能量会被转换为各种各样的效应，取决于对象中涉及的物理过程。

荷能粒子在组成电子元器件和航天器结构的物质中有两种沉积能量的方式。

它们可以与对象原子的电子相互作用，将电子从绕原子核转动的轨道中拉出，释放在周围的介质中。这些电子相互作用组成电离效应。在固态物质中，造成的结果是电子－空穴对的产生。相互作用后电子－空穴对的行为将由器件的电学特性控制。

产生电离的第二种方式是粒子进入致密物质时由于速度的突然丢失产生的二级效应。当突然"制动"时，粒子将部分动能转化为光子，这就是"Bremsstrahlung"或"制动辐射"。这些高能 X 射线或伽马射线光子可以沿其路径产生电离，也可以进入物质内部深处，严重电离被屏蔽的对象。二次辐射也是探测器噪声的一个主要考虑问题。

带电粒子也可以通过电磁或核相互作用，与对象原子的原子核本身发生作用，虽然概率要低得多。入射粒子的部分能量被转移给对象原子核，对象原子核被激发或移位。这种效应叫作位移损伤。在一些原子核反应的情况下，对象原子核可能破碎。造成的结果是晶格结构的局部改变，晶体缺陷的产生和间隙－空位复合物。这些缺陷或缺陷群的累积将改变晶体性质和电学性质。产生的效应包括光学特性（透明度、颜色、光学吸收）和力学特性（杨氏模量、振动频率）的变化以及器件电子结构的变化。在半导体中，这些缺陷贡献于禁带中附加陷阱能级的产生。这些能级可以改变器件对电离过程产生电子－空穴对的响应。

当能量足够高时，核反应可以导致一个或许多反冲原子。这些反冲原子具有足够的剩余能量，在器件中行进显著的距离，可以沿其径迹电离物质。这些二次辐射可以被认为是器件内部的一个离子源，可以为初始宇宙或太阳重离子引起的所有效应添加额外的"贡献"。

从系统的角度讲，我们主要归结为两类效应，决定于能量沉积的局部或分散本性，以及涉及能量的数量级。

第一类是电离剂量和位移损伤随时间累积引起的系统寿命退化。这些效应导致元器件电学特性的逐渐改变，最终导致元器件失效。

第二类由功能缺陷、（有时）破坏性效应组成，对应于突然和局部的能量沉积。这些效应与系统可靠性和性能有关，被当作是一个概率性和风险评估问题。

表 3-2 给出了物理和系统效应的对应关系。

**表 3-2　电子元器件辐射效应的主要类别**

| 长时间的小而同类的 $\Delta E_{ionisation}$ | 多数是大量的粒子（e－，p＋）二次 Bremsstrahlung 光子 | 直接或二次电离 | 总电离剂量累积效应 系统寿命 |
|---|---|---|---|
| 错误地点、错误时间的突然的 高 $\Delta E_{ionisation}$ | 高能重粒子（p＋，离子） | 直接电离 | 单粒子效应 功能缺陷 破坏性效应 |

（续）

| | | | 晶体效应 |
|---|---|---|---|
| $\Delta E_{nuclear}$ 的累积 | 大量的重粒子（p+）或非常高能轻粒子（e-） | 位移损伤 | 剂量效应的增强 |
| | | | 系统寿命 |
| 错误地点、错误时间的突然的高 $\Delta E_{nuclear}$ | 高能重粒子（p+，离子） | 反冲原子的电离 | 单粒子效应功能缺陷破坏性效应 |

如果现在比较空间辐射源与预期的效应，可以得到图 3-1 总结的对应关系。

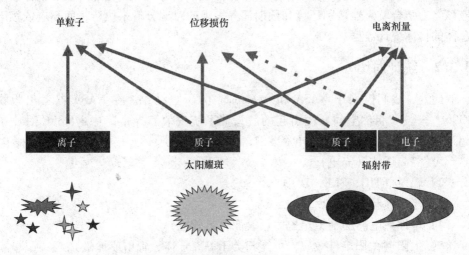

图 3-1　辐射源与元器件效应的对应关系

地球辐射带主要由高能电子和质子组成，可以贡献于所有效应类别，太阳风暴中的高能质子也是如此。

银河宇宙射线由极少的高能离子组成，可以导致单粒子效应，但数量不够多，不贡献于电子元器件的累积退化（但是它们确实贡献于活物的退化，因为活物敏感得多）。

## 3.3　飞行异常和空间环境

### 3.3.1　数据来源

航天器异常数据源很少，并且对此问题很难有一个总体的概述。当今的卫星舰队很大一部分由商用和防御航天器组成。可能的异常信息可以根据很多原因来分类。航天部门如 NASA 或 ESA 通常非常不愿意提供上述信息。但是即使如此，所有人和中心某处知道所有信息的现象也并不明显。

无论如何，存在一些极好的关于航天器异常信息的发表数据，如 1996 年 8 月 MSFC 编写的一个 NASA 参考出版物[1]，2000 年 9 月的一个航空航天公司研究[2]和杰出的互联网参考《卫星新闻文摘》[3]。由于用于对比的异常样本本身的原因，尝试确定航天器异常中不同因素的权重统计对比总存在一种可能的"偏见"，比如，一个主要由地球同步轨道卫星（即特别的环境条件）遇到的问题组成的异常集合，与一个主要由 LEO 卫星异常组成的集合产生的异常起因总体分类是不同的。

因此，应该强调的是，每个航天器都是一个新的例子。设计阶段的生存能力应该努力结合航天器特别环境和预期任务表现的对比分析来执行，而不应依赖于总体的目标统计数据。

### 3.3.2 统计对比

此处，我们仅限于 NASA 和 Aerospace 的研究结果。在 NASA 参考出版物 1390[1]——"自然空间环境引起的航天器系统失效和异常"中，MSFC 对比了超过 100 个卫星环境引起的异常案例，提出以下分类：

1）等离子体（充电）。
2）辐射（TID, SEE, DDD）。
3）流星体和空间碎片。
4）中性热电离层（卫星曳力，表面材料效应）。
5）太阳（太阳事件效应，可能归类于等离子体、辐射或地磁）。
6）热（真空中的热环境——可能被认为是一个设计问题）。
7）地磁（比如磁电机扭矩杆效应）。

图 3-2 使用上述分类方法。为了根据物理起因分类，我们将"太阳"范畴分开划为"等离子体""辐射"或"地磁"范畴。

从这项研究可以看出，航天器异常的两个主要的与环境相关的起因是辐射和等离子效应。如果我们把辐射部分分开成主要的辐射效应，将得到图 3-3。应广义理解"翻转"范畴，可能包括 SET 效应。

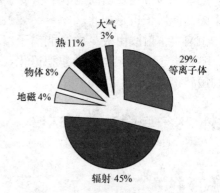

图 3-2 空间环境引起的航天器异常[1]

航空航天研究[2]中使用的数据包含更多最近的异常起因,并与 MSFC 使用的数据有重叠。这组数据由 326 个异常案例组成,大部分与 GEO 卫星相关,因此强调了 ESD 问题。表 3-3 给出了使用的分类和异常的再分配,见本章参考文献〔2〕。

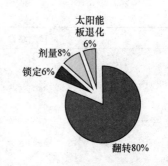

图 3-3 航天器异常中辐射部分的再分配[1]

虽然各个研究的结果可能不同,但可以得到一个总体的结论:统计上讲,环境相关的航天器异常的两个主要起源是等离子体和辐射效应,即与空间环境中带电粒子相关的效应。

表 3-3 326 个环境相关的航天器异常起因的再分配[2]

| 诊断结论 | 数量 |
| --- | --- |
| 静电放电 – 内部充电 | 74 |
| 静电放电 – 表面充电 | 59 |
| 静电放电 – 未分类 | 28 |
| 表面充电 | 1 |
| 总共(静电放电 & 充电) | 162 |
| 单粒子翻转 – 宇宙射线 | 15 |
| 单粒子翻转 – 太阳粒子事件 | 9 |
| 单粒子翻转 – 南大西洋异常 | 20 |
| 单粒子翻转 – 未分类 | 41 |
| 总共(SEU) | 85 |
| 太阳电池阵列 – 太阳质子事件 | 9 |
| 总剂量 | 3 |
| 材料损伤 | 3 |
| 南大西洋异常 | 1 |
| 总共(辐射损伤) | 16 |
| 微星际石/碎片影响 | 10 |
| 太阳质子事件 – 未分类 | 9 |
| 磁场变化 | 5 |
| 等离子体效应 | 4 |
| 原子氧侵蚀 | 1 |
| 大气曳力 | 1 |

（续）

| 诊断结论 | 数量 |
| --- | --- |
| 阳光 | 1 |
| 红外辐射背景 | 1 |
| 电离层闪烁 | 1 |
| 高能电子 | 1 |
| 其他 | 2 |
| 总共 | 36 |

### 3.3.3 空间天气事件效应的一个重要例子

当2003年10月底，一个重大的太阳耀斑发生时，对空间天气效应不断增长的担心得到有力证实。此次事件中，至少有33个航天器异常被报道。在卫星文摘新闻的互联网地址（http：//www.sat-index.com）上可以发现一个清单，重做后见表3-4。

表3-4　与2003年10月/11月强烈太阳活动相关的航天器异常[3]

| 日期 | 卫星 | 事件 |
| --- | --- | --- |
| 10月23日 | Genesis | 进入安全模式，操作于11月3日重新开始 |
| 10月24日 | Midori | 安全模式，电源丢失，遥测丢失-全部丢失 |
| 10月24日 | Stardust | 由于读错误进入安全模式，自恢复 |
| 10月24日 | Chandra | 高辐射级别导致观察中断，10月25日重启 |
| 10月24日 | GOES 9, 10 | 高位错误率 |
| 10月24日 | GOES 12 | 地磁转矩失效 |
| 10月25日 | RHESSI | CPU自发重置 |
| 10月26日—11月5日 | SMART-1 | 电子推进器的数次自动关机 |
| 10月26日 | INTEGRAL | 增长的辐射导致一个仪器进入安全模式 |
| 10月26日 | Chandra | 观测再次自发中断，随后重新开始 |
| 10月27日 | NOAA 17 | AMSU-A1失去扫描器，可能是供电失效 |
| 10月27日 | GOES 8 | X射线传感器自己关闭，不能恢复 |
| 10月28日 | SIRTF | 由于高质子通量导致科学实验关闭4天 |
| 10月28日 | Chandra | 观测自发中断，11月1日重新开始 |

（续）

| 日期 | 卫星 | 事件 |
|---|---|---|
| 10 月 28 日 | DMSP F16 | SSIES 传感器丢失数据，恢复 |
| 10 月 28 日 | RHESSI | CPU 自发重置 |
| 10 月 28 日 | Mars Odyssey | MARIE 仪器温度红色警报并关机，至今未恢复 |
| 10 月 28 日 | 各向异性微波探针 | 恒星追踪系统重置，备份追踪系统自发启动。主要追踪系统恢复 |
| 10 月 28 日 | Kodama | 安全模式，信号充满噪声，可能丢失 |
| 10 月 29 日 | AQUA，Landsat，TERRA，TOMS，TRMM | 所有仪器关机或进入安全模式，不得不提高 TRMM 轨道维修 |
| 10 月 29 日 | CHIPS | 计算机下线，联系丢失 18h。航天器翻滚，随后成功恢复。一共下线 27h |
| 10 月 29 日 | X 射线时间探索者 | 比例计数器集合（PCA）经历高电压，全天空监视器自发关闭 |
| 10 月 29 日 | RHESSI | CPU 自发重置 |
| 10 月 29 日 | Mars Odyssey | 存储器错误，10 月 31 日冷重启后被纠正 |
| 10 月 30 日 | DMSP F16 | 微波发声器丢失振荡器，被转换至冗余系统。主要发声器于 11 月 4 日恢复 |
| 10 月 30 日 | X 射线时间探索者 | 仪器恢复，但 PCA 再次关闭。恢复被延迟 |
| 10 月 28—30 日 | （Inmarsat） | 两个 Inmarsat 卫星动量轮快速增长，需要推进器喷火。当 CPU 停机时，一个卫星运行中断 |
| 10 月 28—30 日 | FedSat | 尽管三轴稳定，卫星开始摇晃，发生单粒子翻转 |
| 10 月 28—30 日 | ICESat | GPS 重置，UARS/HALOE 仪器的开启被延迟 |
| 10 月 28—30 日 | SOHO | CDS 仪器被命令进入安全模式 3 天 |
| 10 月 28—30 日 | ACE | 等离子体观测丢失 |
| 10 月 28—30 日 | WIND | 等离子体观测丢失 |
| 10 月 28—30 日 | GOES | 电子传感器饱和 |
| 10 月 28—30 日 | MER 1，MER 2 | 过量恒星追踪系统事件后，进入太阳 idle 模式。稳定，等待恢复 |
| 10 月 28—30 日 | GALEX | 超额电荷导致高压，因而两个紫外试验关闭 |
| 10 月 28—30 日 | POLAR | 旋转减速平台失锁三次，每次都自动恢复 |
| 10 月 28—30 日 | Cluster | 四个航天器部分发生处理器重置，恢复 |
| 11 月 2 日 | Chandra | 辐射导致观测再次自发中断 |
| 11 月 3 日 | DMSP F16 | SSIES 传感器丢失数据，恢复 |
| 11 月 6 日 | POLAR | TIDE 仪器自己重置，无法供给高压，恢复 |

## 3.4 累积效应

关于电子元器件总剂量失效导致的卫星异常报道出乎意料的少。为了寻找此类记录，我们不得不转向航天器被暴露于极端辐射环境或在轨系统远远超过原设寿命后一段时间时发生失效的情况。

这种情况最可能是过度设计余量导致的，来自于辐射环境模型、辐射测试流程、元器件屏蔽估计以及最终部件采购选择引入的额外的安全设计余量。

对这种过度余量最重要的贡献可能是屏蔽计算。屏蔽对于受到的辐射等级，尤其是电子对总剂量的贡献，具有强烈影响。多年来，关于屏蔽的主要问题是：很难考虑复杂机械结构。所以有效屏蔽厚度被系统性地低估。这仍是主要问题，但随着20世纪90年代计算机能力的惊人发展，处理复杂屏蔽结构、定量考虑元器件封装、设备和卫星屏蔽成为可能。现在，在合理的时间内对整体卫星结构运行代表性的蒙特卡洛仿真也甚至成为可能。

表3-5给出了ESA INTEGRAL伽马射线空间望远镜上仪器屏蔽效应的一个简单例子[4]。该表比较了不同Al屏蔽厚度、不同几何假设下所受的剂量。该工程原始的一般采购规范是120krad（3mm Al球体）。所研究的设备可以简单地在5mm厚Al墙、立方体的条件下进行模拟。当该立方体被放置在望远镜管的力学模型上时，结果表明，预期所受剂量将在6krad的范围。元器件采购被指定在12krad，设计安全余量因子为2。将采购规范从120krad降低到12krad差别很大，允许了安装高性能商用16bit ADC。由于设计余量的存在，很少出现总剂量异常的报道就可以被理解了。

表3-5 INTEGRAL卫星AFEE/DFEE设备的屏蔽对
预估任务等级的影响示例[4]　　　　　　　　　　（单位：rad）

| Al屏蔽厚度/mm | 球体 | 立方体 | 卫星上的立方体 |
| --- | --- | --- | --- |
| 1 | $1.291 \times 10^6$ | $8.53 \times 10^5$ | $3.80 \times 10^5$ |
| 2 | $3.435 \times 10^5$ | $1.77 \times 10^5$ | $9.21 \times 10^4$ |
| 3 | $1.219 \times 10^5$ | $6.34 \times 10^4$ | $3.02 \times 10^4$ |
| 4 | $4.978 \times 10^4$ | $2.96 \times 10^4$ | $1.22 \times 10^4$ |
| 5 | $2.279 \times 10^4$ | $1.61 \times 10^4$ | $5.99 \times 10^3$ |

虽然如此，对于未来的工程应前所未有地更加小心。非常可能出现的情况是，进行的精确剂量计算导致余量降低，而计算过程仍存在不确定性。如果我们因为屏蔽计算而尽可能地降低余量，仍然存在与空间环境模型和辐射测试程序相关的不确定性。这也是为什么为了这两个领域的进步，国际层面上进行如此多的努力。

## 3.4.1　人工辐射带

如引言中所述，在 1967 年国际条约禁令之前，USA 和 USSR 进行过外大气层的核试验。这些实验对地面和空间都有巨大的影响（Starfish 测试后，远在夏威夷都能感觉到 EMP 效应），辐射带通量也受到了长期的加强。

最显著的美国实验是 Starfish Prime 实验，因为武器的能量和引爆高度。Starfish Prime 实验导致内带 400～1600km 及之外区域形成增强的通量区。USSR 实验没有好的资料记载，但外带的通量增强应该有 USSR 实验的贡献。这些被修改的通量最终扩展到所有的辐射带区域，一直到 1970 年初都仍然可以观测到。在内电子带的一些区域，通量增大了 100 倍。长达五年的时间里，Starfish 爆炸产生的电子在内带通量中占主要成分。这些人工通量延迟了典型自然辐射带模型的颁布。现在使用的 AE8 和 AP8 模型的一些区域可能仍然存在 Starfish 产物，见表 3-6。

**表 3-6　历史上的人工辐射带**

| 爆炸 | 地点 | 日期 | 当量 | 高度/km | 国家 |
|---|---|---|---|---|---|
| Argus I | 南大西洋 | 1958 – 8 – 27 | 1kt | ~200 | US |
| Argus II | 南大西洋 | 1958 – 8 – 30 | 1kt | ~250 | US |
| Argus III | 南大西洋 | 1958 – 9 – 6 | 1kt | ~500 | US |
| Starfish | Johnson 岛（太平洋） | 1962 – 7 – 9 | 1Mt | ~400 | US |
| 未知 | 西伯利亚 | 1962 – 10 – 22 | 未知 | 未知 | USSR |
| 未知 | 西伯利亚 | 1962 – 10 – 28 | 低于百万吨 | 未知 | USSR |
| 未知 | 西伯利亚 | 1962 – 11 – 1 | 百万吨 | 未知 | USSR |

紧随 1962 年的几次爆炸之后的时期，至少 10 颗卫星相继失效（7 个月中失效 7 个），如 TELSTAR、TRANSIT 4B、TRAAC 和 ARIEL，以及其他一些受到损害的卫星，如 OSO – 1（轨道太阳观测卫星）。

1962 年 7 月 9 日，TELSTAR 发射的前一天，美国进行了 Starfish Prime 实验。TELSTAR 的轨道为 942/5646km 44.8°，卫星穿过内辐射带和部分外带。辐射暴露剂量非常强，且 1962 年苏维埃实验后进一步增强。TELSTAR 遭受的通量比预期高 100 倍。四个月后，一些晶体管失效。1963 年 2 月 21 日，卫星"生命终止"，归因于命令解码器中二极管的总剂量退化。

ARIEL 是第一颗国际科学卫星，由 NASA/GSFC 设计和建造，用于研究电离层和太阳辐射，发射于 1962 年 4 月 26 日。直至 1962 年 9 月，ARIEL 卫星仍在提供科学数据。此后，由于 Starfish 增强辐射导致的太阳电池板退化，ARIEL 卫星快速退化，持续地不稳定工作，并于 1964 年 11 月被切断。TRANSIT 4B 和 TRAAC 任务失败也归因于太阳电池的退化。

### 3.4.2 HIPPARCOS

ESA 星体绘图任务卫星 HIPPARCOS 发射于 1989 年 8 月 8 日，位于 12°W 地球同步位置，但是其远地点电动机失效导致卫星最终处于一个初始 GTO 轨道 498/35889km 6.5°。这就导致了卫星暴露于比原始设计高很多的辐射通量下。此外，1991 年 3 月的一个重大太阳事件导致辐射带的通量增强。此事件是美国 CRRES 卫星的重要观测之一，激发了对理解范艾伦带动力学行为的兴趣。HIPP-ARCOS 本身也通过自身仪器的背底噪声增大观察到了该太阳事件。

HIPPARCOS 卫星轨道的变化导致总剂量暴露比预期轨道严重 5 ~ 10 倍。HIPPARCOS 有 5 个陀螺仪，每次有 3 个是活跃的。3 年的任务期后，5 个陀螺仪（其中 1 个已经退化）在 6 个月内相继失效。对于这 4 个陀螺仪，旋转减慢和最终停止归因于双极 PROM 存取时间的总剂量退化，PROM 数字式地存储着轮子旋转的正弦激励场。PROM 所受剂量估计约为 40krad。在最终的旋转减慢之前，由于 DC/DC 转换器中的晶体管退化，导致低温下重启陀螺仪出现问题。轮子电动机电源 262 kHz 时钟的退化导致噪声和不稳定数据。最后一个陀螺仪一直处于冷备份保存状态，直到任务的最后一天，也在起动后几个月后失效。对于该陀螺仪，失效归因于热管理系统中一个光耦合器的辐射退化，其所受剂量估计为 90krad。最终，失去了与 HIPPARCOS 卫星的通信。

在寿命的末期，操作 HIPPARCOS 卫星仅使用了两个陀螺仪（通常需要三个），也制订了完全不用陀螺仪进行操作的计划。当 1993 年 6 月 24 日一次与载荷计算机的通信失败结束了卫星科学任务时，获得了第一批在缺少陀螺仪情况下的数据。进一步尝试去重新加载操作命令都失败了，任务于 1993 年 8 月 15 日终止（发射后 4 年）。

尽管出现以上问题，HIPPARCOS 卫星仍观测到 118274 个星体，准确度极高。HIPPARCOS 卫星的设计寿命为 2.5 年（GEO 轨道）。事实上，HIPPARCOS 卫星在一个更恶劣的 GTO 轨道（加强的辐射通量）环境极其成功地执行任务超过 3.5 年，完成了科学目标。

这样的辐射抵抗力可能源于已知和未知的设计余量。如前文所述，几个已有的总剂量异常案例全都对应于远远超过原始规定值的情况。

### 3.4.3 木星上的伽利略探测器

太阳系中的其他行星周围也被发现有极端环境。该部分内容见图 3-4 ~ 图 3-8。比如木星环境，该庞大行星的巨大磁场中俘获着浓密的辐射通量。该环境最早被 JPL 的 PIONEER 和 VOYAGER 探测器研究，研究结果有助于设计 JPL 的 GALILEO 航天器。自此，JPL 在木星辐射带对 GALILEO 系统的影响方面进行

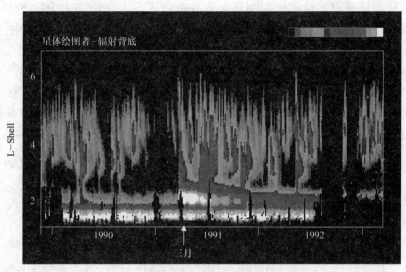

4天, 9个轨道平均

图 3-4 HIPPARCOS 卫星星体绘图仪器的背景噪声随时间的变化[5]

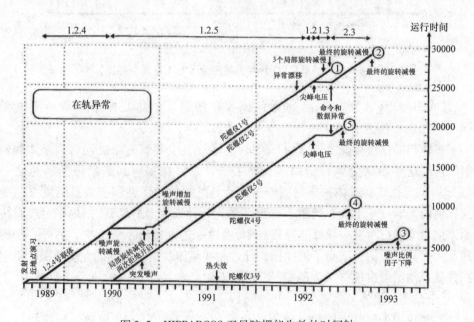

图 3-5 HIPPARCOS 卫星陀螺仪失效的时间轴

了卓越的、仔细的研究。

GALILEO 搭载的几乎全部是辐射加固元器件。在设计阶段, JPL 对辐射问题尽可能仔细地研究。使用辐射加固元器件消除了 SEL 风险和大多数 SEU 问题。对于该项目，传统意义上的 SEE 不是问题，但传感器的背景噪声必须得考虑。累积效应（TID 和 DDD）是一个巨大的挑战：木星周围的各种轨道中，GALILE-O 在每个近拱点所受剂量介于 10 ~ 50krad 之间。这些轨道的周期较长，一般为1 ~ 3 个月，且有一个特点：辐射暴露集中在穿过近拱点时，元器件在卫星穿过轨道的其他部分时可以退火。JPL 利用这个特点延长了一些关键系统的寿命。这个特点也给了飞行小组时间，用于在下一个近拱点穿越之前给出绕行方案。

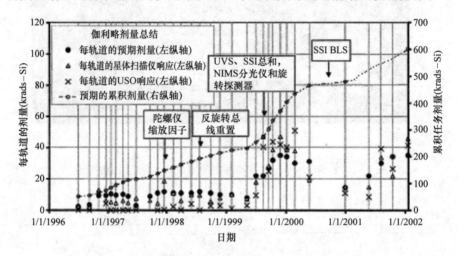

图 3-6　一些 GALILEO 异常的时间轴（与 TID 累积相比）[6]

GALILEO 任务期间观测到了各种各样的效应。此处根据本章参考文献[6-8]给出一些例子。

星体扫描仪对高能电子（>1.5MeV）敏感，会导致一个被误认为星体的辐射噪声。这些误认会导致错误的天空姿态估量。在辐射暴露最强的轨道之一——"E12"的近拱点，星体扫描仪的姿态估量与陀螺仪的惯性姿态估量结果（也受到辐射的影响，见下文）严重不一致。飞行软件以为 GALILEO 扫描平台没有按原来的命令进行对准。故障监控器在 8h 内命令进入备份系统两次。另外一个问题是，平均辐射信号增高了信噪比，导致一些星体跌出了预期的亮度范围，引起扫描仪探测结果出现"丢失的星体"。对于 8 个木星半径内的飞行，只有 10 个或 20 个最亮的星体可以被分辨。

陀螺仪用于仪器指向的比例因子也受到了影响。在 E12 轨道，预期指向和陀螺仪的定位估量之间的差异随着任务时间的增长而增大，对硬件切换有一定的"贡献"。此次轨道飞行后，陀螺仪给出不可靠的信息，飞行软件以为航天器天线没有对准地球。AOCS 点火推进器，使航天器调整到了一个错误的姿态，如图

3-7、图 3-8 所示。在飞行小组成功控制之前，发生了 6 次非预期的调整。幸运的是，天线仍然"足够地"朝着地球，可以接受遥控。陀螺仪问题追溯到一个 DG181 开关的漏电，导致在测量执行之后转换速率积分器被重置为零。

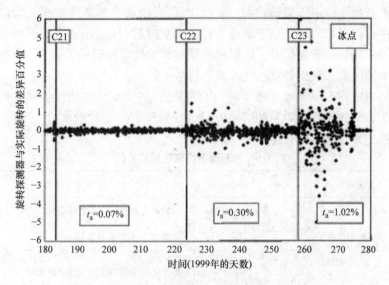

图 3-7　与实际航天器旋转率相比的旋转探测器错误[6]

在 GALILEO 卫星最后的轨道之一，当正在记录木卫五的数据时，数据收集过程突然停止。该现象就发生在 GALILEO 被带入辐射带的更深处之后（比之前所有的轨道都深），起因是航天器突然被切换到了安全模式。命令和数据系统的 4 个锁相环发生的质子 SET 导致了上述现象。木卫五的数据被记录了下来，但无法传回地球。该问题可追溯到卷带电动机驱动电子学，更具体一点，三个 GaAs OP133 LED 被用在轮子定位记录器中。LED 光输出的下降归因于位移损伤。知道这个之后，JPL 基于 LED 的电流增强退火特性推出一个解决方案。它们使用了一个允许对 LED 持续施加电流的

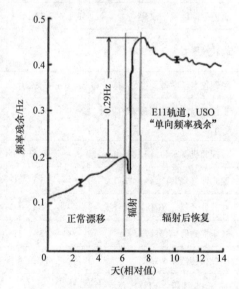

图 3-8　E11 轨道、穿过辐射带期间的 USO 频率漂移[6]

特殊操作模式，而不尝试去移动电动机。记录器开始工作几秒钟。每次退火步骤之后，记录器的工作时间就更长。最终，JPL 成功地恢复了所有丢失的数据[8]。

此外，GALILEO 卫星使用了一个 USO（超稳振荡器），用于调谐 2.29 GHz 的遥测下载频率。由于累积辐射，这个 USO 频率遭受逐渐的和永久的漂移，也在卫星穿过辐射带时遭受频率跳变，有些跳变接近 1Hz。由于深空网络操作员必须要通过手动扫频找到信号，所以这些漂移都被精确地记录了下来。有时，在载体电波被锁之前，航天器就已经在发射信号了。

其他效应在本章参考文献［6］中有描述。表 3-6[6]总结了各种各样受影响的系统和 JPL 如何找到聪明的解决方案。如果没有对辐射现象的一个详细理解，这些解决方案是不可能被提出的。

表 3-6　伽利略飞行辐射问题总结[6]

| 症状 | 原因 | 修复方法 |
|---|---|---|
| 集电环伪信号 | + + +，1A | 对软件重新编程，以忽略信号 |
| 相机返回空白图像 | + + +，1A | 对敏感 FET 输入差信号 |
| 红外分光仪（NIMS）存储器重置 | + + +，1B | 处于辐射中时预定的软件重新加载 |
| 仪器（EPD）存储器重置 | + + +，1C，4C | 处于辐射中时预定的软件重新加载 |
| 石英振荡器频率改变 | + + +，2A，3A | 接收器增宽带宽 |
| 旋转探测器噪声信号增大 | + + +，2A | 重新编程，输出一个固定的、由其他方式决定的旋转率 |
| 陀螺仪电子学遭受信号偏置 | + + +，2B | 频繁特性测试，少使用陀螺仪 |
| 星体扫描仪观测到错误的星体，"失明" | + + +，3A | 使用亮星 |
| 可视相机（SSI）图像噪声 | + + +，3A | 邻近像素平均 |
| 偏光计（PPR）信号噪声 | + + +，3A，1C | 从数据集中去掉"不可能"值 |
| 红外分光仪（NIMS）信号噪声 | + + +，3A，1C | 在数据集中手动去除噪声 |
| 灰尘探测器信号噪声 | + + +，3A，1B | 在仪器设计中允许噪声/数据辨别 |
| 压控振荡器频率跳变 | + +，1C，2C | 在电子器件中使用脉冲电流抵消离子漂移 |
| 粒子探测器（EPD）敏感性降低 | + +，2B | 将探测器放置在附近的物体后屏蔽，通道丢失一次 |
| 分光仪（UVS）光栅失效 | + +，2B | 无 - 仪器损失 |

（续）

| 症状 | 原因 | 修复方法 |
|------|------|----------|
| 光电倍增管（星体扫描仪）增益丢失 | ＋＋, 2B | 使用亮星，调整预期的强度 |
| 相机（SSI）图像压缩失效 | ＋＋, 2B | 无－一些 CCD 上的压缩文件丢失 |
| S－band 退化 | ＋＋, 3B | 巡航数据去重 |
| 磁力计处理器锁定 | ＋, 1C, 4C | 预定的重启 & 存储器重新加载 |
| 压控振荡器频率漂移 | ＋, 2C | 调整输入频率到 VCO 的新基准频率 |
| 灰尘探测器敏感度下降 | ＋, 2C | 无 |
| 模－数转换器漂移 | ＋, 2C | 无 |
| CMOS 存储单元失效 | ＋, 4C | 围绕失效单元重新编程 |

## 3.4.4 超敏感系统

一些系统经过非常细致的校准，十分依赖于航天器的总体环境稳定性，以至于在温和的辐射环境中也可以观测到剂量效应显示。以 JASON－1 上 DORIS 定位载荷的 USO（超稳振荡器）为例。JASON－1 是 CNES 和 JPL 联合发射的卫星，致力于海洋科学应用的卫星测高和定位。该卫星运动在 1335km、66°的轨道，穿过质子辐射带的温和通量区域。该轨道仍然比多数的传统 LEO 地球观测轨道（比如 800km、98°轨道）遭受更多的辐射。大概给一个比例的概念，JASON 卫星处于 $1g/cm^2$ 球形屏蔽后所受剂量大约是地球观测卫星的 10 倍。尽管如此，每次穿过 SAA 的暴露剂量在小于 1rad 的量级。一些非常敏感的系统如 USO，可能会受这样量级的剂量增加的影响。

辐射对 USO 系统的影响主要体现在导致频率漂移，与接收剂量值有关（见上一段 GALILEO 卫星的辐射效应）。DORIS 非常敏感，即使微小的频率漂移也可能对其最终系统性能产生影响。在 DORIS 应用于 JASON 卫星的案例中，卫星穿过 SAA 区时会导致微小的剂量沉积。即使如此，在处理后的数据中也能清晰地看出，甚至可以观察到穿过 SAA 区的上升和下降效应。图 3-9 画出了频率漂移幅度与地理位置的关系图，可以清晰地看到与 SAA 区的对应关系。

其他非常敏感的系统是精细校准过的图像系统，其甚至可以记录像素暗电流的细微改变。图 3-10[9] 为 NASA TERRA 卫星上 MISR 成像器的暗电流上升图（仪器快门处于关闭状态）。俘获质子的影响清晰可见。

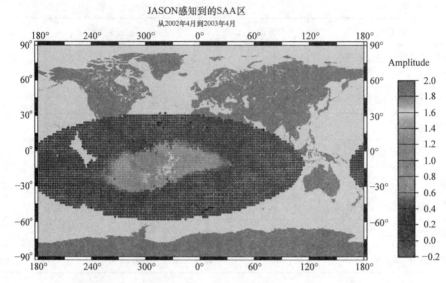

图 3-9　JASON 卫星 DORIS 频率漂移，J. M. Lemoine，GRGS

图 3-10　TERRA 卫星 MISR 暗电流上升，NASA 图像[9]

## 3.5　单粒子效应

### 3.5.1　银河宇宙射线

　　银河宇宙射线（GCR）是产生单粒子翻转最主要的粒子，但是它们的通量都很微弱。如今的大部分技术也都对质子引起的翻转敏感，存在自由质子环境中的"旧"卫星和"新"卫星都被发现出现过 GCR 引起的异常。

　　CNES SPOT－1、－2 和 －3 卫星（820km，98.7°）都配备了一个中央处理器（CPU），其存储阵列由 1000 个 1kbit HEF4736 静态 RAM 组成。这些存储器生产于 1986 年，仅对 GCR 敏感。它们的 LET 阈值为 40MeV·$cm^2$/mg，所以它们仅对离子群中的重离子产生反应。

　　在这些卫星的运行期，单粒子翻转会逐渐积累在 CPU 的存储阵列里。大约一半的 SEU 会引起各种严重的运行问题，包括将卫星转换到安全模式。之后，SPOT 系列的卫星配备了完全不同的 CPU，不会对那些效应敏感。

　　SEU 与宇宙射线的通量关系密切，它们出现的频率认为随太阳周期调制的 GCR 变化。在太阳活动极大条件时，观察到的 SEU 出现概率很低，在太阳活动极小条件时，会有很高的 SEU 概率。该部分内容见图 3-11 ~ 图 3-12。

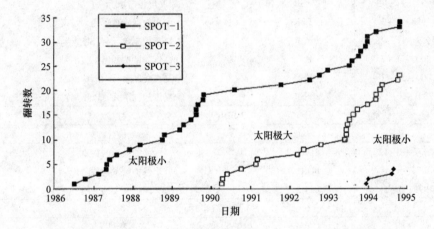

图 3-11　SPOT－1、－2、－3 OBC 上翻转出现累计数目[10]

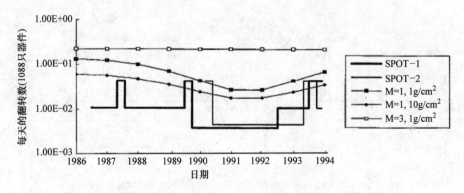

图 3-12　SPOT－1、－2 OBC 上翻转率的测量值和预测值比较[10]

如前面提到，SEU 现在也和 GCR 之外的粒子有关系，并且飞行异常更难察觉。尽管如此，仍有一类效应和 GCR 有关，并逐渐成为引起飞行器工作异常的主要原因。这类效应是发生在模拟电子中的单粒子瞬态（SET）。典型 SET 效应是非正常的关闭和复位，但是其他表现也会有。这种出现在 SOHO 上的非正常关闭，和其他多种现象由 ESA – ESTECA 研究。表 3-7 展示了出现这些异常的记录。UC1707J 双通道电源驱动上的 PM139 比较器异常被怀疑是电源 SET 事件。ESTEC 进行了地面的工程模型实验，证实这是这类异常的源头。

**表 3-7　SOHO 的异常事件记录[11]**

| 1 ESR 事件 | | |
| --- | --- | --- |
| 日期 | 单元 | 事件 |
| 1996 – 12 – 4 | ESR | 高度控制单元 – PSU 重置 |
| 1997 – 11 – 19 | ESR | 高度控制单元 – 自关闭 |
| 1998 – 3 – 3 | ESR | 中央数据管理单元 – 切换 |
| 1999 – 11 – 28 | ESR | 高度控制单元 – PSU 重置 |
| 2000 – 1 – 7 | ESR | 高度异常探测器 – 假信号 |
| 2000 – 11 – 28 | ESR | 高度控制单元 – PSU 重置 |
| 2001 – 1 – 14 | ESR | 高度控制单元 – PSU 重置 |
| 2 BDR 事件 | | |
| 日期 | 单元 | 事件 |
| 1997 – 1 – 12 | BDR1. 2 | 保护触发的关闭 |
| 1997 – 4 – 1 | BDR1. 1 | 保护触发的关闭 |
| 1998 – 5 – 16 | BDR2. 1 | 保护触发的关闭 |
| 3 VIRGO 事件 | | |
| 日期 | 单元 | 事件 |
| 1996 – 9 – 9 | VIRGO | 死机 – 自关闭事件 |
| 1997 – 5 – 7 | VIRGO | 锁定 – 自关闭事件 |
| 1997 – 5 – 20 | VIRGO | 锁定 – 自关闭事件 |
| 1998 – 5 – 26 | VIRGO | 电源失效 – 自关闭事件 |
| 1999 – 7 – 12 | VIRGO | DAS 锁定（第一次 SEL） |
| 2000 – 2 – 11 | VIRGO | DAS 锁定（第二次 SEL） |
| 2001 – 3 – 30 | VIRGO | DAS 锁定（第三次 SEL） |
| 4 LASCO 事件 | | |
| 日期 | 单元 | 事件 |
| 1996 – 3 – 19 | LASCO | 电压异常 – 需要重启 |
| 1996 – 6 – 10 | LASCO | 电压异常 – 需要重启 |
| 1996 – 12 – 19 | LASCO | 电压异常 – 需要重启 |
| 1998 – 4 – 26 | LASCO | 挂断 – 需要重启 |
| 2000 – 3 – 28 | LASCO | PROM 丢失 – 需要重启 |

SET 与 SEU 相比对质子的敏感度更低。在常见的 SEU 中，SET 对系统的影响依赖于很多偏压和使用状况。通常，这些状况只有那些很大的瞬态才可能对系统产生影响。这些很大的瞬态由重离子产生的很大的能量积累产生，所以 SET 现象仍和 GCR 关系密切。

很多私下的交流都在说服作者：SET 对于地球同步通信卫星是一个逐渐严重的问题。一些被记录的运行错误都与 SET 影响有关。这些案例不是和太阳周期的剧烈活动有关，而是被认为是由 GCR 引起的。GEO 通信队列的敏感性并不意外，简单的原因是这些卫星在 GCR 轨道组成了一个更大的航天器样本。地球同步轨道远在地球的质子俘获带之上，在缺乏太阳活动的时候，单粒子效应的主要贡献都来自于银河宇宙射线。

## 3.5.2　太阳粒子（质子，离子）

少数存在的异常情况是由太阳产生的重离子引起的。尽管如此，最近在 NASA/GSFC 的一份文档中记录了微波异常探测器（MAP）发现在 TDRS - 1 AOCS 存储器上长期的翻转。所以，太阳产生的质子引起的效应是非常常见的。

### 3.5.2.1　MAP 处理器复位

MAP 于 2001 年 6 月 30 日发射升空，被发射到 L2 地球拉格朗日点轨道附近。在 2001 年 11 月 5 日，航天器的 AOCS 系统将 MAP 切换到安全模式，其起因是一个航天器的处理器复位。大约 15h 后，地面控制中心成功将航天器切换回普通工作模式。

NASA/GSFC 把这次处理器复位归于一个电压比较器（PM139）的 SET 事件，这个电压比较器导致了复位信号的产生[12]。

这次事件被认为与 2001 年 11 月 3 日至 7 日的一次巨大的太阳风暴有关。所有可用的监视器都显示出粒子通量的增长。在 MAP 事件中，处理器复位电路中的 PM139 上发生的多次 SET 仅在高能离子的 LET $> 2 \mathrm{MeV} \cdot \mathrm{cm}^2/\mathrm{mg}$ 时才会出现。因此，这次事件是由太阳耀斑和太阳耀斑中的高能离子成分产生的，研究者开始寻找可以证实这次太阳耀斑是一次离子耀斑的数据。

这些数据可以由 DERAs（如今英国的 QinetiQ）CREDO 的 MPTB 仪器得到。CREDO 可以测量的范围是 $0.1 \mathrm{MeV} \cdot \mathrm{cm}^2/\mathrm{mg} < \mathrm{LET} < 10 \mathrm{MeV} \cdot \mathrm{cm}^2/\mathrm{mg}$。

总之，所有的数据都表明 MAP 复位是由太阳耀斑离子产生的 SET 导致的。

### 3.5.2.2　TDRS - 1 AOCS RAM 翻转

追踪和数据传输卫星（TDRS - 1）自 1983 年 4 月发射，经历过数次单粒子翻转事件。这些翻转发生在 93L422 存储器中对 SEU 敏感的晶体管上，这些晶体管用在姿态和轨道控制系统（AOCS）中。这些翻转对于卫星执行任务是致命的，因为其会导致卫星倾斜。保持航天器处在预定姿态的重任就落在了地面控制团队肩上。

考虑到 93L422 晶体管 SRAM 十分敏感，所有种类的粒子都可以引起翻转。本章参考文献［13］和［14］很好地记录了翻转率和环境状态的比较。第一个由辐射带质子引起的异常发生于 1983 年 4～7 月，期间卫星要运行到 GEO 位置时。当航天器到达 GEO 位置时，异常随太阳周期调制的宇宙射线出现了。接着，在 1989 年，太阳极大周期 22 期间，一系列巨大的太阳耀斑出现了。紧接着，在 GALILEO 发射之后的 1989 年 10 月 19 日，发生了超过以往记录强度的太阳耀斑，如图 3-13 所示。TDRS－1 上统计的翻转从 15～20 次每周，猛增至 7 天（1989 年 9 月 19～25 日）发生 249 次。

幸运的是，GALILEO 木星探测器仍在地球附近，其离子计数器可以检测太阳耀斑的离子组成。NOAA GOES－7 质子数据同样可以用于估计质子通量。考虑 93L422 存储器的敏感性，研究者认为 30% 的翻转是由太阳质子引起的，70% 的翻转是由太阳离子引起的。这个平衡基于元器件敏感度和卫星屏蔽，不能推广到其他应用上。

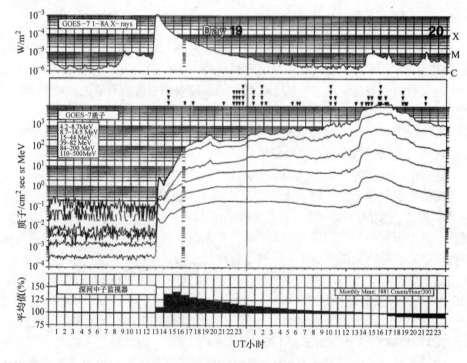

图 3-13　1989 年 10 月太阳耀斑期间 TDRS－1 AOCS RAM 的
翻转数和 GOES 的粒子流量统计比较[13]

### 3.5.2.3　SOHO SSR 翻转

另一起档案中记录的与太阳活动和射线有关的典型单粒子翻转事件发生在 L1 拉格朗日点的 ESA/NASA SOHO 航天器上。图 3-14 是 1996—2001 年 SEU 发生率的变化。背景 SEU 发生率源于银河系宇宙射线影响。图中可见背景 SEU 发生率受太阳周期的调制。骤然增长的 SEU 发生率是与太阳活动相关的。

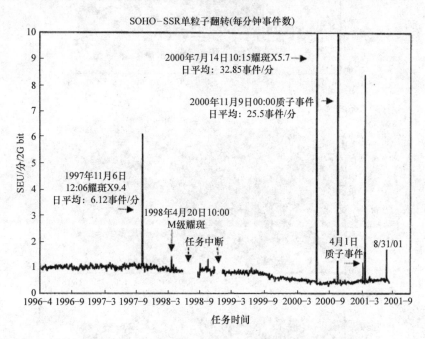

图 3-14　SOHO SSR 翻转与时间的曲线图[11]

## 3.5.3　俘获带质子

NASA/GSFC 仔细研究了发生在 SAMPEX（512 × 678，81.7°）和 TOMS / METEOR – 3（1183 × 1205，82.6°）上固态记录器（SSR）的翻转。图 3-15[15] 非常清晰地展示了翻转的发生和 SAA 的关联。应注意因为这些系统含有错误检测和纠正程序，所以它们对系统工作的影响很小。

SAMPEX 同时也是一个新科技的验证者，在空间应用了很多以前没有使用过的新技术。例如，它使用了 MIL – STD – 1773 光纤数据连接[15]。这种数据连接用 LED 作为发射器，光纤作为传输介质，光学接收器作为接收装置。当一个翻转发生在数据传输中（主要源于光学接收器上的粒子瞬态）时，一个比特会发生错误，系统会让数据重新发出。图 3-15 同样清楚地展示了 MIL – STD – 1773 总线重试和 SAA 的关系。

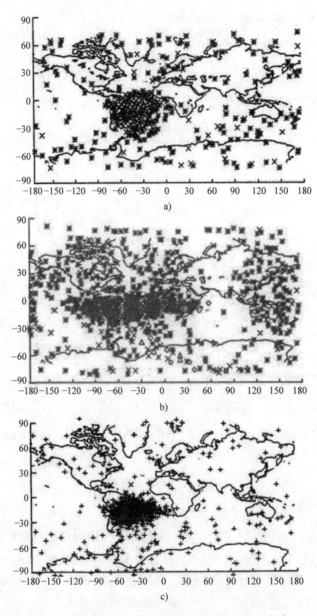

图 3-15  SAMPEX 和 TOMS/METEOR – 3 事件[15]

a) SAMPEX SSR 翻转   b) TOMS SSR 翻转   c) SAMPEX MIL – STD – 1773 总线传输重试

闩锁效应也与俘获带质子有关。其中最有名的事件是首次证实质子可以引起闩锁，即 ESA 地球观测卫星 ERS – 1（774km，98.5°）的星载 non – ESA PRARE 高度仪失效。当停机事件发生时，主电源功率上升了大约 9W，持续了 16～32s，这些都被卫星上的管家系统记录了下来。这个事件在操作的 5 天后就发生了。发生错误的地点正处于 SAA 区的中心。ESA 研究了这次异常情况，并且在工程模型地面测试中验证了这次失效是由于 PRARE 内的一个 64kbit CMOS SRAM 发生了闩锁，如图 3-16 所示。地面测试得到的发生率估计值也与飞行观测到的发生率一致。

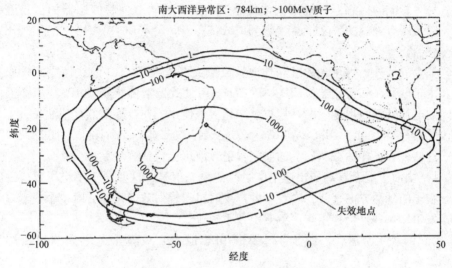

图 3-16　ERS – 1 上 PRARE 发生闩锁失效的位置[16]

　　另一起详细记录的 LEO 事件，是一个名为 FREJA（601 × 1756, 63°）的瑞典和法国合作的项目，其经历了一系列 SEE 效应影响，包括错误指令（0.5 ~ 1 次每天，在 SAA 区域内）、测距仪格式错误、存储器 SEU 和最终的 CPU 板上发生闩锁，如图 3-17 所示。通过备用电源单元切换记录，在管家数据中发现闩锁的出现。ESA 研究了这种异常情况，他们使用高能质子束在备用飞行模型上重现了闩锁效应。闩锁源于 CPU 板中的 CMOS NS32C016 电路。

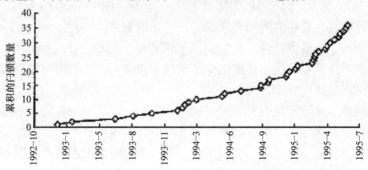

图 3-17　FREJA 上发生闩锁次数与时间的曲线图[17]

## 3.6 传感器的特有事件

卫星平台或载荷上使用了各式各样的传感器，这些传感器对辐射效应十分敏感，因为它们暴露于外且从设计上而言这些探测器从根本上对电荷沉积十分敏感。易受影响的传感器有地面成像传感器、姿态和轨道控制传感器如恒星追踪器，以及所有种类的天文仪器（伽马射线传感器、X 光 CCD、UV、光学和 IR 成像传感器）。

如今的紫外、可见光和近红外波长成像大多依赖于 CCD 的线性或矩阵探测器。由于电荷注入检测器（CID）和 CMOS 主动式像素传感器（APS）不会因像素间的电荷转移而出现问题，故被越来越多地使用。在红外谱的其他波长，主要的传感器材料为 InSb、InGaAs、GaAs/GaAlAs、HgCdTe、PtSi 和非本征硅。

这些各种各样的探测器上的空间辐射效应可能包括：

1）由质子或者重离子快速电离引起的瞬态信号，这些属于单粒子效应。取决于粒子的到达方向，或二次粒子的产生时机，辐射效应可能会对单个或者多个像素发生影响并且会在矩阵探测器上留下轨迹。

2）像素性能退化，源于半永久（由于退火）或者永久电离剂量或位移损伤。

### 3.6.1 瞬态信号

瞬态信号是由于质子或者离子轨迹电荷的收集造成的。它们可以在很多太空照片中发现，尤其是会和辐射带（特别是 SSO 卫星发现的南大西洋异常区）或者太阳耀斑质子相关。首次发现是 CNES SPOT－1 项目团队在南大西洋的图像上发现异常，它们称之为"UFO"。图 3-18 展示了部分"UFO"的图像。

瞬态信号可以影响一个或者多个像素点，并且它们的显示依赖于读出电路的特性。图 3-19 展示了部分 SPOT 图像的上述影响。图中一些"UFO"表现为虚线，源于读出寄存器中应用的奇偶结构。该效应在图 3-20 中被放大。质子撞击了一个像素点，然后电荷收集扩散到邻近像素点，如图 3-20 所示的原始轰击点两侧的像素过流模糊状况。读出结构是根据奇偶像素点分别读出的，所以这个效应导致了像素呈虚线状态。

对地成像卫星经常运行在 SSO（600～800km，98°）轨道上，瞬态效应不是一个十分严重的问题，因为它们的数量很少而且很容易在图像处理时滤除。对于处在更高轨道的太空科学或天文成像器，可以在太阳耀斑期间观测到其他更值得注意的效应。在 SSO 轨道高度，太阳耀斑可能仅仅会在两极附近产生影响，那里地貌单一、反射率高，并且需要的成像更少，导致该现象的影响较小。

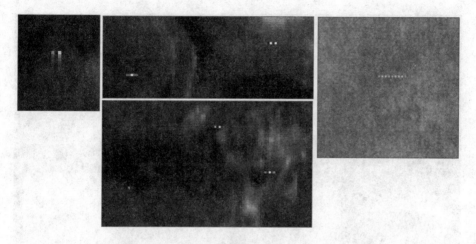

图 3-18　多幅 CNES SPOT 上瞬态信号的样例图片——CNES，Spot Image 提供

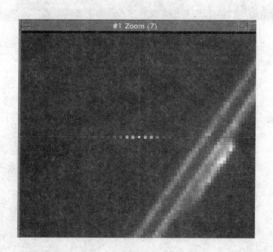

图 3-19　SPOT5 HRG 部分图片上的瞬态效应的样例图片——CNES，Spot Image 提供

在某些情况下，粒子轨迹产生的瞬态信号可以完全使图片模糊，比如图 3-20 所示的 NASA POLAR 卫星的 VIS（可视成像系统）在 2000 年 7 月太阳耀斑期间对地球进行的连续拍摄。

这种效应同样发生在行星探测器装载的成像器上，如图 3-21（NASA Photojournal 网页，PLA00593 图片[18]）所示 GALILEO 的照片上这一效应就十分明显，并且本章参考文献 [6] 中也有提到。图 3-21 所示是木卫一上的纳火山熔岩以及反射木星的光芒。白点是木星辐射带的粒子冲击产生的，其通量在木卫一的轨道上是很大的。

图 3-22 展示了太阳耀斑产生的质子对 SOHO 照片产生的影响。在拍到太阳

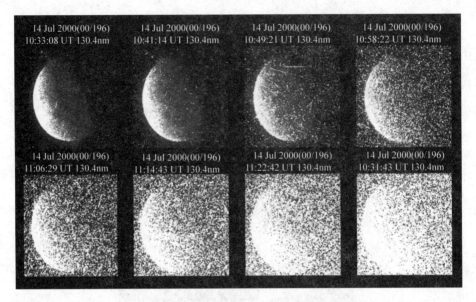

图 3-20　NASA POLAR 卫星的 VIS 照相机在 2000 年 7 月太阳
耀斑期间处于模糊状态——NASA 提供

图 3-21　JPL GALILEO 的 Io 图片显示了粒子瞬态的影响，n°PIA00593 图片——JPL 提供

耀斑发生一小段时间后，质子在探测器上的轨迹就可以观测到了，即照片记录质子到来的过程。

太阳、地球和星体传感器都普遍应用在航天器上做姿态判定。更多地方对精度的要求普遍提高了，并且最新一代卫星上都安装了恒星追踪器作为基础装备。

与成像系统类似，这些传感器使用光学探测器，例如 CCD 或 APS。恒星追

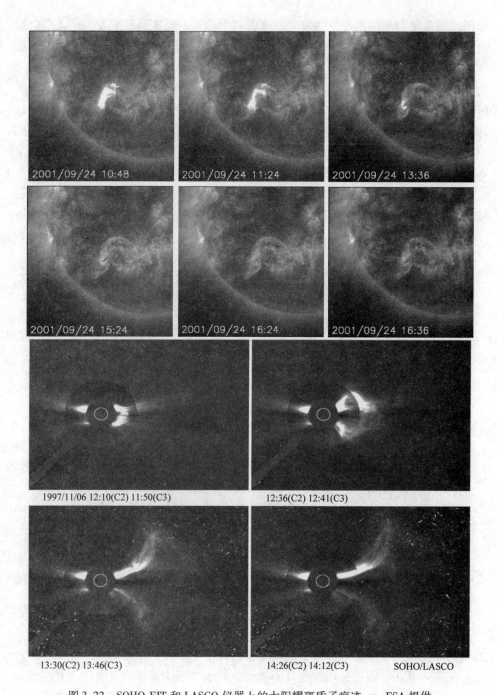

图 3-22  SOHO EIT 和 LASCO 仪器上的太阳耀斑质子痕迹——ESA 提供

踪器的特有问题是由于质子或者离子引起 CCD 或 APS 探测器出现瞬态信号。恒星图识别系统会把冲击产生的发光像素误判为恒星，当这种情况发生率太高时就会导致系统"迷失"。当质子通量很高时，产生的效应会严重影响恒星追踪器在区域和时间上的可靠性。

举个例子，CNES/JPL JASON – 1 卫星上的恒星追踪器经过南太平洋异常区时 AOCS 停止工作了。图 3-23 是 CCD 矩阵（EEV）在 SAA 内部和外部取得的数据。在 SAA 区域外，天空看起来是"干净的"，但是在 SAA 区域内，可以看到白点的增加和质子划过探测器所留下的斜线。图 3-24 展示了质子痕迹附近的全阵列照片。图 3-25 所示是真正恒星附近的照片。在 JASON（1335km，66°）事件中，运行中断的持续时间很短（最大值 20ms），并且通过考虑所经过的轨道，这些效应是可预测的。在这段时间，JASON 使用陀螺仪控制，没有产生任何工作参数恶化。

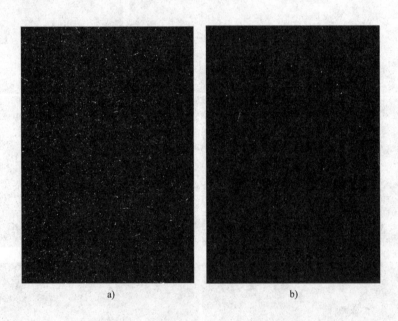

图 3-23　JASON – 1 上的星体追踪器 CCD 受质子冲击

a）在 SAA 区域内　b）在 SAA 区域外

JPL GENESIS 探测器使用和 JASON 相同的恒星追踪器。在 2002 年 4 月 21 日太阳活动期间，恒星追踪器由于高能质子出现了 4 次致盲。

在这个事件中切换备用设备并不能解决问题，因为备用设备会出现和主设备相同的问题。解决办法包括使用抗辐射改进或加固 CCD 或 APS，以及尝试设计更智能的算法，但信噪比可能退化得十分严重，导致后一种解决办法具有局限性。

图 3-24　图 3-23a 放大后，在 SAA 区域内——质子轨迹十分清晰

图 3-25　图 3-23b 放大后——清晰的恒星区域

## 3.6.2　永久或半永久损伤

法国对地观测卫星 SPOT – 4（$830 \times 830$km，$97°$）使用了 3 个基于 InGaAs 光敏二极管的 MIR（中红外）探测器。这些线性阵列由 10 个基本模块对接在一起，封装在一个陶瓷封装内，由法国 ATMAEL Grenoble 公司研制。每一个基本模块由 300 个两面对接的 InGaAs 晶元光敏二极管，以及两个在光敏二极管两侧 150 个负责多路信号传输的基本硅基 CCD 阵列组成（见图 3-26）。光敏二极管是反偏（1V）的，并且器件工作在光导摄像模式，也就是说光子产生的空穴（电子被地收集）降低了二极管的反偏电压。已知电子（预加载）的一部分被射入二极管中，用以补充反偏，剩下的电子被收集起来，形成反向光信号。

自从它们被发射升空，MIR 探测器出现了暗电流这个未意料到的现象。一些像素点出现暗电流突然增长，在电流猛增过后，除了处在暗电流中的像素，大部分受影响的像素会恢复稳定的工作状态。但是，当暗电流增长太高（初始暗电流的 $10 \sim 100$ 倍）时，与噪声和暗电流时间稳定性相关的性能会受到影响。像素会随暗电流间接性在几个离散强度水平内变化而变得"不稳定"，这个情况的持续时间从几毫秒到几分钟不等。同样的情况在印度遥控传感卫星（IRS – 1C）

上的相同 InGaAs 探测器上出现过。图 3-27 给出了一些例子。

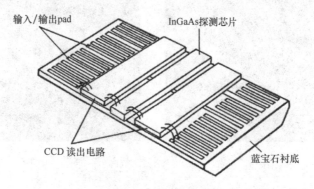

图 3-26  MIR 探测器的基础模块

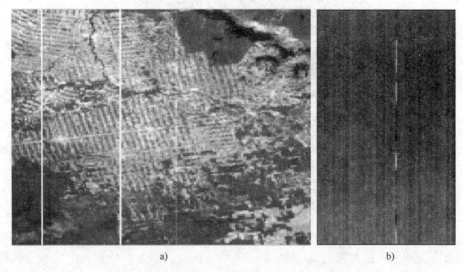

图 3-27  暗电流例图——CNES，Spot Image 提供

a) "热像素"：一些像素点出现白的纵列  b) RTS 导致出现"白/黑"相间线条

　　一些学者[20-24]对硅探测器中出现的这些现象进行了研究。这些研究表明由质子引起的位移损伤可以导致暗电流峰（或者热像素）异常和暗电流稳定性异常。在最后一个事件中，暗电流在几个既定强度变换，表现出随机电报信号（RTS）的样子。

　　在备用器件上开展质子测试。结果表明，在飞行中观测到的暗电流现象与质子引起的位移损伤有关，并导致了极限暗电流量和不稳定的像素点。同时发现平均暗电流与 InGaAs 中计算的 NIEL 有关。计算表明，大的暗电流源于非弹性相互作用。也对 RTS 信号特性进行了研究（参见图 3-20）。研究结果提出了极限值数量级预测的半经验模型。这个模型在 SPOT 4 事件中给出了很好的结果。

为纠正质子引起的缺陷，一些处理方法被提出。其中一个暗电流问题的解决方案是在每 6 天列出有缺陷的探测器并且每 26 天计算哪些暗电流发生了变化。图 3-28a 和图 3-28b 展示了纠错前后的 MIR 图片。

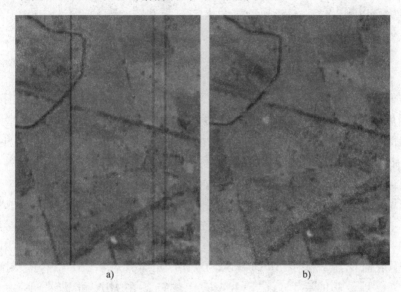

a)　　　　　　　　　　b)

图 3-28　MIR 图片纠错处理效果——CNES，Spot Image 提供

另外，还可以采用一种处理缺陷探测器的自动图片处理方法。它通过对探测器图片的静态分析来评估暗电流的变化。通过评估变化，探测器可以通过修改或者更新暗电流来恢复正常工作。

对恒星追踪器问题来说，探测器上的 TID 和 DDD 效应将在轨道执行任务期间内增加平均暗电流值、改变暗电流非均匀性。这将产生以下两点影响：

1）修改敏感度的非一致性。

2）总体信噪比的降低。

因此，这意味着更难探测到更低数量级的恒星，以及重心计算被干扰。传感器在偏压和噪声方面的性能将发生退化。

## 3.7　专用仪器和试验

### 3.7.1　空间环境监视器

空间辐射通量的测量只能实地进行：没有其他办法，只能"到那去"并观测发生了什么。今天，所有的辐射测量模型都是基于实际的空间实地探测来完成的。实地测量是空间环境模型的基础。自从太空时代开始，美国的民用和国防机构都在空间领域付出了巨大努力，这些努力产生了国际通用的空间环境规范模型。日本 JAXA 同样有一个目标远大的项目，旨在空间环境特性测量和空间技术评估。

除去可以测量粒子本性和能量的大型科学载荷，例如 US CRRES 卫星所用的，人们可能对中型或者小型仪器更有兴趣。小型设备可以测量任务中受到的小规模粒子碰撞，同时可以作为卫星中的"黑盒子"帮助事后分析卫星中发生的异常。

我们这里不去描述大型科学设备探测原理的细节，而是仅举例说明固态探测器、闪烁体、质谱分析仪和静电滤波器。小型仪器，我们也称之为"监视器"，是由最简单的原理构成的仪器，即固态探测器。这些探测器由不同厚度的全耗尽 Si 结构构成，用以对不同能量范围进行测量。它们可以用在"望远镜"中以增加能量分辨率。

在欧洲，ESA、CNES 和其他机构正在研发小型仪器，并尽可能多地将它们安装在飞船上去完成各种任务。ESA 研发的 SREM（标准辐射环境监视器）最近被安装在 STRV – 1c、PROBA – 1（LEO 任务）、INTEGRAL、ROSETTA 和 MRM（微型辐射监视器，基于 APS 探测器）上并发射升空。CNES 基于 XMM 上的 CESR 为原型研发的系列仪器（ICARE）被装备在 MIR 和 ISS 空间站，以及 SAC – C（LEO/SSO 任务）和 STENTOR（原定发射到 GEO 轨道，但是发射失败了）上。在美国，Amptek Inc. 计划完成商用的 CEASE（简化的环境异常传感器）。

### 3.7.2 技术试验

技术试验的目标是为了在元器件模型上获得"真实世界"对辐射效应的反馈。这些试验帮助研发新的模型或者帮助将老模型调整得更好。它们也可以为当前运行卫星不常用的技术提供先进的信息，使之可用。例如，CNES 已经在 MIR 空间站的"SPICA"版本的 ICARE 上使用了 IBM 的 LUNA – C 16Mbit DRAM，这个设备之前在 SPOT – 5 的 SSR 上使用过。

技术试验可以量化被测效应的细节。例如，工作中的 SSR 出现翻转并不会记录和定位得很精确，并且 SEU 或者 MBU 信号可能不会被记录。上述试验可以记录所有这些参数，技术试验可以记录过去和现在的所有被测效应的现象（SEU、SEL、SEB、ELDRS…）。这样做需要关注的问题也十分明显，就是要量化地面测试、飞行表现评估技术和确切的设计裕度。

美国再次引领了这个领域主要技术的首创权，例如 MPTB（微电子和光子测试基础）、APEX（先进光电和电子实验）、多种背负载荷以及现在 NASA LWS 项目（伴恒星生活）首创的 SET（空间环境测试基础）。这些项目大多数情况下是国际合作的开放项目：例如，TIMA 实验室（Grenoble，法国）、CNES 和 NASA/GSFC 共同发射一个载着人工神经网络处理器的 MPTB 卫星。在日本，JAXA 在研究一个强大的技术项目。在欧洲，CNES 已经在这个领域研究了超过 15 年，其首创有与 RKK – ENETGIA 合作的 MIR（在太空经历 6 个月）、SPOT – 4 技术旅行者（PASTEC）和致力于环境监视和元件测试板的 ICARE 仪器。图 3-29 是 ICARE 的 SAC – C 的一项结果图。这是 SSR 工作中出现 SEU 效应的典型结果图。ESA 正在计划今后的研发工作。

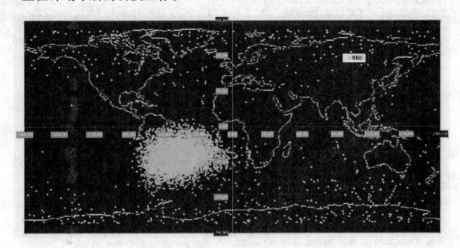

图 3-29　ICARE/SAC – C 元件测试板的结果：256kbit SRAM 至 64Mbit DRAM 的 7 种存储类型，29 个存储样本的翻转累积地图

# 参 考 文 献

[1] "Spacecraft system failures and anomalies attributed to the natural space environment", NASA reference publication 1390, August 1996.

[2] H.C. Koons, J.E. Mazur, R.S. Selesnick, J.B. Blake, J.L. Roeder, P.C. Anderson, "The impact of the space environment on space systems", 6th Spacecraft Charging Technology Conference, AFRL-VS-TR-20001578, 1 September 2000.

[3] http://www.sat-index.com/.

[4] E. Vergnault, R. Ecoffet, R. Millot, S. Duzellier, L. Guibert, J.P. Chabaud, F. Cotin, "Management of radiation issues for using commercial non-hardened parts on the Integral spectrometer project", 2000 IEEE Radiation Effects Data Workshop, p68.

[5] E.J. Daly, F. van Leeuwen, H.D.R. Evans, M.A.C. Perryman, "Radiation belt and transient solar magnetospheric effects on Hipparcos radiation background", IEEE. Trans. Nucl. Sci., vol 41, no 6, p2376, Dec. 1994.

[6] P.D. Fieseler, S.M. Ardalan, A.R. Frederickson, "The radiation effects on Galileo spacecraft systems at Jupiter", IEEE. Trans. Nucl. Sci., vol 49, no 6, p2739, Dec. 2002.

[7] A.R. Frederickson, J.M. Ratliff, G.M. Swift, "On-orbit measurements of JFET leakage current and its annealing as functions of dose and bias at Jupiter", IEEE Trans. Nucl. Sci., vol 49, no 6, p2759, Dec. 2002.

[8] G.M. Swift, G.C. Levanas, J.M. Ratliff, A.H. Johnston, "In-flight annealing of

displacement damage in GaAs LEDs : a Galileo strory", IEEE Trans. Nucl. Sci., vol 50, no 6, p1991, Dec. 2003.

[9]  http://eosweb.larc.nasa.gov/HPDOCS/misr/misr_html/darkmap.html.

[10] R. Ecoffet, M. Prieur, M.F. DelCastillo, S. Duzellier, D. Falguère, "Influence of the solar cycle on SPOT-1,-2,-3 upset rates", IEEE Trans. Nucl. Sci., vol 42, no 6, p1983, Dec 1995.

[11] R. Harboe-Sorensen, E. Daly, F. Teston, H. Schweitzer, R. Nartallo, P. Perol, F. Vandenbussche, H. Dzitko, J. Cretolle, "Observation and analysis of single event effects on-board the SOHO satellite", RADECS 2001 Conference Proceedings, p37.

[12] C. Poivey, J. Barth, J. McCabe, K. LaBel, "A space weather event on the Microwave Anisotropy Probe", RADECS 2002 Workshop Proceedings, p43.

[13] D.C. Wilkinson, S.C. Daughtridge, J.L. Stone, H.H. Sauer, P. Darling, "TDRS-1 single event upsets and the effect of the space environment", IEEE Trans. Nucl. Sci., vol 38, no 6, p1708, Dec. 1991.

[14] D.R. Croley, H.B. Garrett, G.B. Murphy, T.L. Garrard, "Solar particle induced upsets in the TDRS-1 attitude control system RAM during the October 1989 solar particle events", IEEE Trans. Nucl. Sci., vol 42, no 5, p 1489, October 1995.

[15] C.M. Seidleck, K.A. LaBel, A.K. Moran, M.M. Gates, J.M. Barth, E.G. Stassinopoulos, T.D. Gruner, "Single event effect flight data analysis of multiple NASA spacecraft and experiments ; implications to spacecraft electrical design", RADECS 1995 Conference Proceedings, p581.

[16] L. Adams, E.J. Daly, R. Harboe-Sorensen, R. Nickson, J. Haines, W. Schafer, M. Conrad, H. Griech, J. Merkel, T. Schwall, R. Henneck, "A verified proton induced latch-up in space", IEEE Trans. Nucl. Sci., vol 39, no 6, p1804, Dec. 1992.

[17] B. Johlander, R. Harboe-Sorensen, G. Olsson, L. Bylander, "Ground verification of in-orbit anomalies in the double probe electric field experiment on Freja", IEEE. Trans. Nucl. Sci., vol 43, no 6, December 1996, p2767.

[18] http://photojournal.jpl.nasa.gov/catalog/PIA00593.

[19] A.S. Kirankumar, P.N. Babu, and R. Bisht, "A study of on-orbit behaviour of InGaAs SWIR channel device of IRS-1C/1D LISS-III camera", private communication.

[20] P.W. Marshall, C.J. Dale, and E.A Burke, "Proton-induced displacement damage distributions in silicon microvolumes", IEEE Trans. Nucl. Sci., Vol.37, no. 6, pp 1776-1783, 1990.

[21] C.J. Dale, P.W. Marshall, and E.A Burke, "Particle-induced spatial dark current fluctuation in focal plane arrays", IEEE Trans. Nucl. Sci., Vol.37, no. 6, pp 1784-1791, 1990.

[22] G.R. Hopkinson, "Space Radiation effects on CCDs", Proceedings ESA Electronics Components Conference, ESA SP-313, p301, 1990.

[23] G.R. Hopkinson, "Cobalt60 and proton radiation effects on large format, 2D, CCD arrays for an earth imaging application", IEEE Trans. Nucl. Sci., Vol.39, no. 6, pp 2018-21025, 1992.

[24] G.R. Hopkinson, "Radiation-induced dark current increases in CCD's", RADECS 93, IEEE Proc., pp 401-408, 1994.

[25] S. Barde, R. Ecoffet, J. Costeraste, A. Meygret, X. Hugon, "Displacement damage effects in InGaAs detectors : experimental results and semi-empirical model prediction", IEEE Trans. Nucl. Sci., Vol 47, no 6, pp 2466-2472, December 2000.

# 第4章 多层级故障效应评估

L. Anghel, M. Rebaudengo, M. Sonza Reorda, M. Violante

TIMA 实验室，格勒诺布尔，法国

都灵理工大学，自动化与信息学院，都灵，意大利

lorena. anghel@ imag. fr

{maurizio. rebaudengo, matteo. sonzareorda, massimo. violante} @ polito. it

**摘要：** 分析数字系统里瞬态故障效应的问题非常复杂，只有在不同设计过程阶段分析时才可能得到结果。本文报道和回顾了故障注入技术，讨论了哪种技术可以从系统早期设想阶段到晶体管层面成功应用。

## 4.1 前言

粒子辐射造成的软故障对现代复杂集成电路是个十分突出的问题。器件尺寸和工作电压正在逐步降低以满足低功耗和高集成度效能的需求，这也使得现代集成电路对瞬态现象更加敏感。更小的互联结构和更高的工作频率造成由于违反时序规则产生的故障增加。来自制程波动和制造误差造成的间歇性失效随着每一个制程数的增加而增长。更小的晶体管尺寸和低电源电压造成器件对中子和 α 粒子辐射更加敏感。当诸如大气中子这样的高能粒子或封装材料中杂质产生的 α 粒子作用于半导体敏感区时，产生的瞬态现象会改变系统的状态，发生软故障，进而导致失效。

传统认为，RAM 存储器中的软故障要比混合电路中的软故障更值得关注，因为存储器中的敏感单元更多。在未来十年，随着工艺尺寸降低、工作电压下降以及工作频率增加，可以预见混合电路器件的软故障率将大幅增加。对混合电路软故障率的预测解析模型将趋于与 2011 年[1,2]所提出的存储单元模型一致。

最经济的消除瞬态故障的方法就是要精确定位辐射敏感区，针对每个敏感区选择最有效的方式削弱辐照敏感性，同时降低对硬件、功耗、时序的损失。为了降低这个过程的复杂性，对软故障采取有效的分析和模拟手段是十分必要的，这种模拟方式同时不会牺牲新产品的设计时间，特别是不会增加 SoC 的复杂程度。

故障注入是对计算机系统进行可靠性评价的强有力的技术手段。这个技术定义人为地向操作系统注入一些故障，观察系统的响应[3]。故障注入有几种方式，

可归纳为以下几类：基于模拟信号技术[4]、软件执行技术[5,6,18,19]以及混合技术，即同时使用硬件和软件方法联合对系统性能进行优化[20,21]。其他分类是基于不同的抽象层次和表象层级进行划分，这些都将用于待验证设计（Design Under Test，DUT）。按照不同的抽象层次，我们可确定四个级别：

1）系统级：待验证设计的对象是处理器、存储组件、输入/输出设备等。

2）寄存器传输级：待验证设计的对象是寄存器、算法和逻辑单元、总线结构等。

3）逻辑级：待验证设计的对象是组合逻辑门或者简单存储单元。

4）器件级：待验证设计的对象是简单集成器件。

相反地，就表象层级而言，有以下的选项：

1）行为级：对待验证设计的输入激励与输出响应的关系间的对映。

2）结构级：待验证设计拓扑结构可描述为元器件间的互联。

3）物理级：描述元器件工作遵循的基本方程。

通过对比抽象层次和表象层次，我们可以得到如图4-1的矩阵，该矩阵是理解本文所阐述内容的关键。"晶体管级故障注入"章节描述了如何在抽象层的设备级和表象层的物理级注入故障。"门电路级和寄存器传输级的故障注入"章节描述了从表象层行为上和结构上，以及使用抽象层寄存器级和逻辑级时，如何进行故障注入。最后，"系统级故障注入"展示了如何在表象层结构级和抽象层系统级进行故障注入。

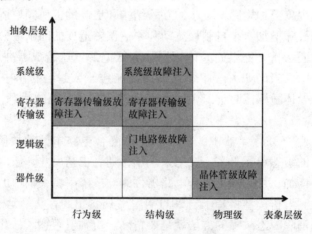

图4-1　概念层次和表征层次

值得注意的是每层故障注入分析可以向设计者提供必要的信息，使得设计者能够对任何一个复杂电路的可靠性进行预测，并可在电路流片前采取必要的加固措施。

以软故障为特殊实例，复杂系统在固定的运行周期内出现失效的概率主要由以下几点决定：

1）失效概率，假设故障造成了一个差异性的系统机状态。这可以通过系统或者寄存器传输级分析进行评估。注意，并不是所有故障的系统机状态都会造成系统失效。

2）系统机状态中出现故障的概率。

① 离子直接轰击锁存器（造成存储单元位翻转），这种故障会在系统内传播。这种情况需要对逻辑级和寄存器级的故障注入进行综合分析。

② 另一种为逻辑层故障传递给锁存器，继而传递到整个系统，或直接传递到系统层。这种情况也要通过器件、逻辑级、寄存器级故障注入分析，对给定类型的电压脉冲信号出现在每一门输出的概率进行计算，然后再从器件或门电路级分析这些故障传递给触发器输入的概率。

3）源事件发生的概率（即离子轰击的概率）。这个概率需要考虑事件类型（辐射，进程变化导致的间歇故障等）以及电路的工作环境。这个概率通常通过器件级故障注入获得。

上述所有的概率都依赖于许多参数和分析结果，其准确性决定于每一级电路分析的准确性。

在对可能的故障注入方法进行阐述前，我们先向读者提供一些技术背景，这些内容在 4.2 节阐述。4.3 节给出了支撑这个工作的一些假设。

## 4.2 FARM 模型

一个好的表征故障注入环境的方法要考虑本章参考文献 [19] 提出的 FARM 分类。FARM 可归纳如下：

1）F（Faults，故障集）：注入系统的故障集，这需要格外谨慎。

2）A（Activation trajectories，激活路径集）：说明采用何种表象层对系统进行功能演练。

3）R（Readout，反馈集）：系统行为级别反馈的集合。

4）M（Measures，度量集）：度量注入故障后系统的信任性。

FARM 模型也可以通过加入工作载荷集 W 进行改进，工作载荷设定输入激励，产生对系统的资源需求。

度量集 M 可以通过研究故障注入事件后的结果而实验性地获得。注入过程由基本的注入组成，这些基本的注入被称为"试验（experiments）"。在一次故障注入中，输入域对应一个故障集和一个激活路径集，而输出域对应反馈集和度量集。

单次试验由 F 中选出的故障 $f$ 和 A 中选出的作用轨迹 $a$ 决定，同时还应有 W 中的工作载荷 $w$。系统的行为可以观察到，并构成反馈 $r$。单次试验于是就由三元集合 $<f, a, r>$ 表征。度量集 M 通过执行一次描述特定工作载荷 W 的反馈 R 的进程获得。

## 4.2.1 故障注入的要求

可以认为，FARM 模型描述了故障注入过程中的一些要素，但是并没有考虑到故障注入环境（如实现注入所采用的技术）。相同的 FARM 设置可以用在不同的故障注入技术中。在说明该技术前，我们先关注在设定故障注入环境时所需要考量的一些指标：侵扰性、速度以及成本。

以下 DUT 通常涵盖至少一个处理区，连接一些存储模块，还可能连接一些特别的先进电路，并且工作在一个给定的应用模式下。故障注入并不需要在整个 DUT 上实现。有时只有少量的部分或单元在进行信任性分析。

## 4.2.2 侵扰性

侵扰性是指 DUT 的行为与相同系统进行了故障注入后表现出的行为差异。侵扰性是由如下因素引起的：

1）由支撑故障注入的指令或模块引入：由此产生的效应是，当以相同的激活路径作为其输入时，执行的模块或指令得到的结果与 DUT 的不同。

2）DUT 电学以及逻辑状态变化，这会造成系统或其中一些单元执行的速度下降；从时序角度上，这意味着在故障注入期间 DUT 表现出不同的行为；我们称这种现象为时序侵扰。

3）DUT 内存镜像的不同，这通常会由故障注入时引入新的编码或数据进行修正。

很显然，一个好的故障注入环境应当尽可能降低侵扰性，进而保证计算结果可真正被拓展到原始 DUT 上。

## 4.2.3 速度

故障注入集合通常相当于大量的故障注入试验的迭代，每一个试验对应一个故障并要求 DUT 对注入过程执行一次。因此整个注入过程需要的时间就由注入故障试验的数量以及每次注入试验的时间所决定。相应地，这个时间就与试验配置时间和执行时间有关。

能够降低和优化故障注入集合时间的一些技术和手段将在下文中阐述。

## 4.2.4　单次故障注入试验的加速

故障注入试验的速度可以用由正常执行时间（不包括故障注入时间）与单次故障注入试验总消耗时间的比值表征。总消耗时间的增加主要是由试验初始化、试验结果读出、注入故障以及措施升级的时间引起的。

在给定的时间内，试验数量会被限制，因此在进行故障注入技术设计时就要计算出明确的故障清单，这些故障是必要的。其中一个挑战是降低与高集成度系统相关的大型故障空间，优化采样技术，优化低层级故障在高抽象层级下的等效表述模型。

## 4.2.5　故障清单的产生

故障清单应该涵盖所有可能对系统造成影响的故障，这样才能保证结果的有效性并不受限于清单中故障的选择。不幸的是，由于故障注入试验的时间限制，增加故障清单规模是不可行的。通常，故障清单产生的目的是选择具有代表性的故障子集，所包含的故障注入能够产生尽可能多的反映系统行为的信息，使得故障注入时间被限制到可接受的范围。

## 4.2.6　成本

对于所有可能的目标系统，搭建故障注入环境的成本必须尽可能受到限制，并保证与系统成本相比达到可忽略的程度。

搭建故障注入环境的成本来自于以下几个方面：

1）故障注入环境的软件和硬件。

2）设置故障注入环境的时间以及将其应用到目标系统的时间。

第一条直接与选择何种故障注入技术相关，第二条意味着故障注入系统应当尽可能可调，以满足不同目标系统的需要，并易于被工程人员所使用。

# 4.3　假设

本章节中，我们对 FARM 模型中的一些假设进行阐述，对搭建故障注入环境时的一些选择进行如下归纳：

（1）集合 F　即选择一些故障组成故障集合。首先要选定故障模型。选择时要坚持两点，其一为故障模型要尽可能与实际的故障相符；另一方面，故障模型应尽可能可用并且易实现。基于这些限定，故障模型选定为 SEU/SET（单粒子翻转/单粒子瞬态效应）。每种故障可利用下述信息进行表征：

1）故障注入时间：故障注入系统的初始时间。

2）故障位置：故障影响的系统的组件。

3）故障隔离：一旦故障组件是 $n$ 位宽的寄存器，故障隔离就是位隔离，主要是为了隔离那些被 SEU 影响的位。

（2）集合 A    在设置 A 集合时遇到两个问题。其一是如何确定应用到目标系统的输入途径，这对故障注入试验是非常重要的。目前，研究者已经提出了几种解决的方法，本文不再赘述这些方法，我们关心的是在途径确定后实现故障注入的技术。另外，还需要关注如何将这些途径应用到系统中，因为它们通常具有较高数量、不同类型的输入信号（数字和模拟，高频和低频，等等）。

（3）集合 R    这个信息集合可以通过观察 DUT 在每个故障注入试验中表现出行为，并对比无故障时的行为得到。注意期间所有的操作应尽可能地降低干扰。

（4）集合 M    在故障注入集合的最后，需要一个合适的工具去汇总可信任性评估的结果以及故障清单中的故障覆盖率。故障覆盖率定义为故障可能的效应：

1）无效应故障。这种故障既不会以错误方式进行传播也不会导致系统失效。这种故障在系统中保持一定时间，不会对系统造成影响，随后会从系统中消失。比如，我们考虑一个影响程序变量 $x$ 的故障。如果第一次操作程序是在 $x$ 下运行，故障后，是个写操作，然后一个正确的值就会替换掉错误的值，于是系统又恢复到无故障状态。

2）失效。故障在系统中传播最终被系统输出。

3）可探测的故障。故障产生一个错误，这个错误被识别并向系统用户发出信号。在这种情况下，用户可知道任务被一个错误中断，然后用户可采取必要的反制措施恢复正确的系统功能。在可容错的系统中，反制措施会自动启动。错误探测通过一系列机制实现，错误探测机制内嵌入系统，用于监视系统行为，报告系统异常状态。考虑到处理器系统，错误探测机制会在处理器中找到，通常存在于处理器的硬件中，软件中也会有相应的执行程序。前者被称为硬件探测机制，后者被称为软件探测机制。比如硬件探测机制，我们考虑非法指令陷阱（illegal instruction trap），当处理器试图解码来自于代码存储器的未知二进制字串时，该机制就会执行。未知的二进制字串可能是由一个有效指令由于错误导致指令无效时产生的。对于软件探测机制，比如我们考虑设计者插入一个用于范围检查的代码段，用于确认数据是否由用户输入，并在数据超出预设范围时报警。进一步提炼我们的分析，可能确认存在下列几类故障探测：

① 软件探测故障。一个用于识别错误/失效并向用户发出警报的软件。比如，我们考虑一个子程序，这个程序基于范围检查确认由另一个存储在变量 $x$ 子程序产生的结果的有效性。如果 $x$ 的数值超过预设范围，控制子程序则会产生一

个异常信号。

② 硬件探测故障。一个用于识别错误/失效并向用户发出警报的硬件构件。比如，奇偶校验器，它占据处理器存储单元。当一个故障造成存储单元内容变化时，校验器就会识别奇偶的变化，并且发出异常信号。

③ 超时探测故障。故障导致系统进入死循环，此时系统不会产生任何输出。这种错误可以通过看门狗（watchdog）计时器探测到，它会在系统操作开始时启动，在系统可以输出结果时停止。

④ 潜在故障。有些故障在系统中存在时是惰性的，但是有时也会变得具有活性并能产生错误，但是这个错误不会到达系统输出端，所以这个故障不会引起系统失效。如一个变量在系统使用后不会再用，即使它产生错误，但是它已经被系统弃用，所以不会对系统产生任何影响。

⑤ 可被修正的故障。这类故障是指其产生的错误可被系统自动校正，无需用户操作。

## 4.4　晶体管级的故障注入

在 SEU/SET 故障情况下，故障注入分析的实质是分析环境效应对集成电路的影响。进一步地，这个分析主要是分析辐射效应与器件的交互作用，从物理维度上理解宇宙射线离子环境与电路元器件的作用机制。这个层次的故障注入分析主要是获得敏感电路中电荷沉积的概率分布。

### 4.4.1　产生软错误的粒子

宇宙射线是由外部空间产生的粒子，它能够进入地球大气层。高能中子（>1 MeV）通过与硅原子核作用产生二次离子，这些二次离子通过电离作用导致半导体器件的软错误。这种辐射作用是存储单元软错误的主要来源。α 粒子是软错误的另一个来源。这种类型的辐射几乎都来自于器件封装材料中的杂质，并随不同的电路出现较大的变化。第三种软错误机制是由低能宇宙中子与 IC 材料中的 $B^{10}$ 同位素作用，尤其是在作为 IC 绝缘层的硼磷硅酸盐玻璃（BPSG）中最为常见。本章参考文献 [7] 中表明这种辐射效应是造成使用 BPSG 的 $0.25\,\mu m$ 工艺的器件软错误的主要来源。

### 4.4.2　硅器件中单粒子瞬态的模拟仿真

反向偏置晶体管的结区是对单粒子效应最敏感的区域，尤其是当结区悬浮或较弱驱动时[8]。粒子在材料中运动时，会在其运动轨迹上产生亚微米级直径的由电子 - 空穴对构成的圆柱形的轨迹。如果粒子轰击的位置接近或者直接轰击耗尽区,电场就会很快地将载流子收集,在相应的节点上产生电流脉冲。图4-2展示了反偏结区电荷产生和收集的过程以及由此产生的电流脉冲的过程。目前广泛地利用2D和3D仿真分析可对电荷收集的详细物理过程进行研究[8,9]。

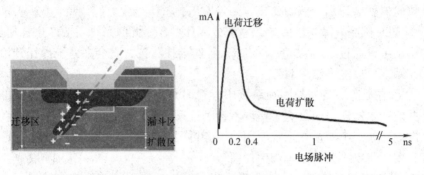

图4-2   N$^+$/P硅结区在粒子轰击后出现的漏斗区以及电流脉冲

漏斗区的尺寸和收集电荷的时间强烈依赖于基底的掺杂浓度,当基底的掺杂降低时漏斗区尺寸增加。电荷收集时间通常都在皮秒量级,随后电荷扩散开始并成为主导过程,直至所有载流子都被收集。电荷扩散的时间要比漏斗区电荷收集时间长得多,通常在几百纳秒。

粒子轰击产生的脉冲电流的脉宽和形状与不同的因素有关,如粒子种类、能量、入射角度、基底结构、掺杂和单元尺寸。此外,脉冲电流还与粒子轰击位置与敏感节点的距离有关。总体上,入射粒子轨迹离结区越远,被结区所能收集到的电荷越少,出现软错误的概率越低。收集到的电荷量 $Q_{coll}$ 并不是软错误率分析中唯一一个需要考虑的参数。过剩载流子在器件敏感性中扮演了很重要的角色。敏感性主要依赖于电路的一些特征(漏区的有效电容和漏区传导电流)以及偏置条件[10]。所有这些因素决定了阈值电荷 $Q_{crit}$,即使得器件数据状态发生变化的电荷量,这个参数并不是固定的,其依赖于辐射脉冲的性质和电路本身的动态响应。简单地理解,对于一个存储电路,如果入射粒子产生的电荷收集量低于阈值电荷,则电路不会发生软错误。

### 4.4.3   物理级的2D/3D器件仿真

在文献中可以找到对于一个特定能量的粒子在硅中产生的电荷量。利用这个数据,人们就有可能计算一个灵敏区内收集到的电荷数。如此,设计者可以结合在器件级的特定工艺库以及数值仿真离子作用去模拟一个组合逻辑单元(或者存储单元)。目前商业器件级仿真软件的发展保证了一个完整单元的器件级仿真可以实现[10]。大量的特殊软件能够完成不同位置、不同方向、不同射程的离子轨迹模拟,并已经商业化[11-14]。2D/3D模式呈现出的器件结构完全能够满足任

意一种工艺的单元仿真，如图 4-3
所示。在一些特别关注的区域需
要进行更为详细的网络划分：沟
道、结区、LDD 和离子轨迹周围。

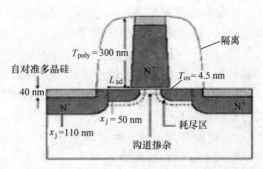

　　仿真过程中采用的数理模型
是基于漂移－扩散模型，这其中
包括了与电场和掺杂浓度相关的
迁移率模型；这些数理模型考虑
到了载流子的速度饱和，Shockley
Read Hall 和俄歇复合模型以及能
带变窄效应。

图 4-3　N－MOSFET 晶体管的 2D 模型，90 nm 工艺

　　其中需要求解的公式为 Poisson 方程和电流连续方程，其中还包括基本的电
流密度方程（即实际漂移－扩散方程）。这些方程被离散化并利用有限微分或有
限元的方法进行求解。对纳米尺度器件除了漂移－扩散模型外，还需要加入纳米
尺度、准弹道输运、载流子加热效应等。2D/3D 仿真程序是半导体工业器件分
析的常用手段。我们将重离子仿真模型加入到这些程序中，其中重离子由电子－
空穴对数量、离子轨迹坐标和高斯时间分布来进行模拟[15]。

　　改进后的 2D/3D 物理仿真建立了探索性的方法，用于计算注入电荷被敏感
节点收集的比例，同时还可以计算电荷收集过程的时间参数。得到这些结果后，
人们就可以计算出脉冲电流的脉宽和幅度，其中脉冲的形状可以近似表示成双指
数曲线。

　　离子入射后产生的瞬态电流为[16]

$$I_{int}(t) = \frac{Q_{coll}}{\tau_\alpha - \tau_\beta}(e^{\frac{t}{\tau_\alpha}} - e^{\frac{t}{\tau_\beta}}) \tag{4-1}$$

式中，$Q_{coll}$ 为收集到的电荷数；$\tau_\alpha$ 和 $\tau_\beta$ 分别为电荷收集的时间常数，与 CMOS 工
艺有关。

　　2D/3D 物理级仿真可以得到由特定荷电粒子与晶体管（或整个逻辑单元）
作用后产生的脉冲电流。这让设计者可以明确任何晶体管/逻辑单元最为敏感的
节点以及核电离子最小的阈值能量。然而这种评价方法要消耗 CPU 的速度和时
间。这种仿真类型可以人工或半自动实现，其应用范围很广。

## 4.4.4　电学级的瞬态故障注入仿真

　　这种故障注入类型，纳入了那些能够影响粒子注入后产生单粒子事件的器件
参数，进而对晶体管或逻辑单元的行为进行评价。必须对每一个电路单元（存
储单元或逻辑门）进行仿真获得单元输出的电压瞬态波形。

电压瞬态脉冲是 2D/3D 物理仿真出的瞬态电流脉冲的函数，同时也由门以及电路拓扑结构的特定负载决定。

进行电学级故障仿真，建立 SPICE 电学屏蔽模型，要输入必要的参数（$V_{TH}$，$T_{OX}$，$V_{DD}$）。屏蔽模型是用于计算脉冲电流在流经逻辑电路中栅结构后产生的衰减。电学屏蔽模型涉及两个电学效应，这些电学效应会使电压/电流脉冲流经逻辑电路后强度减弱。

1）电路延迟，这是由晶体管的开关时间导致脉冲的上升和下降时间增加，于是降低了全局有效脉冲宽度。

2）另一方面，对于短时脉冲，当栅在输出幅度达到最大前关闭时，脉冲宽度会进一步降低。

对于短时脉冲，第二个效应更为重要，而且这个效应会造成脉冲在其传播路径上持续衰减[17]。电学屏蔽模型不仅要考虑栅延迟，以及其在输入信号和开关电压的上升和下降时间对短时脉冲输入造成衰减的影响，还要考虑互连延迟，这会在当今和未来的工艺时序模型中起主导作用。另一个要考虑的问题是再收敛路径的存在性，这会对脉宽产生重要的影响。

在 DUT 的电学模型中，通过器件级仿真要产生一个电流源。仿真的工具可以是任何商业 SPICE 软件/模拟仿真器。注入点通过仿真程序或指令人为地或自动地选择。

图4-4 给出了脉冲电流注入的原则。脉冲电流注入受影响的门电路的输出级，从而获得真实的电压脉冲。瞬态脉冲电压继而在后续的逻辑门电路中传播、放大，其脉宽与总节点电容有关（门电路的输出电容，与输出级连接的门电路数，寄生线负载）。

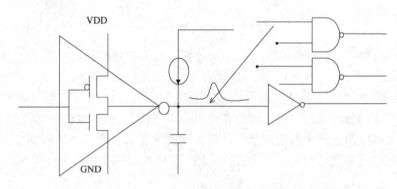

图 4-4　电学级脉冲电流注入

尽管电学仿真的速度要比 2D/3D 仿真的速度更快，但其还是一个耗时的过程。利用电学仿真去评价一个复杂设计的可靠性是相当困难的，因为需要考虑大量的电路节点以及每个节点都需要一定的运算时间。但是，这种方法能够很好地帮助设计人员在建立完全的 FIT 模型计算时同时考虑电学屏蔽效应。

## 4.5　门电路级和寄存器传输级的故障注入

这种故障注入类型是指通过仿真方法对 DUT 的故障响应进行评价。故障注入可以通过三个方式实现：

1）仿真工具不仅包含能够评估无故障 DUT 的算法，如 VHDL 和 Verilog 仿真程序，而且还包含对 DUT 故障进行评估的算法。这种仿真工具普遍包括一些支持评估诸如呆滞型或延迟型故障等永久故障模型[24]。但是这些工具对于 SEU 或者 SET 的仿真还存在一些限制，所以设计者不得不依赖一些原始工具，要么通过定制的软件要么通过一些通用的软件。

2）DUT 模型可以通过特殊的数据类型或者某些具有能够支持故障注入的程序得到丰富。这种方式很普遍，因为这可以提供一个简单的解决方案，使得故障注入的实现过程仅需有限的工作，并且已经存在类似的工具可以支持这项工作[25-28]。

3）当故障注入通过仿真命令实现时，仿真工具和 DUT 模型都可以不用进行变动。目前，在仿真工具的指令集中都可以普遍地找到驱使程序产生一些指令，这些指令可产生模型中需要的数值[29]。通过对这种方式的探索，很有可能实现对 SEU 和 SET 的仿真，同时也可实现对其他的故障模型进行仿真。

文献 [29] 中提出了一种基于仿真的故障注入系统，以此为例，我们在这里对这个系统包含的一些主要结构进行如下梳理：

1）DUT 模型（以 VHDL 语言进行编写），描述所要分析系统的功能。

2）VHDL 模拟器，用于评估 DUT。针对这个目的，任何支持 VHDL 语言的模拟器，包括仿真过程中允许监视/改变信号幅值和变量的命令集，都是适用的。

3）故障注入管理，它可以向 VHDL 模拟器发出指令，使模拟器运行目标系统的分析程序或者进行故障注入。

基于仿真的故障注入实验需要较长的执行时间，这取决于 DUT 模型的复杂程度以及 VHDL 模拟器的运行效率、工作站的性能以及实验所需要注入的故障数目。为了克服这些限制，本章参考文献 [29] 中提出了一些用于缩短运行时间的技术。

这些技术由以下三个步骤组成：

1）无故障运行：DUT 在没有注入任何故障下模拟，产生跟踪文件，收集DUT 动作的信息以及模拟器状态信息。

2）静态故障分析：给定需要注入故障的初始清单，通过搜索无故障运行时收集到的信息，我们可以确认哪些故障会影响 DUT，这些影响可以通过推理得到，然后我们将这些可知的影响从注入故障清单中排除掉。通过这个过程，故障数可以降低，因此可见大大减少故障注入实验的时间。

3）动态故障分析：在进行故障注入时，DUT 周期地与无故障运行时的对应时序的结果进行比对。如果故障对 DUT 的影响已知，也就是说，故障导致一些可探测的机制，故障从 DUT 中消失，或者它本身已经显示为失效时，模拟过程应尽早停止。尽管这种动态的比对过程也会消耗一定的时间，但是对于时间消耗的降低还是明显的。通常，故障在极短的时间内就会表现出来（或消失掉）。通过监视故障在几个模拟循环的演化，我们有可能预先停止模拟程序执行，并返回一些重要的结果。我们可以节省大量的时间。如果故障在几个模拟循环后始终是隐蔽的，它或许在执行完毕后仍然隐蔽或者最终显示出，在这样的情况下，就不需要进行这种动态的比对，这也会减少注入实验的时间。

下面给出本章参考文献［29］中提及的更为详细的内容。

### 4.5.1　无故障运行

这个步骤的目的是收集系统在无故障运行时的信息。要给出即使在故障注入时仍然能够保持正常的输入激励（工作载荷）的集合，要收集两个信息集合：一个是用于动态分析的集合；另一个是用于静态分析的集合。

静态故障分析要求如下过程的全跟踪：

1）数据访问：每当数据进行访问时，访问操作的时间、访问的类型（读/写）和地址都要记录。

2）寄存器访问：每当对寄存器进行访问时，时间、寄存器名以及存取的类型都要被记录下来。

3）代码访问：在每次指令获取时，获取指令的地址要记录到跟踪文件里。

信息被收集后，然后存储在使用 VDHL 语言编写的专用模块里，这成为代码/数据观察器，它是嵌入到系统模型中的。其本身不具有任何侵扰性，因为代码/数据观察器与系统并行不会影响系统的活动。

相反，为了完成动态故障分析，仿真过程需要周期性地停止，系统的瞬间状态（快照）被记录下来。模拟器件的系统快照存储在 DUT 的存储单元内。

这个方法效率较高，因为其在收集系统信息时不会对系统产生干扰。另一方面，对于非常大的系统，它可能会需要大量的存储空间和硬盘空间，所以此时系统的快照要有选择性地保存。

### 4.5.2　静态故障分析

一个故障可以从故障初始列表中排除要坚持两个原则，这要贯穿于整个无故障运行时收集的信息的分析中。

如果满足下面任意条件，则影响数据的故障可被移除：

1）在时间 $T$，地址为 $A$，注入的给定故障为 $f$，如果 $A$ 在 $T$ 时间后不再被读取，则 $f$ 可被移除。这个规则排除了对系统活动没有影响的故障。

2）在时间 $T$，地址为 $A$，注入的给定故障为 $f$，如果 $T$ 时间后涉及 $A$ 的第一个操作为写操作，则 $f$ 可被移除。

相反地，如果影响代码的故障满足下面条件，则可被移除：在时间 $T$，地址为 $A$，注入的给定故障为 $f$，如果 $A$ 对应的指令在 $T$ 时间后不再被采用，则 $f$ 可被移除。这个规则排除了那些不会对系统产生影响、其本身注入是无用的故障。

## 4.5.3　动态故障分析

动态故障分析的本质思想是尽早识别注入故障的影响，进而中止仿真过程。这种方法可以节省大量的仿真时间。

这个故障注入程序首先要设定 VHDL 代码中的断点集，去采集如下的情况：

1）程序完成：当最后一个 DUT 运行指令完成时产生一个断点，中止程序。这个机制对故障导致程序过早结束时，提前中止仿真进行很有帮助。

2）中断：为了探测非同步事件，需要对 VHDL 设置一个断点以中断程序，这通常用于完成硬件和软件错误探测机制中。

3）超时：仿真时间高于无故障程序完成所需的时间。如果仿真中止或者达到任何一个断点时就形成超时条件。

所有的断点集完成后，DUT 仿真到故障注入时间，注入开始。当 VHDL 模拟器完成 VHDL 源中的信号/变量进行修改的指令后，注入中止。注入后，DUT 仿真到第一次快照对应的时间点。最后，DUT 与无故障运行比较，下面的情况需要考虑：

1）无故障时，DUT 的状态等于无故障运行状态；有两种可能性：

① 当这个故障是注入数据区时，这意味着该故障从 DUT 中消失，并且故障无影响；此时仿真中止。

② 当故障注入代码区时，如果故障指令不会再被采用，这意味着故障影响从 DUT 消失，仿真可中止。

2）DUT 状态与无故障运行状态不符；在这种情况下也有两个可能：

① 失效：故障影响了 DUT 输出（造成失效）仿真可中止。

② 潜在故障：故障还是在 DUT 中出现，但是不会造成系统输出错误，需要继续仿真。

## 4.6　系统级故障注入

我们以 DEPEND[30] 作为系统级故障注入的案例，这是一个集成设计和故障注入的环境。

DEPEND 适用于快速模拟容错设计以及广泛开展故障注入实验。在分析时，系统的构成以及各组成部分的相互作用依靠收集作用过程，有如下优势：

1）它是模拟系统活动、产生维修方案和系统软件细节的一种有效方式。

2）简化了获得系统各组成依赖关系的方法，尤其是当系统较大、依赖关系复杂时，该方法优势更突出。

3）它允许真实的程序在仿真环境中执行。

按照 DEPEND，设计者通过 C＋＋语言编写控制程序，开发 DEPEND 库中的可用对象，对系统行为进行模拟。然后程序进行编译并链接 DEPEND 对象和运行时间环境。

一旦系统的编译和链接模式通过，就可以在仿真并行运行时间环境下执行获得系统的运行情况。在仿真过程中，错误进行注入，维修方案产生，产生分类后的故障效应报告。

DEPEND 库向设计者提供了复杂的对象，同时也提供了简单的对象完成故障注入的基本任务，并进行分析。复杂的对象包括：

1）处理器。

2）自检处理器。

3）$N$ - 模块化冗余处理器。

4）通信链接。

5）表决器。

6）存储器。

### 4.6.1　故障模型

当考虑到系统级模型时，只有少量的关于系统执行的细节是可用的，需要一些抽象的故障模型。系统级故障模型与实际故障效应近似，如永久或瞬态故障，我们需要明确这些故障如何对系统行为产生影响，同时还要忽略系统构成和执行情况。

这种方法由 DEPEND 开发，可丰富 DEPEND 库中每个组成部分的故障行为，并与无故障行为进行对比。

以处理器为例，DEPEND 假设当永久或瞬态故障发生时，处理器中止。如果故障是瞬态的，当 CPU 重启时，故障就会消失。若故障是永久的，只有当 CPU

被替换时，故障才会被修复。

以通信设备为例，DEPEND 采用信息中易受影响或破坏的数据位来模拟通信通道噪声的影响。

最后，对于存储器和 I/O 子系统，存在两个适用的系统级故障模型。这里指的故障可能包括数据位的翻转以及特征位错误。如果是数据位翻转，可以通过逐字节比对或校验查出故障。另外，通过对特征位的检查进行特征位故障检测。

## 4.6.2　故障检测支持

DEPEND 包含一个注入器，主要实现故障注入机制。利用注入器，用户可以指定组件的数量，每个组件注入时间的分配，指定特定故障模式的故障程序。

注入时间的分配有常数分布、指数分布、超指数分布和威布尔分布。

开始阶段，随机数产生器产生一个注入信息，确定出现故障的最早时间，休眠直到这个时间，调用故障程序。如本章参考文献［30］所描述，DEPEND 运行使用了表格，该表格记录每个组件的运行状态（OK 或 Failed）、注入状态（Injection off, Injection on）、注入故障时间和下一次故障时间。图 4-5 给出了确定组件和注入开始的算法。

```
initialize()
{
    for all components do
        if (component is OK & On)
            compute and store time to fault
        else
            time to fault is ∞
        end if
    end
}
main()
{
    initialize()
    do forever
        find minimum_time_to_fault among components
        sleep (minimum_time_to_fault-current_time)
        if (sleep not aborted)
            call fault subroutine
            set time to fault of this component to ∞
        end if
    end
}
```

图 4-5　故障注入程序

一旦组件被修复或开启，出现故障的时间就开始计算并输入表格。注入器然后被调用计算新的组件的故障时间。

## 4.6.3　故障注入执行加速

尽管系统级提取了最多的系统组件的执行细节，仿真时间可能还是个重要的问题。对于复杂的系统和复杂的工作载荷，即使在系统级别上，用于运行故障注入的时间还是被禁止的。

为了解决这个问题，DEPEND 使用三个技术去降低仿真时间：

1）分层仿真：该方法是将复杂的模型分解为简单的子模型。对子模型可以进行独立的分析和计算，然后综合分析产生整个系统的计算结果。当各子模型之间的相互作用较弱时，这种分层仿真的方法可以得到可信的结果。

2）时间加速：DEPEND 注入器会产生下一个事件的时间，如下一次错误即将到来的时间，或者下一次潜在错误的发生时间。这些影响系统事件的集合按照时间顺序排列成清单。模拟器直接跳到清单中第一个时间发生的事件，重新按照系统时间间隔处理，直至事件的效应发生。

3）方差缩减：DEPEND 可对模拟引擎直接控制，所以可实现抽样技术。

## 4.7　结论

分析数字系统的故障效应问题非常复杂，可能只有不同的设计阶段进行实验时才能明确表现出来。系统级故障注入可以对即将被采用的设计架构的可靠性进行初步的反馈。要进一步了解系统可靠性，需通过寄存器传输级故障注入去研究系统架构中各子系统的可靠性，也要研究门电路级故障注入去理解子系统中重要组件表现出的可靠性行为。最终，晶体管级故障注入是强制的，可获得流片工艺的可靠性。

最后，我们要强调，尽管通过故障注入对整个设计阶段可靠性评估具有很重要的指导作用，但是故障注入并不是强化系统可靠性的唯一手段。还有其他的技术，如辐射加速试验技术，始终是很重要的，并需要进一步很好的研究。总结一下，我们强调故障注入可以对可靠性问题尽早预测，这会大大降低在设计过程以后的加速辐射试验技术的研究费用。

## 参 考 文 献

[1] N. Cohen et al. "Soft Error Considerations for Deep Submicron CMOS Circuit Applications", Int. Electron Devices Meeting, 1999, pp. 315-318.

[2] P. Shivakumar et al, "Modeling the Effect of technology Trends on the Soft Error Rate of Combinational Logic", Int. Conference of Dependable Systems and Networks, 2002, pp. 389-398.

[3] J. Clark, D. Pradhan, Fault Injection: A method for Validating Computer-System Dependability, IEEE Computer, June 1995, pp. 47-56.

[4] T.A. Delong, B.W. Johnson, J.A. Profeta III, A Fault Injection Technique for VHDL Behavioral-Level Models, IEEE Design & Test of Computers, Winter 1996, pp. 24-33.

[5] J. Carreira, H. Madeira, J. Silva, Xception: Software Fault Injection and Monitoring in

Processor Functional Units, DCCA-5, Conference on Dependable Computing for Critical Applications, Urbana-Champaign, USA, September 1995, pp. 135-149.

[6] G.A. Kanawati, N.A. Kanawati, J.A. Abraham, FERRARI: A Flexible Software-Based Fault and Error Injection System, IEEE Trans. on Computers, Vol 44, N. 2, February 1995, pp. 248-260.

[7] R. C. Baumann, E. Smith: Neutron Induced B10 Fission as a major Source of Soft Errors in High Density SRAMs, in Microelectronics reliability, vol 41, no2, feb. 2001, pp. 211-218.

[8] C. Hsieh, P. Murley, R. O'Brien: Dynamics of Charge Collection from Alpha Particle Tracks in Integrated Circuits, Proc. 19 th Int'l Reliability Physics Symp IEEE Electron Device, 1981, pp. 2-9.

[9] H. Shone et al, "Time Resolved Ion Beam Induced Charge Collection in Microelectronics", IEEE Trans Nuclear Sci, vol 45, pp. 2544-2549, dec. 1998.

[10] G. Hubert, et al. "SEU Sensitivity of SRAM to Neutron or Proton Induced Secondary Fragments", NSREC 2000, Reno.

[11] Davinci Three Dimensional Device Simulation Program Manual: Synopsys 2003.

[12] Taurus Process/device User's manual, Synopsys 2003.

[13] Athena/Atlas Users's Manual: Silvaco int, 1997.

[14] DESSIS User's Manual, ISE release 6, vol 4, 2000.

[15] Antoniadis et al., "Two-Dimensional Doping Profile Characterization of MOSFET's by Inverse Modeling Using Characteristics in the Subthreshold Region", IEEE Transactions on Electron Devices, Vol. 46, No. 8, August 1999, pp. 1640-1649.

[16] L. Freeman "Critical Charge Calculations for a Bipolar SRAM Array", IBM Journal of research and Development, vol 40, no 1, pp. 119-129, jan. 1996.

[17] M.J. Bellido-Diaz, et al "Logical Modelling of Delay Degradation Effect in Static CMOS Gates", IEEE Proc Circuit devices Syst, 147(2), pp. 107-117, April 2000.

[18] T. Lovric, Processor Fault Simulation with ProFI, European Simulation Symposium ESS95, 1995, pp. 353-357.

[19] J. Arlat, M. Aguera, L. Amat, Y. Crouzet, J.C. Fabre, J.-C. Laprie, E. Martins, D. Powell, Fault Injection for Dependability Validation: A Methodology and some Applications, IEEE Transactions on Software Engineering, Vol. 16, No. 2, February 1990, pp. 166-182

[20] L. T. Young, R. Iyer, K. K. Goswami, A Hybrid Monitor Assisted Fault injection Experiment, Proc. DCCA-3, 1993, pp. 163-174.

[21] P. Civera, L. Macchiarulo, M. Rebaudengo, M. Sonza Reorda, M. Violante, "Exploiting Circuit Emulation for Fast Hardness Evaluation", IEEE Transactions on Nuclear Science, Vol. 48, No. 6, December 2001, pp. 2210-2216.

[22] A. Benso, M. Rebaudengo, L. Impagliazzo, P. Marmo, "Fault List Collapsing for Fault Injection Experiments", Annual Reliability and Maintainability Symposium, January 1998, Anaheim, California, USA, pp. 383-388.

[23] M. Sonza Reorda, M. Violante, "Efficient analysis of single event transients", Journal of Systems Architecture, Elsevier Science, Amsterdam, Netherland, Vol. 50, No. 5, 2004, pp. 239-246.

[24] TetraMAX, www.synopsys.com.

[25] E. Jenn, J. Arlat, M. Rimen, J. Ohlsson, J. Karlsson, "Fault Injection into VHDL Models: the MEFISTO Tool", Proc. FTCS-24, 1994, pp. 66-75.

[26] T.A. Delong, B.W. Johnson, J.A. Profeta III, "A Fault Injection Technique for VHDL Behavioral-Level Models", IEEE Design & Test of Computers, Winter 1996, pp. 24-33.

[27] D. Gil, R. Martinez, J. V. Busquets, J. C. Baraza, P. J. Gil, "Fault Injection into VHDL Models: Experimental Validation of a Fault Tolerant Microcomputer System", Dependable Computing EDCC-3, September 1999, pp. 191-208.

[28] J. Boué, P. Pétillon, Y. Crouzet, "MEFISTO-L: A VHDL-Based Fault Injection Tool for the Experimental Assessment of Fault Tolerance", Proc. FTCS'98, 1998.

[29] B. Parrotta, M. Rebaudengo, M. Sonza Reorda, M. Violante, "New Techniques for Accelerating Fault Injection in VHDL descriptions", IEEE International On-Line Test Workshop, 2000, pp. 61-66.

[30] K. K. Goswani, R. K. Iyer, L. Young, "DEPEND: A Simulation-based Environment for System Level Dependability Analysis", IEEE Transactions on Computer, Vol. 46, No. 1, January 1997, pp. 60-74.

# 第 5 章 模拟和混合信号电路的辐射效应

Marcelo Lubaszewski[1], Tiago Balen[1], Erik Schuler[1], Luigi Carro[1], Jose Luis Huertas[2]

1 南里奥格兰德联邦大学, 阿雷格里港, 巴西

luba@ ece. ufrgs. br, tiago. balen@ ufrgs. br, eschuler@ eletro. ufrgs. br,

carro@ inf. ufrgs. br

2 国家微电子中心, 塞维利亚, 西班牙

huertas@ imse. cnm. es

**摘要**：本章研究模拟和混合信号电路的辐射效应，包括单粒子瞬态（Single Event Transients，SETs）和单粒子翻转（Single Event Upsets，SEUs）效应。首先，在模拟电路测试领域的系统层面，回顾了减缓电路单粒子瞬态和单粒子翻转效应的理论和方法。随后，给出了两个混合信号电路的应用案例。案例一主要研究在现场可编程模拟阵列（Field Programmable Analog Arrays，FPAAs）这一新型模拟电路中所出现的单粒子翻转效应。部分 FPAA 器件是基于 SRAM 的内存单元来存储用户的编程信息，因而这些电路的辐射效应将如同 FPGA 的辐射效应一样显著。本章针对一款商用 FPAA 器件开展位翻转试验，试验结果表明：单个位翻转亦可能造成先前所存储的器件内部编程结构信息产生较大变化。案例二主要针对 $\Sigma-\Delta$ 模 – 数转换器。本章基于 MATLAB 构建了以上模 – 数转换器的模型，并由此开展一系列故障注入试验。试验结果表明：数字电路部分在被保护情况下，$\Sigma-\Delta$ 模 – 数转换器可应用于辐射环境中。以上对数字电路的保护措施可采用某些设计指令进行实现。最后，本章给出了包括自校验电路在内的模拟电路在线测试方法，其可应用于检测电路工作时发生的 SET 和 SEU 故障，并由此设计自恢复系统。

## 5.1 简介

先进集成电路具有功能复杂、信号变化多样、尺寸小、高性能和低功耗等特点，其被广泛用于太空环境，以满足航天器对尺寸、重量、能耗及成本等方面的要求。然而，随着晶体管和电容尺寸的减小，新型集成技术将使得器件的辐照易损性增加。

在空间应用中，集成电路将面临包括一系列粒子在内的恶劣环境。与电荷强

度及粒子碰撞位置相关，带电粒子轰击集成电路后将引发部分非破坏性和破坏性效应。在应用于空间的模拟和混合信号电路设计过程中，必须考虑相应的辐射效应，以满足这些电路的应用需求。

辐射可能在应用于空间环境的电子系统中造成单粒子翻转和单粒子瞬态效应。在过去十几年里，单粒子翻转效应、单粒子瞬态效应及其对数字电路的影响已被业界所广泛研究[19,27]；近年来，业界也提出了一些数字电路的集成故障冗余技术[4,7,17]。然而，由于模拟电路常被认为具有鲁棒性，因而很少有文献考虑模拟电路的单粒子翻转效应[1,16,26]。

本章回顾了模拟电路测试领域的理论与方法，以期在系统层面提出减缓模拟和混合信号电路辐射效应的方法。在5.2节讨论了模拟电路测试等相关问题。

近年来，现场可编程模拟阵列（FPAAs）这一特殊的模拟电路被推入市场。在采用可配置的模拟模块后，依赖于相应的器件模型，这款电路可实现相对复杂的模拟功能。FPAAs电路的应用提升了设计的灵活性，使得原型设计进展更快并在应用过程中提供了一些有趣的特征，例如自适应控制、仪表等。当环境变量包括很多数值且系统必须对以上变量准确回应时，以上特征将极为有用。例如，这些器件可应用于空间探测任务；其可满足航天器中传感器调理电路的自校准需求，由此修正相应错误或提升系统性能。部分FPAAs电路可基于SRAM内存模块实现其可编程性。基于该种原因，辐射环境下SRAM型FPGAs（可编程门阵列）中所出现的类似问题也可能在FPAAs电路出现。5.3节中设计了一系列特定试验，由此分析辐射诱使器件编程数据中所出现的位翻转是如何影响所实现的模拟电路及其功能的。

模-数（A-D）转换器是常在复杂集成系统中出现的另一类特殊模拟电路。更确切而言，目前最受欢迎的是基于sigma-delta（Σ-Δ）调制的模-数转换器。这些转换器对于电路缺陷和组件失配极不敏感，并可提升超大规模数字集成电路的集成度和速度。Σ-Δ模-数转换器在空间中有几种典型应用，这些应用使得电路可能面临相应的辐射效应。5.4节中基于MATLAB构建了转换器模型，通过故障注入来模拟辐射效应，由此验证辐射环境下模-数转换器中模拟和数字部分的辐射特性。5.4节中还研究了数种数字滤波器的实现方式，以期降低辐射效应。

最后，在对本章总结之前，5.5节回顾了部分现存的模拟电路在线测试技术，其可应用于空间辐射环境下发生瞬态效应的电子系统的重启过程中。本节还给出了模拟自校验电路的设计方法，其可基于部分复制和平衡检测理论进行实现。

## 5.2　模拟测试

　　由于自然界信号为模拟信号，而电路需与真实的物理世界相连；因而虽然大多数电路由数字模块所构成，但其也包含少量的模拟部分。随着电路架构中传感器、信号调理及数字转换器模块的引入，拥有越来越多模–数交互功能的复杂混合信号芯片不断涌现。

　　如图 5-1 所示，没有集成电路测试的高效方法及有效机制，就不可能有可靠产品的持续发展。目前，现有模拟电路的测试方法较数字电路部分相对滞后。通常，模拟和混合信号电路是基于电路特征参数测试以实现其功能测试。然而，这些参数测试时间较长，其不但需要昂贵的测试设备，而且不能保证通过测试的器件就没有缺陷。因此，为保证产品质量并增加其竞争力，就不能仅仅依赖于原有的功能测试，而必须引入一种可检测加工缺陷及电路寿命内所出现故障的检测方法。

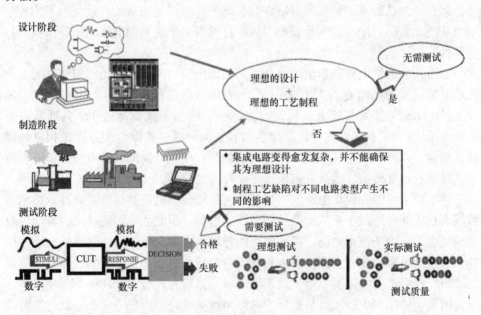

图 5-1　集成电路实现的主要步骤

　　此外，对外部测试而言，获得更高的故障覆盖率将变得更难且更加昂贵，因而可在设计阶段就引入内建自测试设计机制。理想情况下，在内在缺陷检测、外部环境影响电路系统工作等条件下即可对以上测试与设计机制进行复用。这将提供一个更佳的反馈。测试过程中故障检测的估算费用如图 5-2 所示；从电路板级、系统级直至实际应用，故障检测费用将以十倍量级递增。

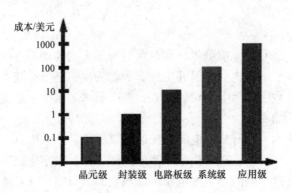

图 5-2　故障测试成本

　　相比于数字逻辑电路，模拟电路通常由少量器件所构成，其与外部环境的接口电路中输入、输出端的数量也更少。因此，模拟电路测试的难点不在于器件尺寸，而在于测试所需的精度及其准确性。此外，模拟电路对负载效应的影响较数字电路更加敏感。模拟信号至输出引脚的传播都将严重影响电路的拓扑结构和行为特性。

　　数字信号通常由离散数值所构成，而模拟信号的范围通常是无限的。与工艺波动及测试精确性相关，良好的模拟信号数值通常拥有一个稳定的容差范围。模拟元件的绝对容差通常较大，其大约为 20%；而相对失配却较小，其通常仅有 0.1%。虽然大多数元件均会出现数值偏差，但可通过故障检测并布置相反的设计鲁棒性，以抵消元件偏差间的相互影响并改良模拟电路的设计方法。此外，由于电路仿真速度较快，因此其可阻止多组件间的偏差。

　　基于以上原因，模拟电路的行为建模过程较数字电路难很多。此外，布尔函数等表达式并不适用于模拟电路的功能描述过程，因此数字固定性故障等简单故障模型也不适用于模拟电路。模拟电路的特性将更加依赖于晶体管参数的准确描述，其模型通常包含一系列复杂方程及大量参数。因而，很难获取故障模型所需的缺陷，也很难在故障发生等情况下准确对电路行为进行仿真。

　　因而，如图 5-3 所示，虽然模拟电路和数字电路中的缺陷几乎一致，然而模拟部分的故障建模却更加困难。缺陷所导致电路中的错误行为也可能影响到电路正确处理模拟信号的过程。

　　最直观的故障模型可将电路的预期行为变化转为无故障电路中一系列参数的变化，如图 5-4 所示。以上参数在获取电路设计规范并进行测量后可提取得到，然而其提取过程相当于电路的全功能测试，其成本也接近于器件的全特性测试。

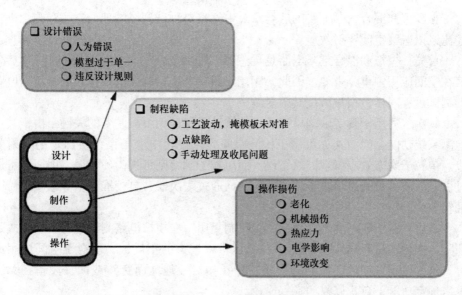

图 5-3 失效机制与缺陷

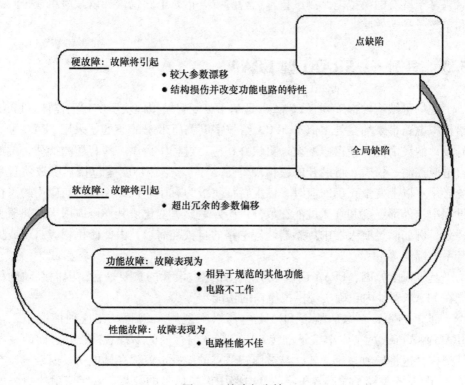

图 5-4 故障与失效

在模拟和混合信号电路的后续章节中，将对测试领域的部分方法和观念进行类比，以减缓空间辐射效应。

首先，模拟和混合信号电路是传感器、变频器与主要数字电路的接口电路，其在空间应用中十分重要。因此，相比于数字电路，就如同模拟和混合信号电路的测试过程一样，很难减缓其辐射效应。

其次，适用于真实缺陷检测的功能测试是保证高可靠制备的关键；由于其可检测系统功能，因而其亦可用于检测空间应用过程中电子系统所出现的辐射效应。单粒子瞬态效应可视同软错误，而单粒子翻转则可视为硬错误。因而，可通过引入滤波函数减缓单粒子瞬态效应，而通过表决器、自校准技术等减缓单粒子翻转效应。

最后，基于电路全寿命周期内的机制复用，在模拟电路测试过程中引入故障预防、探测、诊断和/或纠正等方法，以带来较大的正反馈；而对于空间应用而言，这些机制可能是在执行远程任务时（相对于地球而言）或昂贵设备在无法重启预定功能下自我修复的唯一途径。

本章随后将研究可编程逻辑阵列和 $\Sigma - \Delta$ 模-数转换器的辐射效应；本章最后将基于现有的模拟电路测试技术，检测混合信号电路错误，以减缓单粒子瞬态和单粒子翻转效应。

## 5.3 案例一: SRAM 型 FPAA

现场可编程模拟阵列（FPAA）是基于可配置模拟模块所实现的器件。FPAA给模拟电路带来的益处类似于 FPGA 给数字电路所带来的益处。采用 FPAA 可提升设计的灵活性，使得原型设计更快并在应用过程中提供一些有趣的特征，例如自适应控制、仪表、可展开的模拟硬件等[12,28]。当环境变量包括很多数值且系统必须对以上变量正确回应时，以上特征将极为有用。例如，在航空应用的飞行过程中，外部温度和气压可能在数分钟内发生显著变化。其亦可应用于空间探测任务，例如满足航天器中传感器调理电路的自校准需求，由此修正相应错误或提升系统性能等。

基于以上原因，FPAA 已成为模拟电路原型设计的重要平台，因而必须确保能在 FPAA 器件内正确实现模拟模块的功能。

部分 FPAA 架构是基于 SRAM 内存以实现用户编程。在这种情况下，与SRAM 型 FPGA 相似，单粒子翻转效应将影响内存内的编程数据，并进而改变器件架构，这将导致系统失效。与被影响节点的偏置电流、存储电荷及信号电压有关，FPAA 的单粒子瞬态效应将改变电路中模拟信号的数值。在宇宙射线更强的航空与空间应用中，模拟电路（尤其是 SRAM 型 FPAA）中所出现的单粒子瞬态与单粒子翻转效应将更加常见。

部分研究工作提出减缓 SRAM 型 FPGA 中 SET 和 SEU 效应的设计方法，最常见的技术是基于硬件和时间冗余的设计。在三倍冗余（Triple Modular Redundancy，TMR）设计方法[7]中，应用电路将扩大三倍，其随后采用表决器电路结构识别（或修正）输入值，并将该值进行输出。在时间冗余设计方法中，所采用的寄存器单元将成倍或成三倍数量增加，这使得给定信号将在两个或多个不同时刻进行计算，随后采用多数表决器结构以决定寄存器的正确输出[17]。基于该方法，若单粒子瞬态的脉宽较冗余寄存器负载之间的延时小，则其将不会影响系统的正常工作。

和数字电路相似，在模拟电路中引入多数表决器结构十分重要。所选用的表决器必须能选择正确的输入信号，并将其无衰减地传输至输出端；这意味着其必须包含一个较复杂的信号比较结构，并与应用电路的带宽、动态范围以及信噪比均相同的模拟多路复用器。此外，由于模拟信号是连续信号，部分应用中的模拟信号并不能被采样或被数字模块所处理，因而时间冗余技术并不易在模拟模块中进行应用，这一点与数字电路区别较大。

## 5.3.1　SRAM 型 FPAA 的 SEU 效应

典型的 FPAA 结构中包含可配置的模拟模块（CABs）、I/O 模块、互联网络与存储编程信息的内存寄存器。在部分 FPAA 中，存储编程信息的内存通常为 SRAM 模块[2]，因而可推断得到可编程模拟硬件将如同数字电路一般较易受到单粒子翻转效应的影响。

FPAA 的编程功能通常通过阵列开关实现，以设置阵列中的部件数值和路径。在器件配置过程中，可加载存储于转换寄存器中的比特流数值，并通过比特流设置以上开关的状态。以上转换寄存器通常基于 SRAM 型内存单元实现。因此，当带电粒子影响内存单元中的一个或多个晶体管时，其可造成先前所存储比特流数据的位翻转，并改变电路开关的状态、元件的数值、FPAA 模拟模块内部路径和模块之间的路径。在部分情况下，可编程内存中所出现的单粒子翻转效应将造成编程结构与原先设置出现极大不同，这对于系统工作是极其危险的。一款典型 SRAM 型 FPAA 结构的单粒子翻转效应如图 5-5 所示。

图 5-5 给出了 FPAA 和 CAB 的典型架构。每一个 CAB 均包含一个模拟可编程元件阵列、局部和全局互联开关模块、连线、具有全局和局部可编程反馈路径的输出放大器。阵列中的部件可通过简单连线、无源或有源元件或其他更多的复杂模块所实现。通常，CAB 中可编程的参数为放大器增益、电阻值、电容值、整体与局部反馈路径的设置等。在部分 FPAA 模型中，电阻可通过开关电容技术进行实现，其电阻值亦可通过设置相关电容值及其转换频率进行编程。通过一系

列编程开关可连接或断开相应的电容，实现所预期达到的电容值（包括开关和静态电容）。

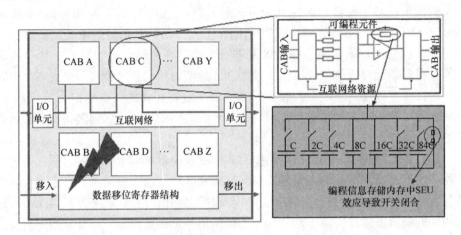

图 5-5　编程信息存储单元中单粒子翻转效应所诱发 SRAM 型 FPAA 配置电路结构的变化

在图 5-5 所给出的例子中，其前期编程所实现的电路包含一个具有相对电容值为 32C 的电容。当编程信息存储单元中出现单粒子翻转效应时，电路实现过程中所使用的一个元件数值可能发生变化。在这种情况下，可编程电容库中的某一个开关可能发生位翻转，这使得编程电路发生短路。

单粒子翻转可能对使用 SRAM 型 FPAA 的系统造成毁灭性破坏；部分情况下，单个开关的正常工作对系统而言至关重要。如果编程数据一旦被单粒子翻转效应所修改，其可能造成内存单元的位翻转，并诱发元件间出现短路、电路中元件的错误连接、信号路径的中断等故障。以上信号路径的中断可能造成模拟模块的无效工作，乃至造成整个 FPAA 所嵌入的电子系统发生失效。

如果在电路工作过程中其配置文件被错误修改，就只能通过重新加载 FPAA 内存单元中的比特流配置数据以恢复其原始配置。在部分 FPAA 模型中，这个重新加载过程可在数个毫秒范围内完成。

### 5.3.2　故障注入试验

为研究编程信息存储单元位翻转效应的影响，本节拟针对 Anadigm 公司的开关电容 FPAA 器件 AN10E40[2] 开展试验研究。该器件包含以 4×5 阵列布局的 20 个 CAB 模块，每一个 CAB 模块均可通过互联网络与其他 CAB 及 13 个 I/O 单元进行连接。AN10E40 的模块图如图 5-6 所示，由图可知这 20 个 CAB 模块被全局连线所包围。该网络包含 5 行水平总线与 6 列垂直总线，每一条总线均包含两根互联线。在全局总线之外，CAB 之间的连接可通过局部互联来实现。

AN10E40 中 CAB 原理图如图
5-7 所示[2]。每个 CAB 模块均包
含 5 个电容库,其可用于实现可
编程电容或可编程电阻(开关电
容)。由于编程和设计细节未知,
用户并不能直接修改 CAB 中可编
程元件的数值。用户可使用 Ana-
digm 设计软件,通过一系列已经
构建好的 IP 模块,在 FPAA 中对
电路进行配置。用户可对以上模
块进行连接和参数配置,包括模
块增益、滤波器中心频率、集成
常数和比较器阈值等。

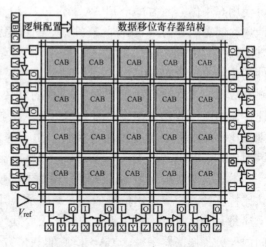

图 5-6 AN10E40 FPAA 模块图[2]

在编程软件的数据目录内,可以找到含有编程库中每个模块默认比特流的
文件。图 5-8 显示了编程库中简单增益级和整流器这两个 IP 模块的默认比
特流。

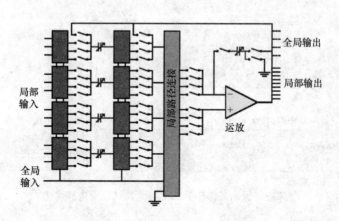

图 5-7 AN10E40 中 CAB 原理图

| IP模块 | 比特 |
|---|---|
| 简单增益级 | 003f c040 0022 ff24 1000 0ff3 fc00 0018 2270 01c0 0805 2090 8000 |
| 整流器 | 003f c040 0082 ff20 1000 0ff0 0000 0080 2a70 01c0 0000 2090 9500 |

图 5-8 IP 模型中默认比特流的示例

在图 5-8 所示的案例中,每一个模拟 IP 模块均基于 FPAA 中的一个 CAB 模
块所构建。由于每一个 CAB 模块均包含 208 个可编程开关[2],因而其均基于
208 位进行编程。在利用 2~3 个 CAB 模块所实现的模拟 IP 模块中,其编程最高

可使用 624 位。因为每个 FPAA 器件包含 20 个 CAB 模块，所以其 CAB 模块编程信息存储总内存为 4160 位。器件其他的可编程资源包括路径、I/O、可编程电压基准以及时钟分配等，其均由 2704 个开关所决定；如上所述，整个 AN10E40 器件的比特流包含 6864 位[2]。

故障注入试验可通过修改 IP 模块的默认比特流来实现。因而，可复制含有比特流的文件并建立相应的两个模型库，其中一个含有无故障比特流，而另一个则在比特流配置中含有单比特翻转。由于修正文件仅包含 CAB 开关的比特流，因而该方法并不允许注入一些故障，如修改器件 I/O 单元全局互联连接等。

本试验所实现模块为正弦信号振荡器，模块实现过程中所用两个 CAB 的默认比特位及其相应输出信号如图 5-9 所示，其中 $f_{osc}$ 是振荡频率，$A$ 是信号幅值。上述每一个比特流均采用十六进制，因而其包含四位。在试验过程中，在同一时间内仅更改振荡器中一个 CAB 模块的一位数值，最终注入共 208 个故障。比特流中单位翻转及电路行为如图 5-9 中第二、三个小图所示。

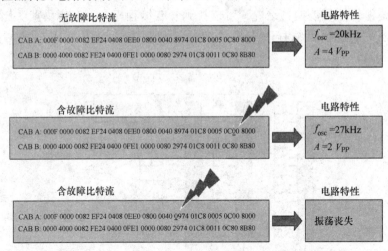

图 5-9　振荡器修改后的比特流及其相应电路行为

### 5.3.3　试验结果

为便于探测编程信息存储单元中单粒子翻转效应所引发的错误，可基于 FPAA 内部资源构建相应的错误探测电路。以上探测电路可基于带通滤波器实现；当振荡器频率（与滤波器中心频率相近）与之前所设置的出现异同时，其将会削弱信号。在对带通滤波器的输出进行调整和滤波后，可产生一个 DC 电平，其将在后续过程中与一个基准窗口进行比较。若振荡器信号的幅值或频率出现波动时，其所产生的 DC 信号幅值将超出基准窗口，这将较易被比较器所探测。错误探测电路模块图如图 5-10 所示，该结构在 Anadigm 设计软件中的显示如图 5-11 所示。

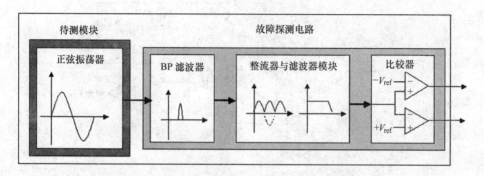

图 5-10　振荡器和故障探测电路模块图

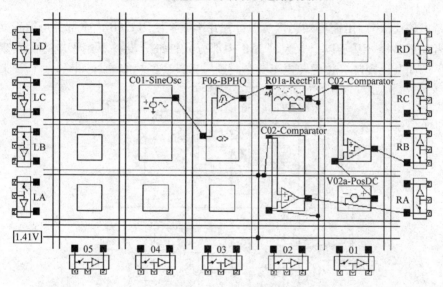

图 5-11　Anadigm 设计软件中可编程电路示意图

　　振荡器的频率和幅值分别设置为 20kHz 和 $4V_{PP}$。滤波器的中心频率和增益分别为 20kHz 和 0dB。基准窗口设置为整流器/低通模块的直流输出电平 ±10mV。当幅值波动超过 ±10mV 或者振荡器频率变化超过 ±100Hz 时，其均将被评估电路所探测得到。

　　在所注入的 208 个位翻转中，仅有 57 个故障会导致振荡器幅值或者频率偏离初始值，并由此影响电路功能。由于本试验仅采用部分 CAB 资源以实现振荡器，因而注入故障所诱发电路故障的概率较低。图 5-12 中显示了 Anadigm 设计手册内振荡器结构示意图[3]，而在图 5-13 中则显示了基于 CAB（见图 5-7）构建振荡器结构的实现案例（图 5-12 中比较器为控制模块，在故障注入试验中并

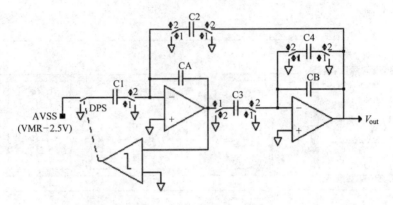

图 5-12   包含两个 CAB 模块的振荡器原理图[3]

不考虑该模块）。由图可知，该实现过程并不完全使用 CAB 内全部的可编程元件或者局部路径。基于以上原因，CAB 中部分元件或分支并不用于电路的实现过程，因而其出现部分位翻转也不会影响到编程模块的功能。

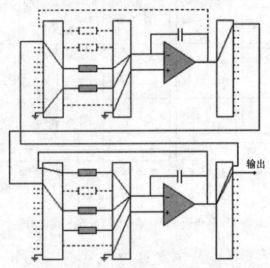

图 5-13   电路实现过程中未使用资源的案例

## 5.4   案例二：Σ - Δ A - D 转换器

过采样 A - D 和 D - A 转换器具有分辨率高等优点，近年来已在中低速领域得到广泛应用，如高质量数字音频、语音通信、无线通信等。

针对高于奈奎斯特频率的采样率，基于 Σ - Δ 调制的 A - D 转换器将结合负反馈电路与数字滤波器，以获取较高的时域分辨率。图 5-14 显示了 Σ - Δ A - D

转换器的模块结构示意图。首先，模拟信号基于某一个频率（比奈奎斯特频率高）被调制成单个代码和单个字节字。在抽取阶段，被调制的信号将会以更低的速率转化为更长的字节。数字滤波器主要用于消除噪声和干扰。以上每一级电路均将在后文中进行描述。

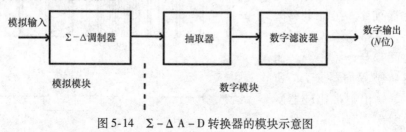

图 5-14　$\Sigma - \Delta$ A - D 转换器的模块示意图

## 5.4.1　$\Sigma - \Delta$ A - D 调制器

幅值量化与时域采样是所有数字调制器的核心。模拟信号基于某一个频率（比奈奎斯特频率高）被其调制成单个代码和单个字节字。因而，该系统可提供一个脉冲编码调制（PCM）的良好近似。

量化误差指输入与输出之间的差值，其亦可被处理为白噪声。过采样率（OSR）定义为采样频率和奈奎斯特频率之间的比值。

$\Sigma - \Delta$ 调制器包含一个模拟滤波器与一个量化器，并组成封闭的反馈回路。电路的输入经由一个积分器后送入量化器，量化后的输出则被反馈回输入并被输入所减去。反馈过程使得量化后输出信号的平均值接近于输入的平均值。输入与输出间的任何差异均将在积分器内积累，并在随后被自身所修正。反馈回路弱化了低频段内的量化噪声，但同时却放大了高频噪声。由于信号的采样频率较奈奎斯特频率更高，因而高频量化噪声将会被去除而不会影响相应信号带。

由于 $\Sigma - \Delta$ 调制器仅采用简单的二级量化器结构，该量化器被嵌入在一个反馈回路中，因而 $\Sigma - \Delta$ 调制器对电路缺陷和元件失配非常敏感。

在包含一个以上积分器的高阶 $\Sigma - \Delta$ 调制器中，其分辨率可提升至 16 ~ 20bit。然而，受积分器内大信号累积效应的影响，拥有超过两个积分器的调制器电路较不稳定。为克服稳定性问题并满足相应性能指标，可采用多个一阶调制器的级联架构以取代高阶调制器。

图 5-15 为一位基本 $\Sigma - \Delta$ 调制器的一阶环路，其包含由单个积分器构成的滤波器、由比较器构成的量化器和一位 D - A 转换器。

## 5.4.2　$\Sigma - \Delta$ A - D 转换器的 MATLAB 模型

在本案例中，基于本章参考文献 [21] 和 [8] 构建了一个 $\Sigma - \Delta$ A - D 转换器的 MATLAB 模型。由此，可方便使用如图 5-16 所示的离散时间等效电路；

图中的积分器由累积器所取代。在图5-16中，输入 $X$ 为对模拟信号采样后生成的离散时间序列，而输出为二进制采样序列 $Y$。在每个离散时间点，电路的输入和延时输出之间都会产生差异，而该差异将被累加器（$\Sigma$）所累积，其输出则被比较器所量化。图5-17为 $\Sigma - \Delta$ 量化器的输入、输出波形。

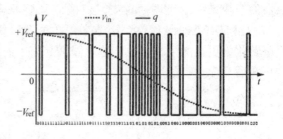

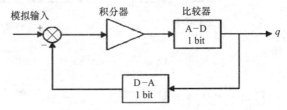

图5-15 $\Sigma - \Delta$ 调制器

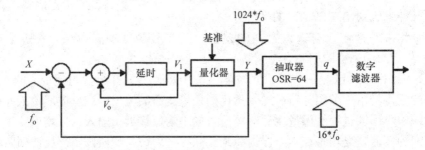

图5-16 $\Sigma - \Delta$ A – D 量化器的 MATLAB 模型

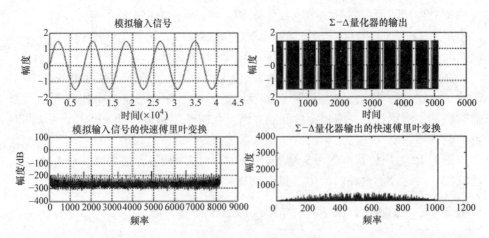

图5-17 $\Sigma - \Delta$ 量化器 MATLAB 模型的输入、输出波形

### 5.4.2.1 数字模块：抽取器/滤波器

$\Sigma - \Delta$ 调制器的输出描绘了其输入信号及其他带外成分，涵盖调制噪声、电路噪声和干扰等。因而必须加入一级全数字电路以去除所有的带外成分，并以奈奎斯特频率对信号进行重新采样。抽取器将调制信号以较低的字速率转换为长字节，而数字滤波器则被设计为去除噪声和干扰。后文将对每一级电路进行描述与解释。

#### 1. 抽取器

抽取器是过采样模 - 数转换的重要组成部分。它将数字调制信号从高采样率的短字节转换成以奈奎斯特频率采样的长字节。

在 $\Sigma - \Delta$ 调制器的抽取器中，简易滤波器的频率响应是正弦函数。这些抽取器中最简单的是累积 - 倒空电路。如果采样率为 $f_s$ 时输入是 $X_i$，则频率是 $f_D$ 时输出是 $y_k$，这使得抽取率 $N$ 为输入频率到输出频率的整数倍。图 5-18 为正弦函数的电路实现。

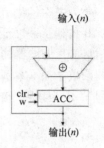

图 5-18　正弦函数的电路实现

本案例基于 MATLAB 构建正弦滤波器的模型，其抽取率为 64，量化信号采样率为奈奎斯特采样率的 8 倍（即 $16 * f_0$）。图 5-19 为所实现滤波器的频率响应和滤波后的量化信号。

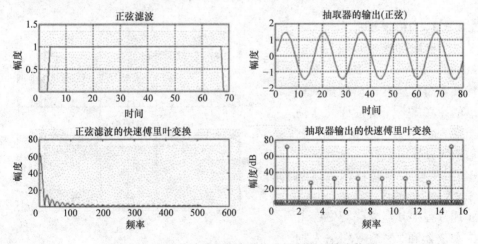

图 5-19　正弦滤波器的频率响应和调制器的输出信号

#### 2. 低通数字滤波器

由于抽取器并不能提供足够的带外信号衰减，因而有必要采用低通滤波器将带外成分和信号的高频部分进行滤波。该电路的实现通常较简单。为明确哪种滤波器更适用于实际应用，本案例将考虑三种低通数字滤波器的实现方案。后文将对这些实现方案进行描述与解释。

### 5.4.2.2 FIR 滤波器

首先，本章考虑一种有限冲激响应（Finite Impulse Response，FIR）滤波器的实现方案。由于 FIR 滤波器线性相位准确且其结构在量化滤波系数方面比较稳定，因而使用 FIR 滤波器具有较大优势。然而，FIR 滤波器的阶数 $N_{FIR}$ 在大多数应用中通常较高。通常，FIR 滤波器的实现为每个输出采样 $N_{FIR}$ 的乘积。

为去除量化信号的带外成分，本章基于章后参考文献 [21] 并采用 MAT-LAB 构建了一个低通滤波器。首先，可从给定指标（$f_p = 1$，$f_s = 2$，$F_s = 6$）中估算 FIR 滤波器的阶数，并基于所估算的滤波器阶数和指标确定滤波器传输函数的系数。在本案例中，低通滤波器的阶数为 22。图 5-20 为滤波器的实现结构，图 5-21 为其频率响应。

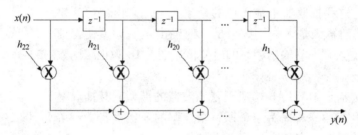

图 5-20　FIR 滤波器结构

### 5.4.2.3 IIR 滤波器

就无限冲激响应（Infinite Impulse Response，IIR）数字滤波器而言，第 $N$ 阶输出采样点的计算需要了解前面几个输出序列的采样值；换句话说，需要部分反馈信息。一个 $N$ 阶 IIR 数字滤波器转移函数可基于 $2N + 1$ 个系数进行表征，在实现过程中其通常需要 $2N + 1$ 个乘法器和 $2N$ 个双端输入加法器。在大多数案例中，同样指标下 FIR 滤波器的阶数 $N_{FIR}$

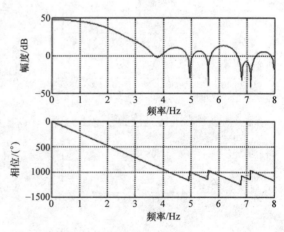

图 5-21　低通 FIR 滤波器的频率响应

要比等效 IIR 滤波器的阶数 $N_{IIR}$ 高很多。因此，IIR 滤波器的计算过程通常更加有效。

在 IIR 滤波器设计中，通常可将数字滤波器指标转换为模拟低通滤波器原型设计的相应指标，以明确满足以上指标的模拟低通滤波器转移函数。随后，再将其转化为所需设计的数字滤波器转移函数。

本案例中低通滤波器阶数预计为 6。图 5-22 显示了滤波器的频率响应。

因此，基于 MATLAB 可设计一个级联 IIR 滤波器，其可将 6 阶低通 IIR 滤波器用三级级联形式的两阶 IIR DFIIt 结构滤波器进行实现。

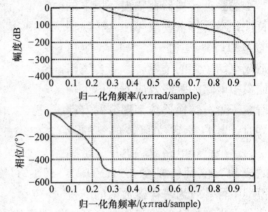

### 5.4.2.4　Delta 算子的 IIR 滤波器

过去几十年里已有大量文献讨论如何减少数字滤波器的有限字长度。近年来，由于在快速采样方面具有良好的有限字长度性能[11,14]，Delta 算子被业界所广泛关注。

Delta 算子可定义为

图 5-22　IIR 滤波器的频率响应

$$\delta = \frac{z-1}{\Delta} \qquad (5-1)$$

式中，$z$ 为正向转移算子；$\Delta$ 为采样间隔。参数 $\Delta$ 的数值可在 $0 \sim 1$ 之间进行调整，其可用于优化滤波器的舍入噪声。

图 5-23 为 $\delta^{-1}$ 运算的实现方案。在滤波器实现过程中，其延时部分被 $\delta^{-1}$ 模块所替代。

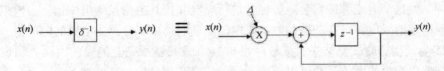

图 5-23　$\delta^{-1}$ 运算的实现方案

本章参考文献［11］和［14］比较了不同的 Delta 算子滤波器结构，其认为直接型两次转置结构（DFIIt）性能更优。因此，DFIIt 结构被用于比较 Delta 算子和延时模块实现的复杂性。图 5-24 为所实现的二阶 Delta 算子 DFIIt 结构。

如上所示，本章基于 MATLAB 设计了一个带有 Delta 算子的级联 IIR 滤波器；在该三阶级联滤波器中，每一阶均采用一个二阶 Delta DFIIt 结构的 IIR 滤波器。在将优化参数 $\Delta$ 等于 1 后，可重新计算得到 Delta 算子的系数[14]。

### 5.4.3 Σ-Δ 转换器的辐射效应

#### 5.4.3.1 故障注入

为验证转换器在辐射环境下的特性，本章将多种故障注入转换器的 MATLAB 模型中。SEU 效应可造成存储单元的位翻转、组合逻辑或模拟电路的瞬态效应。当一个辐射粒子轰击转换器数字部分的寄存器时，其将导致位翻转现象的发生，这是整个电路对辐射最为敏感的模块。位翻转现象在 MATLAB 模型中可等效为寄存器数值的随机

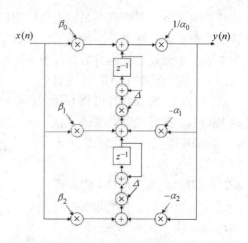

图 5-24　二阶 IIR 滤波器的 Delta 算子 DFIIt 结构

变化。当转换器停止工作时，某一个随机位将进行翻转；在这一个时间点后，转换器将继续工作。在模拟电路部分，粒子轰击效应可等效为电容内存储电荷值的变化。在该情况下，当转换器停止工作时，电容内存储电荷值将改变，随后转换器将继续工作。粒子轰击转换器的位置和时间将决定后续结果。例如，某一个关键节点将显著影响级联中最末的一个寄存器；若该内存单元在某一个关键时间被粒子轰击，则可能造成毁灭性结果。下节将针对调制器和数字滤波器的辐射效应展开描述。

**1. 调制器**

调制器为 Σ-Δ 转换器的模拟电路部分。当粒子轰击模拟电路后将产生电流脉冲，而这个电流脉冲将会对电容器进行充电并使其电荷量随机变化。为模拟调制器的辐射效应，可在随机的时间段内改变调制器中积分器内电容的电荷值。图 5-25 为调制器的试验结果，该故障可被数字滤波器所完全消除。因而，辐射在调制器内诱生的电流脉冲可以等效为一种信号高频分量，其可被 Σ-Δ 调制器内部的低通滤波器所滤除，因而其无需再采用抗辐射加固。

**2. 抽取器**

正弦滤波器仅包含累加器这一个存储单元。在所设计的转换器中，抽取器对 64 个数字进行串行叠加。当辐照粒子对加法最后一个循环中最敏感位的寄存器进行轰击时，其可造成结果的显著变化。图 5-26 为粒子轰击抽取器效应及其所导致的信号变化。该辐射效应亦可等效为信号高频分量，其亦可被后续低通滤波器所滤除。

**3. FIR 滤波器**

转换器末端的低通滤波器为 FIR 滤波器，其具有 22 个寄存器。图 5-27 为粒

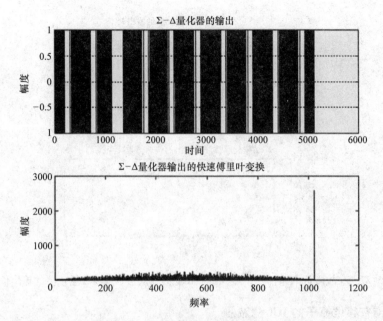

图 5-25 故障注入转换器的模拟单元后，Σ－Δ 量化器的输出波形变化

子轰击这个级联单元中第一个寄存器时所出现的辐射效应。由图可知，这个故障并不会引起电路明显的错误。受后续滤波器的影响，位翻转与信号处理过程无关。

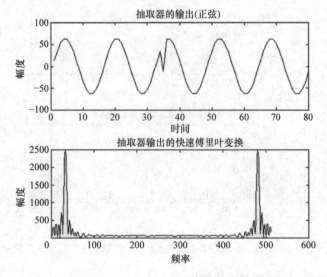

图 5-26 在故障注入条件下，经抽取器滤波后调制器的输出信号

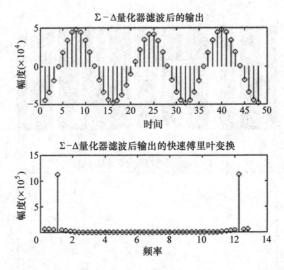

图 5-27　在故障注入条件下，经低通 FIR 滤波器滤波后 Σ–Δ 量化器的输出信号

#### 4. 带有移位算子的 IIR 滤波器

用带有移位算子的 IIR 滤波器代替 FIR 滤波器，故障注入该滤波器后的输出信号如图 5-28 所示。此时，辐射粒子对电路产生灾难性影响，其基本频率根本无法分辨。

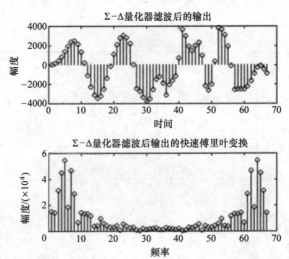

图 5-28　在故障注入条件下，经级联结构的低通 IIR 滤波器滤波后 Σ–Δ 量化器的输出信号

#### 5. 带有 Delta 算子的 IIR 滤波器

用 Delta 算子替代移位算子，故障注入该滤波器后的结果如图 5-29 所示。此

时，试验结果相比于带有移位算子的滤波器好。信号将在一个周期后重新恢复。

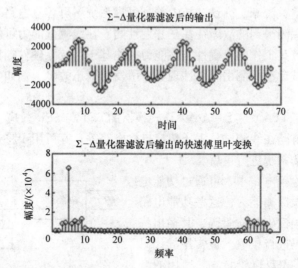

图 5-29　在故障注入条件下，经带有 Delta 算子的级联结构低通
IIR 滤波器滤波后 Σ - Δ 量化器的输出信号

### 5.4.3.2　不同实现方式下低通滤波器的结果对比

如上文所示，FIR 滤波器对辐射效应较不敏感，然而其在实现过程中需要占据大量的晶元面积。带有移位算子的 IIR 滤波器（IIR Z）对辐射最为敏感，但其占用晶元面积较小。带有 Delta 算子的 IIR 滤波器（IIR Δ）对辐射较不敏感，其占用晶元面积与 IIR Z 相似。以上三种实现方式的滤波器对比结果见表 5-1。

表 5-1　三种数字滤波器实现方式的结果对比

| 滤波器实现方式 | FIR | IIR Z | IIR Δ |
|---|---|---|---|
| 寄存器 | 21 | 6 | 6 |
| 乘法器 | 22 | 15 | 15 |
| 加法器 | 21 | 9 | 15 |
| 逻辑单元（Altera） | 1353 | 1077 | 1089 |
| 位 | 8 | 16 | 13 |

## 5.5　用于缓解 SEU 与 SET 效应的模拟自检验设计

从最初的设计开始，在原型调试、生产和周期维护性测试过程中，必须鉴别、分离并替代一部分电路故障模块。以上测试过程与实际电路应用及需求无关，在测试前需暂停电路的工作和应用，故又被称为离线测试。离线测试旨在探测电路制造和使用过程中产生的缺陷，如互联开路与短路、浮栅等永久性失效。

航天、航空、汽车、高铁、核电等高可靠系统不可容忍电路功能不良，而在应用过程中所探测得到的故障往往是并发性的。在线测试能力可使得系统在正常工作的同时检查其工作的正确性，该能力往往基于自校验硬件等特殊机制所设计实现。在线测试旨在探测由间歇性现象所引发的瞬态故障，例如电磁干扰或空间辐射等。

上文研究了 FPAA 与 Σ – Δ A – D 转换器的 SET 与 SEU 效应。本节将回顾部分现存的模拟电路在线测试技术，包括自检电路等；其可用于将空间辐射环境中出现瞬态效应的系统进行重启。

在数字自检验电路中，可通过功能电路实现并发错误探测能力；这些功能电路将同时传递编码输出与检验码，其输出将通过错误探测码进行校验。最常用的代码为奇偶、Berger 和双轨校验码。通用的自检验电路结构如图 5-30 所示。

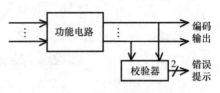

图 5-30　自检验电路

在大多数情况下，自检验电路旨在获取全局自校验目标：当功能电路出现第一个错误输出时，输出校验码中将出现错误提示。

与数字自检验电路相似，模拟自检验电路的设计目标也是为了达到全局自校验的目标。在差分与重复编码等可定义的模拟编码中，即有可能达成以上目标[15]。在设计模拟代码时，必须考虑用于验证模拟功能电路正确性所需的冗余。

受常用反馈回路的影响，模拟校验中所监控的节点不一定需要与电路输出相关。此外，与数字电路的最大区别在于：模拟电路的输入与输出编码空间拥有无穷大的空间。因而，既然在有限时间内应用的输入信号具有无穷多数据，则该假设应用于数字电路是不现实的。为处理该问题，必须采用模拟方法重新定义以上自校验特性[22]。

近年来，自检验理论已被应用于模拟和混合信号电路的在线测试中，包括滤波器和 A – D 转换器等[9,18]。业界对部分应用于并发性错误探测所用的技术特别感兴趣，包括标准架构的部分复制，如 biquad 级联所组成的滤波器[13]、流水线模 – 数转换器[23]、全差分电路的匹配性检验[20]等。

部分复制的原理如图 5-31 所示，用于多级流水线模 – 数转换器的例子如图 5-32 所示。若基于同样功能模块的级联来构成转换器，则可通过增加一个与转换级及多路系统相似的额外校验模块来实现在线测试。在多路系统中，当后续电路级收到与前级相似的输入时，其每级的输出需与校验模块的输出进行比较。"控制"模块给出了从第一级至第 L 级的测试顺序，并控制其重新开始测试。

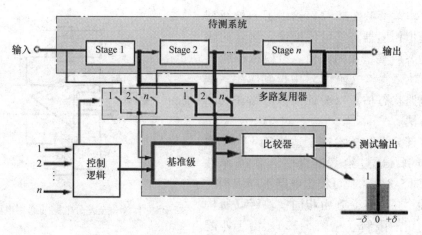

图 5-31  部分复制原理

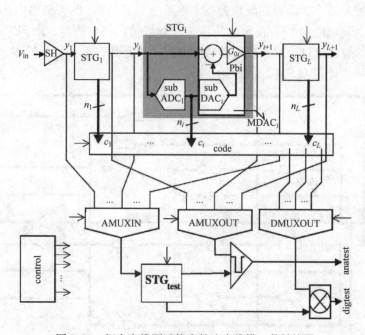

图 5-32  拥有在线测试能力的流水线模–数转换器

图 5-33 给出了应用于全差分电路中匹配性校验的原理，图 5-34 给出了应用于集成滤波器的原理。在匹配良好的全差分电路中，运放的输入端与实际地相短接。然而，瞬态故障、无源元件的偏差和运放晶体管的硬错误往往破坏了这种匹配。本章参考文献[20]提出了一种用于探测失配的模拟校验器，即在全差分运算放大器中输入端所出现的共模信号。本章参考文献[18]和[10]在模–数转换器的在线测试中亦使用了相似技术。为提升探测全差分电路中并发性错误的准确

性，本章参考文献[24]给出了一种新型的模拟校验器，其可依据输入信号的幅值动态调整错误的阈值。该模拟校验器已在本章参考文献[25]中得到应用，基于电路状态估算以验证模拟电路在线测试方法。

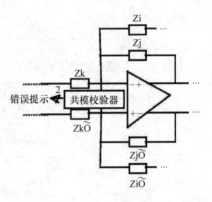

图 5-33　自校验全差分电路的通用电路级

部分复制技术完全适用于 FPAA 的实施例，通过给基准级引入额外弹性（见图 5-31），其可模拟电路不同级别的特性，并且不受到由相同模块级联所构成电路的限制（见图 5-32）。由于匹配校验技术不适用于全差分技术所设计的电路，而该电路已嵌入在运算放大器输入端的共模校验器中，因而匹配校验技术很难应用于 FPAA 的实施例中。当错误提示发生时，其可能由 SET 或 SEU 所造成。如果错误仍在持续，则 SEU 效应将改变 FPAA 的编程信息，所实现的模拟电路将不再是原先的设计。FPAA 允许进行再编程过程以使得系统还原回原始状态。

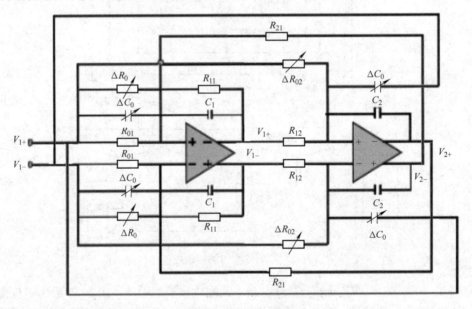

图 5-34　一种自校验的全差分滤波器（并未显示校验器）

在 $\Sigma - \Delta$ A - D 转换器中，如果转换器的数字电路级并未暗中对 SET 效应进行滤波，则匹配校验技术将是调制器最适用的技术。在 $\Sigma - \Delta$ A - D 转换器的数字部分，如本章所述，时间和硬件方面的冗余设计将缓解其空间辐射效应。

## 5.6　总结

业界并未特别关注模拟和混合信号电路的 SET 和 SEU 效应。实际上，模拟电路中晶体管的尺寸并未如数字电路一般呈等比例缩小。此外，数字 CMOS 电路中仅在晶体管状态翻转时有电流流动，而模拟电路的偏置电流在大多数状态时均较 SET 效应所产生的瞬态电流大许多（考虑双 E 指数模型[27]），因此每个晶体管的 SET 效应均不显著影响模拟电路的工作。

然而，近期研究表明上述结论并不适用于部分种类的模拟和混合信号器件。例如，模拟可编程元件（FPAA）是基于 SRAM 存储器进行编程。该现象将使得 FPAA 中的 SEU 问题如 FPGA 一样恶劣。

采用商用 FPAA 器件，修改可编程模拟单元中比特流的默认数值可注入一系列位翻转错误，由此研究 FPAA 中编程信息存储单元中所出现的位翻转效应。试验结果表明：单个位翻转将造成 FPAA 的实现架构与先前编程架构出现极大不同，某些情况下这些结果将对系统造成极大危害。试验结果还表明：SEU 将对一些控制未使用资源的内存单元数值进行更改，这对功能特性影响较小，因而故障将很难被探测得到。

在考虑电路可编程性条件下，如数字部分一般，在模拟领域也需要重点关注 SEU 所引发的故障。

本章研究了 $\Sigma - \Delta$ A – D 转换器的辐射效应。基于 MATLAB 构建了转换器模型，以允许故障注入并预估 SET 和 SEU 效应发生时电路的特性。

基于所报道的试验结果，如果转换器的数字部分得到保护，则其可应用于辐射环境中。其中一种有效的保护模式是在低通滤波器中使用 Delta 算子来代替转移算子。在 IIR 滤波器中应用 Delta 算子较转移算子对辐射效应更不敏感。另一种类型的 FIR 滤波器对辐射最不敏感，但其需要更多的芯片面积。本章表明 IIR $\Delta$ 滤波器拥有与 IIR Z 滤波器相似的面积。由于辐照引起的故障主要在高频部分，因而转换器的模拟部分与抽取器并不需要抗辐照加固。这些高频分量可通过转换器的下一级电路进行滤波。

最终，在了解 FPAA 和 $\Sigma - \Delta$ A – D 转换器的辐射效应后，本章还回顾了部分现存的在线测试技术、模拟自校验电路以及在混合信号电路中减轻 SET 和 SEU 效应的方法。

# 参 考 文 献

[1] Adell, P., Schrimpf, R.D., Barnaby, H.J., Marec, R., Chatry, C., Calvel, P., Barillot, C. and Mion, O. "Analysis of Single-Event Transients in Analog Circuits". IEEE Transactions on nuclear Science, Vol. 47, No. 6, December 2000.

[2] Anadigm Company, "Anadigm AN10E40 User Manual", 2002, www.anadigm.com.

[3] Anadigm Company, "Anadigm Designer IP Module Manual", 2002, www.anadigm.com.

[4] Anghel, A., Alexandrescu, D., Nicolaidis, M. "Evaluation of a Soft Error Tolerance technique based on Time and or Hardware Redundancy". Proc. of IEEE Integrated Circuitsand Systems Design (SBCCI), Sept. 2000, pp. 237-242.

[5] Aziz, P. M., Sorensen, H. V., Spiegel, J.; *An Overview of Sigma-Delta Converters*; IEEE Signal Processing Magazine; 1996.

[6] Boser, B. E., Wooley, B. A.; *The Design of Sigma-Delta Modulation Analog-to-Digital Converters*; IEEE Journal of Solid-State Circuits, Vol. 23, No 6; Dec 1988.

[7] Carmichael, C. "Triple Module Redundancy Design Techniques for Virtex Series FPGA". Xilinx Application Notes 197, v1.0, Mar. 2001.

[8] Carro, L., De Nale, L., Jahn, G.; Conversor Analógico/Digital Sigma-Delta; Relatório de Pesquisa, Departamento de Engenharia Elétrica da Universidade Federal do Rio Grande do Sul. Setember, 1999.

[9] Chatterjee, A., 1991, Concurrent error detection in linear analog and switched-capacitor state variable systems using continuous checksums, in: *International Test Conference*, Proceedings, pp. 582-591.

[10] Francesconi, F., Liberali, V., Lubaszewski, M. and Mir, S., 1996, Design of high-performance band-pass sigma-delta modulator with concurrent error detection, in: *International Conference on Electronics, Circuits and Systems*, Proceedings, pp. 1202-1205.

[11] Goodal, R.M., Donoghue, B. J.; *Very High Sample Rate Digital Filters Using the Delta Operator*; IEEE Proceedings; Vol 40, No 3; June, 1993.

[12] Hereford, J., Pruitt, C. "Robust Sensor Systems using Evolvable Hardware". NASA/DoD Conference on Evolvable Hardware (EH'04), p. 161, 2004.

[13] Huertas, J.L., Vázquez, D. and Rueda, A., 1992, On-line testing of switched-capacitor filters, in: *IEEE VLSI Test Symposium*, Proceedings, pp. 102-106.

[14] Kauraniemi, J., Laakso, T. I., Hartimo, I., Ovaska, S.; *Delta Operator Realization of Direct-Form IIR Filters*; IEEE Transactions on Circuits and Systems II: Analog and Digital Signal Processing, Vol 45, No 1; January, 1998.

[15] Kolarík, V., Mir, S., Lubaszewski, M. and Courtois, B., 1995, Analogue checkers with absolute and relative tolerances, *IEEE Transactions on Computer-Aided Design of Integrated Circuits and Systems* **14**(5): 607-612.

[16] Leveugle, R., Ammari, A. "Early SEU Fault Injection in Digital, Analog and Mixed Signal Circuits: a Global Flow". Proceedings of the Design, Automation and Test in Europe Conference and Exhibition (DATE'04), pp.1530-1591, 2004.

[17] Lima, F., Carro, L., Reis, R. "Designing Fault Tolerant Systems into SRAM-based FPGAs". Proc. of Design Automation Conferece (DAC'03), pp. 250-255, 2003.

[18] Lubaszewski, M., Mir, S., Rueda, A. and Huertas, J.L., 1995, Concurrent error detection in analog and mixed-signal integrated circuits, in: *Midwest Symposium on Circuits and Systems*, Proceedings, pp. 1151-1156.

[19] Messenger, G.C. "A summary Review of Displacement Damage from High Energy Radiation in Silicon Semiconductors and Semiconductors Devices". IEEE Transactions on nuclear Science, Vol. 39, No. 3, June 1992.

[20] Mir, S., Lubaszewski, M., Kolarík, V. and Courtois, B., 1996, Fault-based testing and diagnosis of balanced filters, *KAP Journal on Analog Integrated Circuits and Signal Processing* **11**:5-19.

[21] Mitra, S. K.; *Digital Signal Processing - A Computer-Based Approach;* Ed. McGraw-Hill Irwin; 2ª edição; 2001.

[22] Nicolaidis, M., 1993, Finitely self-checking circuits and their application on current sensors, in: *IEEE VLSI Test Symposium*, Proceedings, pp. 66-69.

[23] Peralías, E., Rueda, A. and Huertas, J.L., 1995, An on-line testing approach for pipelined A/D converters, in: *IEEE International Mixed-Signal Testing Workshop*, Proceedings, pp.44-49.

[24] Stratigopoulos, H.-G.D. and Makris, Y., 2003, An analog checker with dynamically adjustable error threshold for fully differential circuits, in: *IEEE VLSI Test Symposium*, Proceedings, pp. 209-214.

[25] Stratigopoulos, H.-G.D. and Makris, Y., 2003b, Concurrent error detection in linear analog circuits using state estimation, in: *International Test Conference*, Proceedings, pp. 1164-1173.

[26] Turflinger, T.L. "Single-Event Effects in Analog and Mixed-Signal Integrated Circuits". IEEE Transactions on nuclear Science, Vol. 43, No. 2, pp. 594-602, April 1996.

[27] Yang, F.L., Saleh, R.A. "Simulation and Analysis of Transient Faults in Digital Circuits". IEEE Journal of Solid-State Circuits, Vol. 27, No. 3, March 1992.

[28] Znamirowski, L., Paulusinski, O.A., Vrudhula, S.B.K. "Programmable Analog/Digital Arrays in Control and Simulation". Analog Integrated Circuits and Signal Processing, 39, 55–73, Kluwer Academic Publishers 2004.

# 第6章　单粒子翻转的脉冲激光测试技术基础

Pascal Fouillat[1], Vincent Pouget[1], Dale McMorrow[2], Frédéric Darracq[1], Stephen Buchner[2], Dean LEWIS[1]

1IXL – 波尔多第一大学 – UMR CNRS 5818

351 Cours de la Libération – 33405 – 塔朗斯 – 法国

fouillat@ ixl. fr, pouget@ ixl. fr, darracq@ ixl. fr, lewis@ ixl. fr

2 海军研究实验室，Code 6812

华盛顿，DC 20375

mcmorrow@ ccs. nrl. navy. mil

**摘要：**本章描述了使用脉冲激光来研究集成电路单粒子翻转效应，介绍了基本的失效机理和激光试验方法的基础原理，并通过试验结果举例显示了使用脉冲激光研究存储器单粒子翻转的优点。

## 6.1　简介

在太空运行的电子系统暴露在质子、重离子等带电粒子辐射环境中。当这些带电粒子穿过构成集成电路的半导体和绝缘体材料时，使材料原子释放电子。在特定条件下，这些电子会干扰集成电路的正常工作，导致多种不同的潜在有害影响，称为单粒子效应（SEEs）。这些效应中包括锁存或者存储单元状态的改变，也就是单粒子翻转（SEUs）效应，导致集成电路内部节点电压的瞬态尖峰，即称之为单粒子瞬态（SETs）效应[1,2,3]。由于 SEEs 会导致信息丢失、物理失效，严重时导致航天器失控，因此 SEEs 受到极大关注。太空中，太阳耀斑、宇宙射线或者近地轨道的质子核反应产生的重离子会引发 SEUs 和 SETs。此外近年来，对于现代先进工艺器件来说，由大气中子和电路中硅、硼元素的相互作用产生离子是很大的威胁，即使在地面也会有这种效应存在。

SEEs 会干扰许多类型的数字和模拟电路正常工作。早期的 SETs 都是在数字电路中发现的，这是因为数字电路中，在组合逻辑门中能量沉积导致的瞬态信号一旦到达一个锁存器、存储器或寄存器的时序逻辑单元时，会引起静态位错误。很明显，对于 SETs 传播后被数据存储单元捕获或粒子直接轰击存储单元产生的

SEUs，两者不能区分。因此，总体上来说，辐射在数字电路中导致的错误率包括了 SETs 和 SEUs 两方面的贡献。

为了评价、了解和减小辐射效应敏感性，需要对集成电路开展 SEE 试验。在半导体电路单粒子效应（SEEs）评价方面，皮秒脉冲激光已经成为重要手段[4-8]。在大多数试验中，脉冲激光技术是基于高度聚焦的激光激发半导体产生载流子，也就是大于禁带宽度的光学激发。载流子的产生服从比尔吸收定律，每吸收一个光子产生一对电子-空穴对，载流子注入密度随着与材料表面的距离呈现指数下降。近年来，脉冲激光已成功应用于一系列 SEE 的研究，包括空间和时间方面对各种数字电路单粒子翻转和单粒子闩锁（SEL）的影响[4,5,7]，研究单个晶体管的基本电荷收集机制[4,10]，以及作为一种必不可少的工具用来研究双极线性电路中复杂的 SET 响应[8,11]。

本文描述了激光试验技术，这项技术已经发展成了一个用来研究和描述 ICs 中 SEEs 细节的强大诊断工具。可以认为这是一个与经典的粒子加速器试验方法互补的工具。文中第一部分描述了激光试验技术的基本原理。第二部分介绍了在学术领域和工业界实际的试验应用。最后一部分介绍了激光方法对 SEU 和 SET 试验的优势，同样介绍了其与经典的粒子加速器方法相比的局限性。

## 6.2　激光测试技术的基本原理

### 6.2.1　激光测试技术分类

激光扫描技术广泛应用于各个科学领域中进行成像[12]。在微电子技术领域，过去的十年中发展出了许多有趣的基于激光扫描的集成电路（IC）测试方法。由于实验人员可以通过电学和光学两方面从待测器件获得信息，两者的不同组合可以用于激励待测器件或分析其电学或光学响应（见表 6-1）。在所有这些方法中，泵浦法在于绘图得到光与待测器件半导体材料（或金属层）的局部相互作用引起的电学参数变化分布。一些泵浦法方法已逐渐从实验室传播到工业应用领域，特别是利用连续波激光束技术，像光束感应电流（OBIC）技术和光束诱导电阻变化（OBIRCH）技术，现在已经有商业系统用来进行缺陷定位[13]。

近来商业脉冲激光源发展取得进步，这使得可以在 IC 扫描测试技术中施加极高时间分辨的超短激光脉冲。因为超大规模集成电路（VLSI）的时钟频率迅速增加，因此在未来几年内，超短激光脉冲可能成为唯一的时间分辨的内部电参数测量探针。此外，脉冲激光源使得离散扫描技术得以实现，这样可以更容易获得亚波长的空间分辨率，这对于深亚微米工艺器件测试非常重要。

**表 6-1   激光测试技术分类**

| 待测器件 | | 技术 |
|---|---|---|
| 激励 | 分析 | |
| 电学 | 电学 | 电学测试（IDDQ，…） |
| 电学 | 光学 | 探针（反射测量法，…） |
| 光学 | 电学 | 泵浦（故障注入，SET，SEU，…） |
| 光学 | 光学 | 泵浦探针（fs acoustic，…） |

需要说明的是，在现代器件中，金属化层数的不断增加并不会成为入射激光脉冲与半导体材料相互作用的限制。事实上，正面金属化层对激光不透明的问题可以轻易通过背面试验方法解决，即通过聚焦光束穿过器件衬底。尽管这种方法需要艺术级的样品处理技术，它在保持待测器件具有完整功能的情况下，保证激光束可到达有源区（Lewis，2001；McMorrow，等，2004）。

### 6.2.2   激光激发率模型

考虑一束脉冲激光聚焦在半导体器件表面，且忽略其二级效应如非线性吸收和波前畸变对 Beer – Lambert 定律的影响，半导体中由激光脉冲激发注入的过剩载流子可以由下面的模型描述，电子空穴对的激发率为[14]

$$g_{las}(r,z,t) = \frac{2\alpha TE_L}{\pi^{\frac{3}{2}}\omega_0^2 E_\gamma \tau_{las}}\frac{\omega_0^2}{\omega^2(z)}e^{-\frac{2r^2}{\omega^2(z)}}e^{-\alpha z}e^{-\frac{t^2}{\tau_{las}^2}}$$

$$\omega(z) = \omega_0\sqrt{1+\left(\frac{z}{z_{sc}}\right)^2} \tag{6-1}$$

激光束横向分布可以用高斯函数描述，这与激光束基本的横向传播模型一致。参数 $\omega_0$ 为半导体表面的光腰尺寸。按照 Beer – Lambert's 定律，光波在半导体内的传播由共焦长度 $z_{sc}$ 决定，由于光的吸收作用，激光强度随距离呈指数衰减。参数 $\alpha$ 是半导体材料光学吸收系数，$E_L$ 是激光脉冲能量，$E_\gamma$ 是光子能量，参数 $T$ 是半导体表面透射系数。参数 $T$ 包括了氧化层的干涉效应。由于电路的响应时间比激光脉冲穿过芯片结构的时间慢得多，忽略空间和时间变化的耦合作用，激发率的时间剖面将会直接产生相同时间剖面的脉冲。可以假设在典型试验条件中都为脉宽为 1ps 的高斯分布脉冲[6]。

图 6-1a 是由波长为 0.8μm、输出能量为 8pJ 的激光脉冲激发的电子空穴对（时间积分激发率）空间分布。假设激光聚焦光斑为 1μm，使用 100 倍的光学显微镜，这已经接近于由波长决定的理论极限。注意到对数色标在束宽方向和传播方向都增大。实际对于该波长，大部分能量在光束显著扩展之前已经被吸收。

需要注意到至少在特殊情况下，一些二级效应需要包含在激发率模型中。例如，非线性光学双光子吸收机制（TPA），这可能会发生在超短激光脉冲的高能量密度条件下，使用接近禁带宽度的波长[6,15]的激光，其可以用慢扩散束进行解析描述（也就是，在共焦长度之外能量淀积引起的效应可以忽略）。在这种情况下，激发率描述如下[16]：

$$G_{las}(r,z,t) = G_0 U(r,z,t) + \frac{r_{TPA}}{2} G_0 U(r,z,t)^2$$

$$G_0 = \frac{2\alpha T E_L}{\pi^{\frac{3}{2}} \omega_0^2 E_\gamma \tau_{las}}, r_{TPA} = \frac{2\beta T E_L}{\alpha \pi^{\frac{3}{2}} \omega_0^2 \tau_{las}}$$

$$U(r,z,t) = \frac{e^{-\frac{2r^2}{\omega_0^2}} e^{-\alpha z} e^{-\frac{t^2}{\tau_{las}^2}}}{1 + r_{TPA} e^{-\frac{2r^2}{\omega_0^2}} e^{-\frac{t^2}{\tau_{las}^2}} (1 - e^{-\alpha z})} \tag{6-2}$$

在该公式中，$\beta$ 是非线性吸收系数，非线性机制对于激发率的贡献由系数 $r_{TPA}$ 决定。注意在该模型中，将这个系数设置为零会使之变成线性表达式(6-1)，其中光束扩展可以忽略，该模型应该只适用于当 TPA 机制可以忽略时。需要牢记限制条件，注意式（6-2）中 $z$ 很小时，也就是说，靠近表面的时候，对应线性模型，TPA 机制使激发率增大。很明显，假设在一个无限深的半导体上，产生的全部载流子量少于线性吸收情况，这是因为总体来说产生一对电子－空穴对需要的光子数大于 1。

其他效应，例如吸收系数随掺杂浓度的空间变化，也可以进行具体情况的分析。自由载流子吸收通常可用依赖于结构的全局量子效应系数来建模。然而，对于更多复杂效应例如自吸收（也就是说，脉冲的末端由被脉冲前端产生的载流子吸收）的严格处理会需要一个数值方法。在硅中当波长短于 $0.85\mu m$ 时这些效应常被忽略，但它们可能对接近禁带宽度波长情况下的激发率有重大影响[17]。

## 6.2.3　激光激发率与重离子的比较

我们已经看到，脉冲激光聚焦在半导体上可以导致局部产生瞬态电子－空穴对，这是当光子的能量大于半导体禁带宽度时产生的光电效应。由粒子轰击产生的电子－空穴对是库伦作用的结果，这与由激光光电效应产生电子－空穴对的过程有本质上的区别。

重离子导致的激发率完全由离子能量和初始 LET 决定。对于 SEE 测试，通常会忽略离子能量变化，因此，初始 LET 是主要参数。器件数值模拟中一个描述重离子激发率常用的模型是高斯圆柱模型，近似表达式为（实际电荷分布不能用固定形式表示）

$$g_{ion}(r,z,t) = \frac{1}{\pi^{\frac{3}{2}} r_0^2 \tau_{rad}} \frac{L_i}{E_p} e^{\frac{r^2}{r_0^2}} e^{\frac{t^2}{\tau_{rad}^2}} \tag{6-3}$$

$L_i$表示半导体器件表面初始 LET。$r_0$表示激发率模型圆柱半径，通常是取典型值 $0.1\mu m$。$E_p$表示产生一个电子 – 空穴对需要的平均能量（在硅中为 3.6 eV）。另外，时域传播通常可以忽视，激发率随时间变化呈现全局高斯分布。时间宽度 $\tau_{rad}$ 包括离子穿过结构的飞行时间、二次电子产生和载流子的释放时间。这个时间为 1ps 量级。

图 6-1b 展示由 275MeV 铁离子产生的电荷轨迹。注意，由于模型不包括离子能量变化，激发率沿着传播方向是均匀的。这个图显示了当在材料中激发产生的载流子数量相同时，由离子（图 b）和激光（图 a）激发产生的载流子分布差异。与离子激发的电荷沿纵向均匀轨迹成鲜明对比，激光束随半导体深度的衰减效应不能忽略。

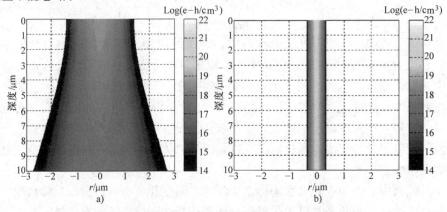

图 6-1 硅中产生的载流子密度随深度和中心距离的变化

a) 由式（6-1）模型描述的波长为 800nm 的 8pJ 的激光脉冲产生的载流子分布

b) 由式（6-2）模型描述的能量为 275MeV，LET 为 24 MeV·cm²/mg 的铁离子产生的载流子分布

对于载流子径向分布，图 6-2 显示与重离子径迹相比激光产生的载流子分

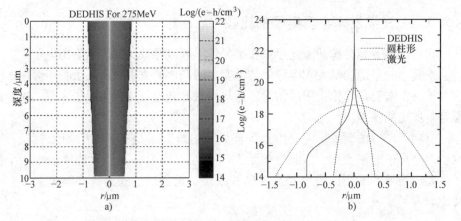

图 6-2 建模结果

a) 用 DEDHIS（Pouget，2000）得到的 275MeV 铁离子建模结果

b) 分别利用文献[1]、[2]和 DEDHIS 模型得到的激发载流子浓度横向分布结果

布横向分布更宽、峰值更低。这意味着通过漏斗效应的收集电荷（结电场由于高浓度载流子引起变形）比重离子更少。本章参考文献[16]中发展了更精确的模型。

这些结果代表的是特定情况，尽管如此，这些结果可以表示激光和重离子引起的电荷分布在径向和峰值强度方面的不同。然而，尽管重离子和激光径迹之间存在结构上的差异，大量的实验研究和数值模拟表明这两种激发方式在集成电路中产生的瞬态效应具有相似性[4,8]。

## 6.3　用于 IC 测试的脉冲激光系统

### 6.3.1　激光试验的基本原理

激光试验的基本原理如图 6-3 所示，激光激发产生电流或电压瞬态脉冲，进一步影响被测器件的正常工作。

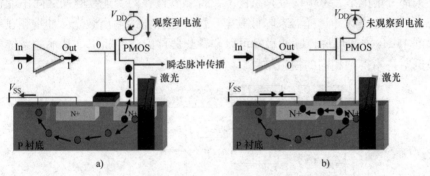

图 6-3　激光试验的基本原理

a）激光入射关态晶体管时产生光电流　b）激光入射开态晶体管时不产生光电流

为简单起见，用一个反相器基本结构来说明该方法。通过照射关态 NMOS 的漏端（图 6-3 左边的 NMOS），在漏端和衬底之间产生光电流，光致电离的空穴经过 NMOS 流入地线，光致电离产生的电子通过 PMOS 流向电源线。如图 6-4 所示，通过连接两个反相器来形成锁定状态。逐步增加激光脉冲能量，当逐渐达到一个光电流的临界值时，会产生一个足够大的瞬态电压使状态翻转，这是经典的单粒子翻转效应机理。如果激光聚焦在一个开态晶体管的漏端（图 6-3 右侧 NMOS），电源线不会产生光电流，瞬态电压不能使连接到其输出端的栅改变状态。

### 6.3.2　试验装置

图 6-5 给出了 IXL 实验室激光系统设备的主要组成[18]。激光源是一个 Ti：

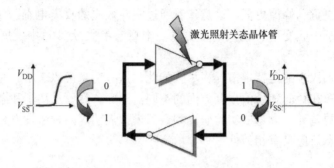

图 6-4　激光照射一个反相器中的晶体管，使存储单元翻转（存取晶体管未列出）

蓝宝石（Ti：Sa）振荡器（Spectra – Physics 公司的 Tsunami 型产品），泵浦光为 10W 的连续波激光器（Spectra – Physics 公司的 Millenia Xs 型产品）。振荡器输出 80MHz、100fs 或 1ps 的激光脉冲。波长在红光到近红外波段范围可调谐，即从 730 ~ 1000nm。波长调谐性使得激光脉冲在半导体材料的穿透深度可以调节[10]。由于大部分情况下，80MHz 重频条件下，待测器件在两个连续脉冲之间不能恢复稳态，因此使用脉冲选择器来降低频率。脉冲选择器的输出激光脉冲重频在单点输出到 4MHz 之间可调，脉冲触发可以和待测器件的时钟同步。其他的系统中利用腔倒空技术得到相同的模拟结果。

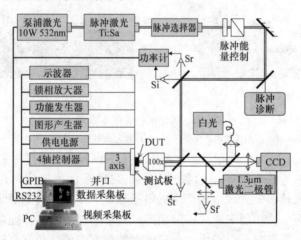

图 6-5　脉冲激光的 IC 测试试验装置

对于硅器件正面入射试验，通常选择 800 nm 波长，穿透深度约 12μm。对于现代器件来说这能够使器件灵敏体积内产生有效的光致电离。对于背面入射试验，为了使激光能够穿过硅衬底达到灵敏区，需要激光具有更长的穿透深度。事实上，激光波长在 1000nm 以上时，硅的吸收系数迅速下降。为了使器件灵敏区中有足够的光致载流子，最佳选择是在 950 ~ 1000nm 之间，具体取决于沉底厚度和掺杂水平。

### 6.3.3 自动化

在 National Instruments LabWindows/CVI 和 Microsoft Visual C++ environments 环境中开发了 SEEM（Single Event Effects Mapper）软件，实现了系统的自动化。用户可以定义扫描窗口，激光在扫描窗口中按照固定的间距进行扫描照射。对各项参数进行测量存储，对扫描区域以 2D 绘图形式显示，使用色标，可获得被测器件的 SEE 敏感分布图。开发了十二种不同的扫描模式，但大多数模式中每个节点的扫描操作都包括三个步骤：①定位；②激光脉冲触发；③电学测量。

### 6.3.4 其他系统

文献中可找到不同形式的激光系统。利用 6.3.2 节中的试验设备进行复杂器件背入射试验时，需要对被测器件进行特殊制样，这是因为如果不进行器件减薄即使使用其最大波长也不能达到灵敏区。使用更长波长激光可以克服该限制，然而，在这种情况下，非线性效应会加剧，因此在结果定量化方面需要更加谨慎[4]。

图 6-6 给出了 EADS 的用于 COTS 器件 SEU 测试的激光试验装置原理图，激光源是一个脉冲 Q 开关调制 Nd：YAG 微型激光器（物理尺寸：$6 \times 4 \times 2 cm^3$）。激光波长为 1064nm，最大能量 5nJ，脉宽为 700ps。脉冲重复频率从单脉冲到 2kHz 可调。为了激光安全以及实验方便，其输出激光耦合到多模光纤以减少空气中的光路。使用一个光纤专用机械衰减器调节入射到器件上的激光脉冲能量，脉冲能量连续可调，并采用一个校准光敏二极管进行能量测量。

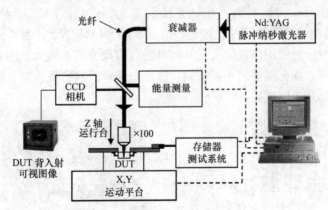

图 6-6 EADS CCR 的 IC 测试实验装置（Darracq, et al., 2002）

## 6.4 激光系统应用

目前，皮秒脉冲激光器已成为开展微电子电路单粒子效应研究和评价的一个通用手段。在过去的 15 年里，这种技术已经成功应用于不同类型和功能电路的单粒子效应评价中，包括 SRAM、DRAM、逻辑电路、模-数转换电路、放大器和比较器等。另外，脉冲激光法也是研究晶体管中载流子动力学和电荷收集物理机制的一个有力手段，包括 GaAs MESFETs，GaAs，InGaAs 和 InAs 高电子迁移率晶体管（HEMTs），GaAs 和 SiGe 异质结双极晶体管（HBTs），以及体硅和 SOI CMOS 器件。

脉冲激光的优势在于其能够给出空间和高带宽的时域信息，并且不会对被测器件造成任何的辐射损伤（总剂量效应和位移损伤效应）。另外一个优点是所有的实验均可在大气环境下完成，使得实验设施更为直接且适用于大带宽测量实验。除此之外，等效 LET 连续可调，只需增减激光脉冲的能量。然而，脉冲激光试验也有其限制，最大的问题就是器件中金属层的影响，另外一个问题是其分辨率受限于束斑尺寸。尽管激光束斑尺寸的理论限制使得其空间分辨率约为 $1\mu m$，但还是成功实现了 $0.18\mu m$ 工艺尺寸器件的单粒子效应探测，同时不会损失其区分相邻节点的能力。

本节将阐述脉冲激光 SEE 技术的一些应用，包括对 SRAM 测试芯片和商用芯片中的二维 SEU 绘图；描述了通过脉冲激光测试获得器件 SEU 截面的方法。此外，我们还对一种基于双光子吸收产生载流子的新脉冲激光 SEE 方法进行了介绍和讨论。

### 6.4.1 脉冲激光 SEU 截面

为了验证 IXL 实验室激光测试系统的能力，设计了一套针对 $0.8\mu m$ AMS BiCMOS 进行测试的待测器件。这是一个基本的 SRAM 单元，为了更深入理解存储单元表现与激光作用位置的关系，器件的所有尺寸都被放大。图 6-7 展示了这样的一个设计，具有典型的 6 管结构。这个待测样品具有低密度金属布线，可适于进行正面激光辐照试验。

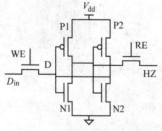
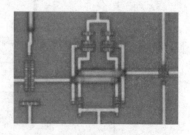

图 6-7  待测 SRAM 基本单元原理图和外观图

**1. 截面提取过程**

测试过程如下：

1）存储单元初始化为一个已知的状态。

2）选择一个激光能量。

3）将激光束斑定位到指定点。

4）激发一束脉冲激光。

5）读取单元状态，如果出现错误，进行重新初始化。

6）记录那些产生翻转的位置，形成染色图，并以颜色深浅表示激光束的能量。

改变束斑能量并在相同位置重复上述过程，如图 6-8 所示。

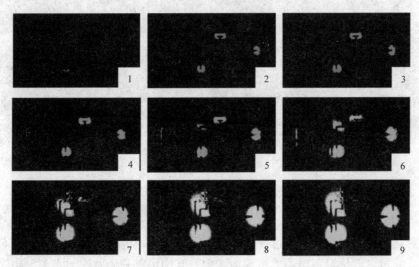

图 6-8　SRAM 单元的 SEU 敏感性分布图

在第二步中，通过将每一次成图的敏感区域的面积进行积分，我们可以得到图 6-9 所示的曲线，曲线中的 9 个数据点对应图 6-8 中的 9 张 SEU 图。这是翻转截面随激光束能量的变化曲线，曲线的特征与重离子试验获得的翻转截面随 LET 值变化的曲线相近。可以确定，激光束单粒子效应截面曲线是可信的。

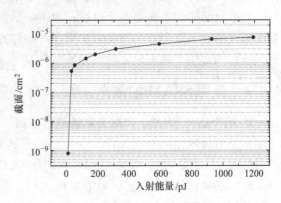

图 6-9　图 6-8 中试验数据获得的激光单粒子翻转截面

**2. 电学状态的影响**

图 6-10 为两个不同偏置状态的敏感性分析结果。两图所使用的色标相同。每张图中，不同能量的色图均为叠加获得。这提供了对 SEU 敏感性的全局信息。从图 6-10 中可以获得一些有意思的信息，比如，红色区表明此处具有较高的敏感性，已知存储单元中关态晶体管漏区会存在严重的翻转，这与图中结果相符。另外，不仅关态晶体管是敏感的，每张图左侧的存取晶体管也为红色，表明此处也为敏感区。这是因为此处晶体管也为关态 WE = 0，但是当输入为高电平时此处也会呈现出较小但是很活跃的敏感区域。对于相同的结构，一部分 N 阱会对全局敏感性产生贡献，从而造成较高的饱和截面，详见本章参考文献[16]。

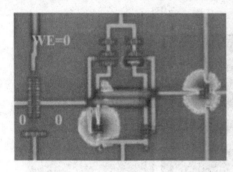

a) Din=0,D=0                    b) Din=1,D=0

图 6-10　相同内部逻辑态不同写晶体管输入值时的敏感性分布图
（红色点对应较低的阈值，步长为 0.2μm，WE 为关）

总之，对不同结构利用脉冲激光单粒子试验获得的敏感分布图是一个有力的工具，它可以评价给定电路的抗辐射能力。我们可以利用脉冲激光束对相同流片工艺的不同结构电路进行评估，获得单粒子效应敏感区。

本节所阐述的激光单粒子试验技术主要受限于金属层对激光束的遮挡，这会造成测试精度下降。下一节我们将阐述另一种方法，基于背面，穿过衬底进行辐照，这特别适用于高集成度的 SRAM 器件。

## 6.4.2　商用 SRAM 的激光试验

**1. 两个商用 SRAM 的激光和重离子截面**

本章节展示如何采用 EADS CCR 的激光试验设备对两个器件的 SEU 敏感性进行分析[19]。器件分别为 Hitachi 4Mbit SRAM（HM628512A）和 NEC 1Mbit SRAM（μPD431000A）。我们采用与 6.4.1 节描述的试验方法，采用的激光波长可直接穿透 DUT 的背面而无需背部减薄。

图 6-11 展示了分别由激光和重离子试验获得的 SEU 截面。激光数据是利用

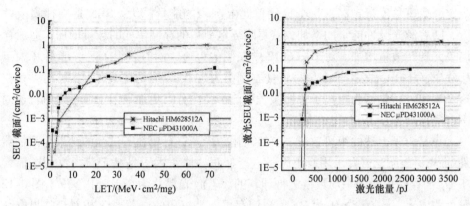

图 6-11　Hitachi 和 NEC 商用 SRAM 重离子（左）和激光
（右）单粒子翻转 SEU 截面。激光曲线中对光斑尺寸效应进行了修正

EADS 公司与 IXL 实验室联合研制的激光器试验平台获得的。背面 SRAM SEU 敏感性计算方法详见本章参考文献[20]。本章旨在研究两种方法得到的截面的相关性，首先建立重离子单粒子翻转截面和激光翻转截面的等效关系，然后建立激光脉冲能量与 LET 值的等效关系。

**2. 激光光斑效应的修正**

对于特定工艺，达到阈值能量（$E_{th}$）是使得存储单元翻转的必要条件。也就是说激光要将存储单元翻转的前提是激光能量大于 $E_{th}$，这样才能够产生使存储单元翻转所需的足够电荷（临界电荷 $Q_c$）。图 6-12 给出了两种激光光斑在简化的包含了常规存储单元平面的情况。光斑具有 $E_{th}$ 能量，所以只能引起一个存储单元的翻转。图 6-12 的左右两侧给出了激光光斑上激光强度的分布。本例中，左侧束斑的总能量是右侧总量的三倍，注意的是两个束斑的半高宽是一样的。

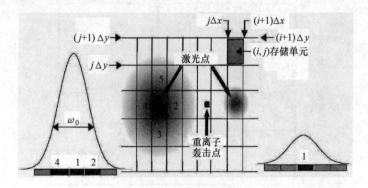

图 6-12　激光光斑的影响

在每个存储单元上沉积的能量是激光束斑强度在整个辐照区域和整个脉冲时间内的积分。因为束斑强度在辐照区域上是按照高斯分布的，所以尽管束斑尺寸

一定，束斑总能量越高，每个存储单元上沉积的能量越大。SEU 是一种阈值效应，随着激光脉冲能量的增加，获得临界电荷数的存储单元的数量增加，造成存储单元翻转数量增加。对于图 6-12 中左侧的束斑，同时获得了足够能量（大于 $E_{th}$）的存储单元发生了多位翻转（本例中为 5 个）。但是在重离子实验时不存在这个现象，这是因为重离子辐照激发载流子径向分布更加局限于粒子入射轨迹周围，类似如图 6-12 右边的束斑。

正是由于上述的束斑效应，直接利用激光器进行单粒子试验的结果会高估器件的 SEU 截面，需要采用修正因子进行修正。修正因子是基于获得沉积电荷大于 $Q_c$ 的存储单元的平均数量进行计算的。若激光尺寸为 $2w_0$，中心位于图 6-12 平面中（$x_0$，$y_0$），令 $Q_{ij}$ 为（$i$，$j$）储存单元上沉积的电荷。$Q_{ij}$ 相对于临界电荷 $Q_c$ 的比例可以表述为[20]

$$Q_{ij}/Q_c = (E_L/E_{th}) \times \frac{\int_{i\Delta x}^{(i+1)\Delta x} \int_{j\Delta y}^{(j+1)\Delta y} \exp\{-2[(x-x_0)^2 + (y-y_0)^2]/w_0^2\} \mathrm{d}x \mathrm{d}y}{\int_{-\frac{\Delta x}{2}}^{\frac{\Delta x}{2}} \int_{-\frac{\Delta y}{2}}^{\frac{\Delta y}{2}} \exp[-2(x^2+y^2)/w_0^2] \mathrm{d}x \mathrm{d}y}$$

$$(6-4)$$

对于给定的激光照射到（$x_0$，$y_0$），能量为 $E_L$，这个比例就是用于评价激光照射到的存储单元。每当这个比例系数大于或等于 1 时，就表明发生了一次翻转。通过改变激光束入射位置，获得总翻转数，再对这些翻转数进行平均，就得到了修正因子。这个因子是激光束能量的增函数，如图 6-13 所示。对于本文的研究，$w_0 \approx 3.5\mu m$，NEC 器件的存储单元尺寸为 $\Delta y \approx 6.5\mu m$，$\Delta x \approx 4.3\mu m$，日立器件的存储单元尺寸为 $\Delta y \approx 4.2\mu m$，$\Delta x \approx 2.3\mu m$。

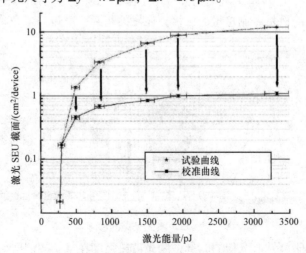

图 6-13　通过试验和校正后的日立 SRAM SEU 截面随激光能量的变化

图 6-11 右图给出了修正后的 SEU 截面曲线。对比图 6-11 左图，可以看出激光导致的翻转饱和截面与重离子的结果相当。尽管我们对激光 SEU 曲线进行了修正，但是仍然无法比较两种试验的结果，因为重离子曲线与 LET 值相关，而激光曲线与激光束能量有关。所以有必要进行激光束 LET 值计算。

**3. 激光能量与重离子 LET 关系的理论分析**

LET 值与激光能量的定量关系相当复杂，并且也是一个比较新的课题。LET 阈值是表征器件错误率很重要的一个可靠指标，所以建立激光能量与 LET 的关系是非常重要的。

图 6-14 给出了试验获得的两种器件的 LET 值与激光束能量的关系。这是当重离子试验获得的截面与激光器试验的截面相当时，建立起 LET 值与激光束能量的关系。如图 6-14a 所示，首先画出 LET 和能量随翻转截面的变化，然后对应特定的截面确定重离子 LET 值和激光能量，进而建立起两者之间的联系，即两者之间是通过效应进行等效的。这种等效性能够再现是激光束试验的基本假设。显然，进行激光光斑效应校正是前提。图 6-14b 表明 LET 和激光能量是非线性关系。

对于能量 $E$ 和 LET 值 $L$，这个关系可以表述为

$$L = L_{th} + \sqrt{C(E - E_{th})}$$

式中，$E_{th}$ 为试验获得的能量阈值；$L_{th}$ 为等效 LET 阈值；$C$ 为与器件工艺相关的系数。两种 SRAM 的 $C$ 值在图 6-14b 中给出。$C$ 值具体的物理起源目前还没有明确。我们将这个系数的量纲定为 $MeV/\mu m$，从这个量纲可以看出 $C$ 是表征能量的一个物理量。对于上述关系还需进一步研究，以揭示其物理本质，如非线性的原因。

为了评价一个电子器件的可靠性还需要一个数据，既 LET 阈值 $L_{th}$。本章参考文献[5，7]中报道了 600nm 激光能量及 SEU 及 SEL 的 LET 阈值的经验关系。从理论层面，理解 LET 和激光脉冲能量需要从产生的载流子总数方面入手。假设 $N$ 为在能量阈值 $E_{th}$时产生的载流子总数，LET 阈值 $L_{th}$可表示为

$$L_{th} = \frac{E_I}{\rho_{Si} l} N$$

式中，$l$ 为导致翻转载流子产生轨迹的深度；$\rho_{Si}$ 为硅的原子密度；$E_I$ 为产生一个电子–空穴对的平均能量。

表 6-2 总结了针对本文研究 SRAM 重离子和激光试验获得的可靠指标的数值。可见采用激光试验获得的结果与重离子试验获得的结果十分吻合。

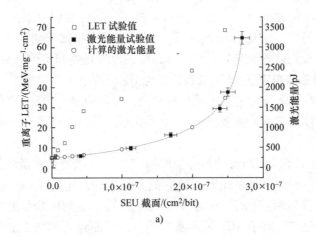

a)

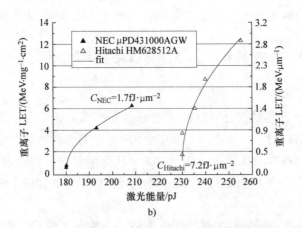

b)

图 6-14    两种器件的 LET 值与激光束能量的关系

a) LET 和激光能量与 SEU 截面的关系    b) 日立 HM628512A 和 NEC SRAM LET 值与激光束能量的关系

表 6-2    两种器件 $L_{th}$ 和 $\sigma_{sat}$ 可靠性指标

| | SEU 重离子实验结果 | | | SEU 激光试验结果 |
|---|---|---|---|---|
| | $L_{th}$ | $\sigma_{sat}$ | 计算得到的 $L_{th}$ | $\sigma_{sat}$ |
| | $/(\text{MeV} \cdot \text{cm}^2/\text{mg})$ | $/\text{cm}^2$ | $/(\text{MeV} \cdot \text{cm}^2/\text{mg})$ | $/\text{cm}^2$ |
| NEC | 0.3 | 0.11 | $0.31 \pm 0.10$ | $0.09 \pm 0.01$ |
| Hitachi | 0.5 | 1.1 | $0.51 \pm 0.14$ | $1.08 \pm 0.04$ |

## 6.4.3    基于双光子吸收产生载流子的激光单粒子效应

激光单粒子效应试验通常在高阶非线性光学效应不显著的条件下进行，这些非线性效应包括双光子吸收和光生自由载流子吸收等。目前，一种激光诱生载流子进而引发单粒子效应的新方法得以引入和证实，这种方法是使用稍低于禁带宽度的波长的高峰值功率飞秒激光脉冲，文献中给出了基于双光子吸收的单粒子效应实验[15,21]。在双光子吸收过程中，激光波长对应的光子能量要小于半导体材料的禁带宽度，这样，在低激光能量密度下，没有载流子产生（没有光吸收）。在足够高的强度下，材料可以同时吸收两个或更多的光子产生一个电子－空穴对[22]。因为在双光子吸收过程中，载流子数量与激光强度的二次方成正比，只有在高强度聚焦区域才会明显产生载流子，这个过程如图 6-15 所示。该图比较了单光子和双光子过程。双光子吸收技术允许在器件内部任意深度上产生载流子，可以进行三维 mapping 成像，通过背部辐射可穿透整个衬底。

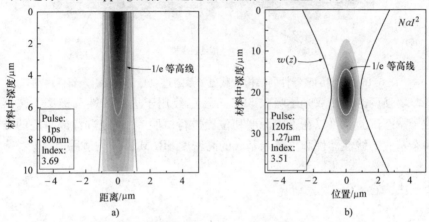

图 6-15　800nm 和 1.27μm 硅中电子－空穴数
a）单光子　b）双光子在深度方向 $z$ 的分布
注意 a）和 b）刻度差异

　　开发双光子吸收单粒子试验技术主要基于以下几方面原因。目前，器件制备工艺技术越来越复杂，多层金属化层能阻挡激光束，从而无法开展正面辐照激光单粒子试验。另外，倒装技术的出现致使正面辐照激光试验和传统的重离子试验失效，如图 6-16 所示。双光子吸收方法表现出其他技术所不能达到的开展单粒子效应的能力。除了激光源和光源的特性外，试验方法和图 6-5 所描述的方法近似。在光源选择上较为特殊，双光子吸收需要高强度飞秒激光脉冲（$\Delta\tau\approx100\text{fs}$），同时波长要求低于待测材料能隙宽度（对于 Si 来说，波长应该高于 1.15μm）。

　　高于能隙的激光进行单光子激发，在材料深度方向上产生的载流子数成指数型衰减[4]。这种方法可以产生重复性较高的注入条件，能够在可控的深度上进行载流子注入。相反地，双光子吸收情况下，光学衰减和穿透深度可以精确可控：由于诱生载流子与激光束强度的二次方成正比，因此产生的载流子相对集中到光束聚焦点的高辐射区域（参见图6-15）。由于激光波长低于材料的能隙，因此材料对激光是透明的，通过聚焦，高强度的辐射区可以是材料深度方向上的任意位置。这种方式使得3D绘图成像成为可能，当前表面电路被封住时，载流子通过背部辐照的方式注入。

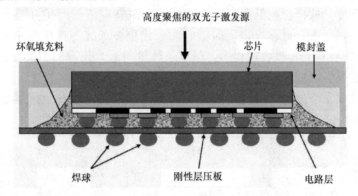

图6-16  典型倒装器件的结构（载流子系通过双光子吸收引入器件内部）

需要强调的是，双光子吸收SEE方法已经用于进行线性双极型工艺器件的单粒子瞬态试验，可以在不同深度和位置进行试验[21]，穿过背部衬底的方式对轻掺杂基底的线性器件和重掺杂基底的高密度SRAM器件均适用[24]。

## 6.5  结论

阐述了利用脉冲激光开展集成电路单粒子效应的试验系统，详细讨论了光激发的基本理论，比较了重离子试验和激光试验的差异和等效性。系统完善的自动化和同步化能力使复杂超大规模集成电路时间相关的单粒子效应在时间分辨扫描方面得以实现。该系统成功应用到商用SRAM器件的SEU分析，模拟电路的SET效应测量，以及用于ADC器件的时间分辨故障注入从而实现信息传播成像和临界相位提取。探讨了脉冲激光试验和重离子试验理论层面的不同点。下一代激光技术突破了传统激光器开展激光单粒子试验的许多限制，如双光子吸收可以实现极小体积的载流子注入并且在器件深度方向可控。

## 参 考 文 献

[1]  Adell P., Schrimpf R.D., Barnaby H.J., Marec R., Chatry C., Calvel P., Barillot C., Mion O., "Analysis of single event transient in analog circuits", IEEE Trans. Nucl. Sci., 47, p. 2616, 2000.

[2]  Buchner S.P., Baze M.P., Single-Event Transients in Fast Electronic Circuits, IEEE Nuclear and Space Radiation Effects Conference (NSREC) Short Course, Section V, 2001.

[3]  Turflinger T. "Single-Event Effects in Analog and Mixed-Signal Integrated Circuits," IEEE Trans. Nucl, Sci., 43, p. 594, 1996.

[4] Melinger J.S., Buchner S., McMorrow D., Stapor W.J., Weatherford T.R., Campbell A.B., "Critical evaluation of the pulsed laser method for single-event effects testing and fundamental studies", IEEE Trans. Nucl. Sci., Vol. 41, p. 2574, 1994.

[5] Moss S.C., LaLumondiere S.D., Scarpulla J.R., MacWilliams K.P., Crain W.R., and Koga R., "Correlation of picosecond laser-iInduced latchup and energetic particle-induced latchup in CMOS test structures," IEEE Trans. Nucl. Sci., Vol. 42, pp. 1948-1956, 1995.

[6] Pouget V. , D. Lewis, H. Lapuyade, R. Briand, P. Fouillat, L. Sarger, M.C. Calvet, "Validation of radiation hardened designs by pulsed laser testing and SPICE analysis", Microelectronics Reliability, vol. 39, pp. 931-935, October, 1999.

[7] McMorrow D., Melinger J., Buchner S., Scott T., Brown R.D., and Haddad N., "Application of a pulsed laser for evaluation and optimization of SEU-hard designs", IEEE Trans. Nucl. Sci., Vol. 47, pp. 559-565, 2000.

[8] Lewis D., Pouget V., Beaudoin F., Perdu P., Lapuyade H., Fouillat P., Touboul A., "Backside laser testing for SET sensitivity evaluation", IEEE Trans. Nucl. Sci., 48, p 2193, 2001.

[9] McMorrow D., Melinger J.S., Knudson A.R, Buchner S., Tran L.H., Campbell A.B., and Curtice W.R., "Charge-enhancement mechanisms of GaAs field-effect transistors: experiment and simulation", IEEE Trans. Nuc. Sci., 45, 1494 (1998).

[10] Melinger J.S., McMorrow D., Campbell A.B., Buchner S., Tran L.H., Knudson A.R., and Curtice W.R., "Pulsed laser induced single event upset and charge collection measurements as a function of optical penetration depth", J. App. Phys., Vol. 84, p. 690, 1998.

[11] Pease R., Sternberg A., Boulghassoul Y., Massengill L., Buchner S., McMorrow D., Walsh D., Hash G., LaLumondiere S., and Moss S., "Comparison of SETs in bipolar linear circuits generated with an ion microbeam, laser and circuit simulation", IEEE Trans. Nuc. Sci., Vol. 49, pp. 3163-3170, 2002.

[12] Clegg W., Jenkins D.F.L., Helian N., Windmill J.F.C., Fry N., Atkinson R., Hendren W.R., Wright C.D., "A scanning laser microscope system to observe static and dynamic magnetic domain behavior", IEEE Trans. Instr. & Meas., vol. 51, 2002.

[13] Beaudoin F., Haller G., Perdu P., Desplats R., Beauchêne T., Lewis D., "Reliability defect monitoring with thermal laser stimulation: biased versus unbiased", Microelectronics Reliability, vol. 42, 2002.

[14] Pouget V. , PhD. Thesis, Université Bordeaux 1, 2000.

[15] McMorrow D., Lotshaw W.T., Melinger J.S., Buchner S., Pease R., "Sub-bandgap laser induced single event effects: carrier generation via two photon absorption", IEEE Trans. Nucl. Sci., Vol. 49, p. 3002, 2002.

[16] Pouget V., Fouillat P., Lewis D., Lapuyade H., Darracq F., Touboul A, "Laser cross section measurement for the evaluation of single-event effects in iIntegrated circuits", Microelectronics Reliability, vol. 40, October, 2000.

[17] Johnston A.H., "Charge Generation and Collection in p-n Junctions Excited with Pulsed Infrared Lasers", IEEE Trans. Nucl. Sci., 40, p. 1694, 1993.

[18] Pouget V., Lewis D., Fouillat P., "Time-resolved scanning of iIntegrated circuits with a pulsed laser: application to transient fault injection in an ADC", IEEE, Trans on Instrumentation and Measurement, vol. 53 (4), pp. 1227-1231, 2004.

[19] Darracq F., PhD. Thesis, Université Bordeaux 1, 2003.

[20] Darracq F., Lapuyade H., Buard N., Mounsi F., Foucher B., Fouillat P., Calvet M-C., Dufayel R., "Backside SEU Laser Testing for Commercial Off-The-Shelf SRAMs", IEEE Trans. Nucl. Sci., vol. 49, p.2977, 2002.

[21] McMorrow D., Lotshaw W.T., Melinger J.S., Buchner S., Boulghassoul Y., Massengill L.W., and Pease R., "Three dimensional mapping of single-event effects using two-photon absorption", IEEE Trans. Nuc. Sci., vol. 50, pp. 2199-2207, 2003.

[22] Van Stryland E.W., Vanherzeele H., Woodall M.A., Soileau M.J., Smirl A.L., Guha S., Boggess T.F., "Two photon absorption, nonlinear refraction and optical limiting", Opt.

Eng., Vol. 24, pp. 613-623, 1985.

[23] McMorrow D., Buchner S., Lotshaw W.T., Melinger J.S., Maher M., and Savage M.W., "Demonstration of through-wafer, two-photon-induced single-event effects", IEEE Trans. Nuc. Sci., Vol. 51, pp. 3553-3557, 2004.

[24] McMorrow D., Lotshaw W.T., Melinger J.S., Buchner S., Davis J.D., Lawrence R.K., Bowman J.H., Brown R.D., Carlton D., Pena J., Vasquez J., Haddad N., Warren K., and Massengill L., "Single-event upset in flip-chip SRAM induced by through-wafer, two-photon absorption", IEEE Trans. Nuc. Sci., Vol. 52, in press.

# 第 7 章　ASIC 电路的设计加固方法

Federico Faccio

欧洲核子研究中心（CERN），Route de Meyrin 385，1211 日内瓦 23，瑞士

Federico. Faccio@ cern. ch

**摘要**：专用集成电路（ASIC）能够在设计上实现对辐射效应有效加固，这种方法通常叫作"设计加固（HBD）"，本章描述了几种在 CMOS 电路中常用的针对总剂量（TID）效应和单粒子（SEE）效应的设计加固方法。

## 7.1　简介

基于 CMOS 的 ASIC 电路在辐射环境下其功能会受总剂量（TID）效应和单粒子（SEE）效应威胁。解决这个问题的传统方法需要依靠工艺加固和设计加固结合的方式。在这种方式下，设计者只选用认证过的辐射加固工艺，这些以很高的成本定制开发出的工艺保证了集成电路的总剂量水平，并实现在一定水平下对单粒子闩锁免疫，这样设计者在设计时只需要考虑针对单粒子翻转的加固技术。但这种解决方法十分昂贵，因为在硅制造行业，最新工艺需要的投入往往在数十亿美元范围。

另外一种采用普通商业等级的 CMOS 工艺的解决方法现在越来越流行。这个方法是一个 20 世纪 80 年代研究的成果，这个研究显示在实验室条件下 SiO$_2$ 层的辐射效应随氧化层厚度的二次方减小，这种减小在氧化层厚度减少到 10nm 以下变得更加厉害[1,2]。随着 CMOS 工艺尺寸按照摩尔定理等比例缩小，晶体管的氧化层的厚度也跟着减小。一项对几种不同代的工艺[4,5]进行辐射效应的研究显示这些商用等级的栅氧化层遵循同样的规律，如图 7-1 所示[6]。

不幸的是，隔离用的氧化层厚度并不需要缩小，尽管在 0.25μm 工艺节点引入了浅槽隔离工艺（STI），但隔离用的厚氧化层仍然是现代亚微米 CMOS 中抗总剂量辐射效应最弱的部分[7]。厚氧化层内部的电荷俘获导致的漏电在一开始只是增加电路电流的消耗而不影响功能，直到剂量增加到 10 ~ 100 krd 时（典型情况）电路会发生失效。采用设计加固方法可以成功消除所有辐射导致的漏电，从而将 ASIC 电路的抗总剂量水平提高到薄栅氧化层本征特性的几 Mrd 水平。这个技术在 7.2 节中会详细描述，其大规模使用的例子也会给出。

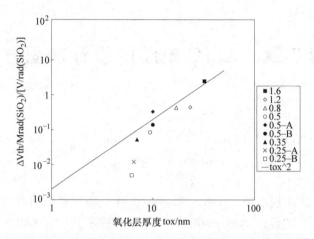

图 7-1　几种不同代工艺的商用等级晶体管的阈值电压漂移遵循 20 世纪 80 年代实验室研究发现的趋势，这里用 1Mrd 剂量进行了归一

　　一旦总剂量加固解决了之后，ASIC 电路在辐射环境下可靠工作需要解决的另外一个基本问题是单粒子效应敏感性。如果可以使用总剂量加固一样的方法大大降低单粒子闩锁敏感性，单粒子翻转的敏感性可以采用设计加固技术降低，依靠修改过的单元电路或者冗余设计实现。这些方法会在 7.3 节中讨论。

## 7.2　总剂量效应的加固

　　由于辐射导致的电荷被俘获在氧化层（栅氧、STI 氧化层）内或者其与硅的界面，总剂量辐射会影响晶体管的电特性。在 7.1 节已经提及，现代深亚微米工艺的栅氧化层厚度已经小于 5nm，这导致总剂量效应在栅氧中几乎没有影响，使得器件在数 Mrd 辐射环境下使用都不会产生由于总剂量导致的限制。在辐射环境中使用商业技术的限制来自于相当高密度的空穴被俘获在 STI 厚氧化中。该层的正电荷积聚形成的电场，最终使得 STI 下方的 P 掺杂的硅发生反型，形成了导电通道，导致电荷可以在不同电位的 $N^+$ 掺杂区之间（源极和 NMOS 晶体管漏极，N 阱等）流动。由于这个原因，TID 引发的商用集成电路典型的失效机理是该电路电流的增加，电路可以容忍这种漏电增加直到漏电导致电路丧失其基本的功能。

　　氧化物中被俘获空穴层的产生强烈依赖于辐射期间的氧化层中的电场，而且电场还决定了 P 掺杂硅区域的积累或反型状态，因此漏电问题最严重情况发生在 NMOS 晶体管的边缘。在晶体管的边缘，多晶硅栅极延伸超出晶体管沟道和横向的 STI 发生重叠，如图 7-2 所示。因此，当 NMOS 晶体管导通时电场也穿过 STI 层而存在于晶体管的边缘：这个电场对于使 P 掺杂硅的晶体管边缘形成反型是不够的。

被俘获在 STI 中的空穴的积累实际上会强化该区域中的电场，并最终导致晶体管边缘发生反型，即主晶体管截止时在边缘的反型层流会有漏电通过[8]。

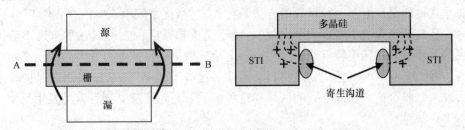

图 7-2　一个 NMOS 晶体管版图的顶视图和沿 AB 线方向的剖面图
（右图，从源极或者漏极方向向沟道方向观察），右图虚线表示晶体管边缘 STI 和多晶重叠
部分的电场，STI 中辐射诱生的正电荷用 "＋" 标识，这些电荷增强了电场直到在晶体
管边缘 P 衬底形成反型，这样在源极和漏极之间开通了两条寄生的漏电通道

　　显而易见，以消除上述问题为目的且以设计为基础的解决方案，是避免 STI 氧化层和任何有可能出现漏电通道的 P 掺杂区域之间的接触。对于 NMOS 晶体管的边缘，可以通过使用薄栅氧化层完全包围两个 N⁺ 扩散区（源极或漏极）中的一个来实现[9]。在这方面存在几种可能的晶体管布局，其中一些如图 7-3 所示。尽管环状布局（环形源，环形交错）有更紧凑而且允许任何晶体管尺寸的优势，但是它们往往需要违反设计规则，而且有时被证明仍具有一定的 TID 影响[10]。尽管有一些缺点（将在后面详细描述），最常用的布局是封闭式布局晶体管（ELT）。ELT 的其中一个扩散区完全被另外一个扩散区包围，因此避免违反任何设计规则[11]。

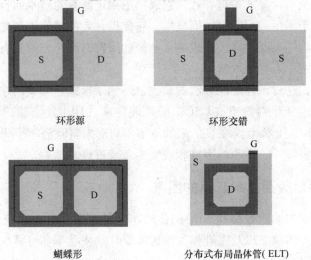

环形源　　　　　　　　　　　　　　　环形交错

蝴蝶形　　　　　　　　　　分布式布局晶体管（ELT）

图 7-3　几种可能消除辐射导致源漏极之间漏电的 NOMS 版图结构，图中实线表示有源区
的边缘或者说 STI 的开始，有源区栅区下面没有 N⁺ 扩散，但其覆盖着一层抗辐射的薄栅氧，
而且栅氧环形包围了源极或者漏极，或者同时包围了两者

在隔离氧化硅中形成的辐射诱生陷阱电荷可以在不同的电位 N$^+$ 扩散区之间形成漏电通道（两个晶体管之间或者 N 阱到晶体管漏电），如图 7-4 所示。为了防止这种情况发生，一种有效的方法是在 N$^+$ 扩散区之间引入 P$^+$ "保护环"。此保护环被设计为最小宽度的 P$^+$ 扩散，由于是重掺杂区，它可以几乎永远不会被在其上面的氧化硅中辐射诱生空穴陷阱电荷反型。在保护环布置多晶硅线必须小心，因为在 CMOS 工艺中，这将自动阻止多晶硅下的 P$^+$ 掺杂，因而在保护环上形成一个弱点：多晶硅下方的区域在这种情况下是轻掺杂 P 型且容易发生反型。

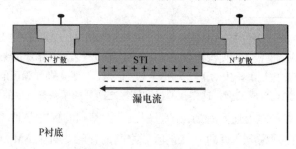

图 7-4 STI 氧化硅中辐射诱生的正陷阱电荷会使 P 型硅发生反型，导致不同的电位 N$^+$ 扩散区之间形成漏电通道（两个晶体管之间或者 N 阱到晶体管漏电）

系统采用 ELT 型的 NMOS 晶体管和保护环组合的方法，通常被称为 "抗辐射版图技术"，这个技术在不同技术节点的 CMOS 工艺已被证明是非常有效的[4,12,13]。因为它仅依赖于现代薄栅氧化层的天然抗 TID 能力，一个几乎对特定的制造过程完全不依赖的物理参数，它成功适用于所有的技术而且对工艺的变化不敏感。相比于采用专用辐射加固技术，它使设计者能够使用最先进的 CMOS 技术，使其在低功耗、高性能、高成品率、短的周转时间等方面具有优势，最后但并非最不重要的一点是成本低。

迄今为止，这种设计加固方法的最大也是记录得最好的应用领域，是欧洲核子研究中心大型强子对撞机（LHC）的高能物理（HEP）实验，其中使用了商业 0.25μm CMOS 技术[6]。在接下来的章节，将对来自欧洲核子研究中心在这一领域积累的丰富经验、发现的困难和现实的考虑进行总结。

## 7.2.1 抗辐射版图技术应用的困难

这种方法应用的困难是和 ELT 晶体管本身的某些特性、系统使用抗辐射版图技术的商业库的缺乏以及密度损失和这种设计的成品率和可靠性问题相关的。

### 1. ELT 晶体管的特性

利用 ELT 晶体管引入了三个问题：需要一个好的模型来计算其宽长比（有效 $W$ 和 $L$），可选用的宽长比限制，以及器件对称性的缺乏。此外，采用 ELT 晶

体管设计时，我们不应该忘记，给定宽长比的 ELT 晶体管比标准晶体管的栅极
电容大，因此应在电路时序模拟时进行相应的修正。

（1）ELT 晶体管的建模  首先，ELT 晶体管存在很多不同的形状，例如方
形、八角形、方形但四角切割成 45°。每个形状需要以不同的方式[15,16]进行建
模，只使用一种形状是明智的。我们选择四角切割成 45°方形的形状，它与大多
数工艺的接地设计规则兼容并能避免尖锐拐角处的过大电场影响可靠性。所选形
状的细节，例如在四角切割的长度和内扩散的大小，已经确定所有的晶体管，从
这个选择我们可以制定一个公式进行宽长比的计算[14]。对不同沟道长度的晶体
管，用公式和从测量中提取出的晶体管的尺寸之间具有良好的一致性，这使我们
对模型产生信心。

（2）ELT 晶体管宽长比的限制  由于选择 ELT 晶体管栅极长度以及最小栅
极宽度之间有直接的关系，其设计宽长比存在不可能小于一定值的情况下，如图
7-5 所示。为了得到高的宽长比值可以在一个或两个维度内拉伸其基础形状，无
需修改拐角，所得的 $W/L$ 的计算也是直接的。得到低宽长比的晶体管的唯一方
式是增加沟道长度 $L$ 保持内扩散为最小尺寸，在 $0.25\mu m$ 工艺中，唯一有效的方
法是增加沟道长度 $L$ 到约 $7\mu m$，才能产生一个最小的宽长比约为 2.26 的晶体管，
这意味着相当大的面积浪费，应使用不同的电路拓扑结构来避免这种情况的
出现。

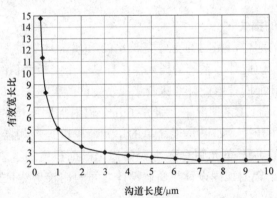

图 7-5  $0.25\mu m$ 工艺下 ELT 最小的、可达到的宽长比
图中的尺寸针对具有最小内部扩散区的晶体管给出

（3）ELT 晶体管的不对称性  ELT 版图的明显缺乏对称会导致一些晶体管
电特性的不对称性。特别是，我们已经在匹配的晶体管对[6,4]和输出电导中观察
到的不对称性。因为在 ELT 晶体管的栅极是环形的，源极和漏极可以选择在栅
内或者栅外。输出电导的测量发现当漏极选择为环内时具有较大的值：一个选择
为环外的漏极的输出电导降低 20%（对于较短的栅极长度）~75%（对于 $5\mu m$

的栅极长度)[4]。相比较而言，标准线性布局的晶体管的输出电导接近测量的两个 ELT 晶体管值的平均值。

ELT 晶体管对的匹配还揭示这种类型的晶体管的特殊性[6,17]。首先，ELT 晶体管看来有一个附加的失配源，独立于栅极而且在标准晶体管之前从未观察到。这个附加源产生的不匹配取决于漏电极的大小和形状，因此不匹配对于相同的晶体管当漏极选择为内或外是不同的，这也是这种晶体管缺乏对称性的一个证据。

**2. 数字设计的设计加固库**

为数字设计的商业库开发时都没有考虑抗辐射，因此没有商用的库系统地使用 ELT NMOS 晶体管和保护环。参与开发的在辐射环境下应用的 ASIC 的不同设计小组面临这个问题，因此目前出现了一些"抗辐射"的库。他们的工作包括开发以下小型的数字单元，可用于小型 ASIC 的开发，这一声明并没有低估这些工作。我们比较了库中包含的逻辑单元的数量：其中旨在数百万个逻辑门的设计的商用级库包含数千个单元，目前现有的少数设计加固库不超过 100 ~ 200 单元。此外，除了 IMEC 库[18] 侧重于 0.18μm 技术是免费提供给欧洲研究所/工业界使用以外，其他的这些库不容易被除了制作他们之外的机构使用。除上述 IMEC 库，还有 CERN "radtol" 0.25μm 技术的库和任务研究公司（MRC）0.18μm 工艺的用于电路设计的库[19,20]。

**3. 集成密度的损失**

如已经指出的那样，相同的有效宽长比的 ELT 晶体管的版图相对于标准版图需要更大的面积。此外，系统的插入保护环是一个消耗面积的做法。导致的结果就是，使用设计加固技术设计意味着集成密度的严重损失，每平方毫米门的数目，在 CERN0.25μm 工艺情况下，研究了几个辐射加固库中的数字单元通过设计加固引入的面积开销。如果是很简单的单元，单单是反相器就会有 35% 的面积增加，更复杂的 DFF 单元则有高达 75% 以上的面积增加。总体而言，该面积增加估计约 70%。辐射加固设计与商业设计之间的比较仍然是重要的考虑因素，面积开销是抗辐射的代价。

当抗辐射是一个设计要求时，对于不同方法能够实现集成密度之间的比较在任何时候都是有趣的。例如，当欧洲核子研究中心开始了 0.25μm 的抗辐射库的开发时，一个替代设计加固的方法是使用一个专用的辐射加固工艺。当时，满足了总剂量辐射要求的最先进工艺是 0.8μm BiCMOS 工艺，密度是 0.25μm 设计加固技术的 1/8。这是由于辐射加固技术在一般情况下与最先进的商业 CMOS 存在 2 ~ 3 代延迟，在集成密度方面的对比总是可以合理地认为，使用设计加固技术的商业工艺是一个较受欢迎的方法。

#### 4. 成品率和可靠性的考虑

使用的 ELT 晶体管设计由于缺乏工业经验，直到不久之前对这种版图导致的 ASIC 的成品率和可靠性的可能影响产生的忧虑都是合理的。成品率数据可以从设计加固技术在 CERN 的 LHC 实验的大规模应用中获得。在这种情况下，已经设计了大约 100 个不同的 ASIC，每个电路类型使用的芯片数目范围为 100 ~ 120000，有 14 个 ASIC 器件需要的数目超过 20000，其他 31 个 ASIC 需要的数目在 2000 ~ 20000 之间。总体来说，为此应用生产了超过 2000 片 8in 晶片。这些 ASIC 包括非常不同的功能：粒子探测器读出、A - D 转换、数字和模拟存储、系统控制、时间 - 数字的转换、通过光纤数字和模拟数据的传输和时钟恢复[21-26]。所有这些 ASIC 测定的成品率和同一工艺下的其他标准产品的成品率的对比，表明不存在于使用 ELT 晶体管导致的成品率的损失。

### 7.2.2　最新 CMOS 工艺的趋势

上述所描述的设计加固工作主要关注在 $0.25\mu m$ 和 $0.18\mu m$ CMOS 工艺节点。这些工艺的标准版图的晶体管在漏电流强烈增加前可能典型地承受几十 krd 量级的总剂量辐射水平。随着半导体产业向更小的特征尺寸进步，目前最高端的数字产品已经开始使用 90nm 节点，ASIC 设计广泛使用 130nm。这些先进工艺需要增加复杂的工艺步骤的流程，其天然抗辐射能力很可能较旧的工艺存在差异，甚至不同的代工厂之间也会存在差异。特别是 STI 相关的步骤（沟槽蚀刻、热氧化和高密度等离子氧化）需要被调整为最佳的源漏隔离并减少短沟道效应，这些过程可能影响辐射诱生漏电流在晶体管边缘相邻的 $N^+$ 扩散区之间流动。由于设计加固方法的日益普及，一些项目已开始研究 130nm 工艺的天然抗辐射能力，90nm 节点现在也开始了一些类似的研究。130nm 节点上的第一个公布的结果显示出相对于旧的工艺节点优越的天然抗辐射特性[28]。如果按预期 2nm 厚栅氧化层在大于 100Mrd 剂量辐射试验后没有显示辐射产生的任何明显的变化，在漏电电流方面这些新技术显示出惊人的坚固。例如在 2 个商业工艺中的结果指出，相邻的 $N^+$ 结之间的漏电变得如此之小，最经常使用的 $P^+$ 保护环实际上是没有必要的。先前尚未观察到的效应也在被发现，NMOS 晶体管在晶体管边缘的辐射诱生的源漏漏电在 1 ~ 6Mrd 剂量位置出现峰值，再照射到较大剂量漏电反而下降，另外影响窄沟道 NMOS 和 PMOS 晶体管的阈值电压的辐射诱生窄沟道效应（RINCE）已经被报道。总体来说，看起来总剂量耐受等级高达几百 krd 的应用甚至不要求使用设计加固技术，而对于较大剂量的抗辐射要求，可能是和设计强烈相关，最安全的方法仍是系统地使用设计加固方法。此外必须指出的是，第一个可用的结果似乎表明，更好的辐射性能不是针对某个特定的代工厂，而是通用于所有 130nm 节点工艺。

## 7.3 针对单粒子效应的加固

7.2 节阐述了使用商业 CMOS 工艺的尺度缩小如何有助于提高 ASIC 的抗总剂量能力，但其对单粒子效应的易受性又有什么影响呢？

对于单粒子翻转（SEU）敏感性的预测已经被关注了多年，由于电源电压与节点电容减少，在现代工艺器件的灵敏度应显著增大[29]。进一步支持这个结论的是在 20 世纪 90 年代的研究结果也指出了存在增加器件翻转的灵敏度的新机制[30]。半导体行业开始大量收集数据用于严格监控存储器和 CPU 的 SEU 敏感性，特别地大规模应用系统由于中子引起的误差率日益受到关注[31]。这些工作表明 DRAM 的灵敏度随着等比例缩小，静态存储器的情况稍微没有那么清晰，每比特的灵敏度已经降低，但由于每个芯片存在较大的片上存储容积，芯片的灵敏度有所提高。这些研究的基本发现是不仅仅需要考虑节点电容和电源电压减小，电荷收集效率的敏感区等比例缩小也在器件 SEU 响应中起了重要作用。

最近十年另一个翻转机理终于开始在现场应用中观察到，组合逻辑的单粒子作用现在可以通过一长系列的门的传输并最终达到一个寄存器的输入，如果它们碰巧有害地与某些时钟转换同步的话，这些作用将被锁存[32]。这一现象，是由于新工艺速度的增加（门延迟时间小于入射电离粒子引入扰动时间），被称为"数字"单粒子瞬态效应（DSET）。因为错误的值只能在一个时钟转换过程被锁定，DSET 差错率与时钟频率呈线性关系。

对于所关注的单粒子锁定（SEL），很显然联合采用如 STI、反型阱区和降低电源电压等技术对降低一般情况下的灵敏度是非常有利的[33]。但这并不能保证闩锁现象不出现，因为 SEL 极度依赖于设计而且仍然可以发现非常敏感的元件。但显然对于 ASIC 设计，版图设计师能够受益于这些有利的工艺特性。

CMOS 工艺的等比例缩小对单粒子效应敏感性影响的简短回顾可以证明，这些效应仍然会导致辐射环境中的电路出现故障，并且必须采用设计加固技术防止这种情况发生。下面小节指出了一些可能的解决方案。

### 7.3.1 单粒子效应的加固

存储单元和寄存器中的锁存器单元通常是电路中最易受 SEU 影响的元件，因此一种设计加固的可能解决方案是通过修改单元版图或结构以降低其灵敏度。这种方法需要的单元设计可满足针对特定应用下免疫的判据，这对于不同的辐射环境和具有不同功能的单元是不同的。例如在典型的高能物理实验这些只存在带电和中性强子环境（质子、介子、中子）以及卫星应用或深空飞行任务环境这些存在重离子环境之间对加固电路要求存在很大不同。加固存储器单元驱动设计和触发器或锁存器也不同。

**1. 不同的单粒子翻转加固单元**

　　存储器或锁存器单元的简单概念性的加固方法是增加它翻转所需要的电荷（这通常被称为"临界电荷"）。这可以通过添加一些敏感节点的电容量来实现，这个方法在强子辐射的环境中是非常有效的。这种技术应用可以在高能物理实验和地面高可靠性应用中被发现。在前者的情况下，较大的电容通过增加一些晶体管的尺寸来实现，这么做也可以兼带增加其电流驱动，或通过在单元的上部加入金属层 – 金属层电容器[34]。通过这个方法可以以原来的 1/10 减少其错误率，而且不直接损失芯片面积，但付出的代价是更大的功耗和在单元上方损失两层金属用于布线。这个概念的应用将地面和航空电子应用 SRAM 的 SEU 灵敏度减少了 2 个数量级，在这个案例中，附加电容集成了 SRAM 上面的一个类似 DRAM 的电容[35]。

　　另一种方法依靠改进的单元结构使其不那么敏感或者在某些情况下完全不敏感于入射离子沉积的能量。由于这是有些热门的一个研究课题，因此相对大量不同的改进单元被提出，但实际上极少数被使用。问题在于这些单元通常是在电路级产生了严格规定时才具有加固的效果，如产生 2 个具有精确时钟偏差的时钟而且要在整个电路可靠地工作是极其富有挑战性的。

　　在旧的工艺中第一个提出并广泛使用的加固 SRAM 的方法可能是增加了两个大的电阻到单元回路中[36]。单元由两个交叉耦合的反相器所构成，电阻器插入每个反相器的输出和另外一个输入之间，其作用是延迟整个回路信号的输出。入射的粒子在任何敏感节点沉积的电荷可以由击中的反相器导通的晶体管被消耗而不是在回路感应出电压毛刺最后加强成为（数字电路）状态的改变。此方法在过去被有效地使用，但其引入会导致速度的下降从而与先进的 SRAM 电路的性能提高不相容。

　　过去使用过的另一个 SRAM 单元设计是 Whitaker 单元[37]。该单元使用以下知识，$N^+$ 扩散区只在存储值是逻辑 1 时在粒子轰击下导致状态变化，而对于 $P^+$ 扩散是相反的。因此对存储的节点进行了一个巧妙的复制，产生了一个 4 存储节点（SRAM）单元，其中 2 个节点只有 $N^+$ 扩散区，另外 2 个节点只有 $P^+$ 扩散区，同一类型的两个扩散区存储不同信息。以这种方式，确保总有 2 个节点是不容易受到翻转的，精心连接存储器回路的晶体管，以确保在任何条件下脆弱节点的瞬态无法传播。

　　其他专用结构还有 HIT（重离子容错）[38] 和 DICE（双互锁单元）[39]，这两者已被实际应用使用。这些单元也采用复制存储信息节点的概念，特别是 DICE 以其紧凑、简单且与先进的高性能 CMOS 工艺的电路设计技术兼容，而使其变得有吸引力并被广泛使用。一个 DICE 单元锁存器的示意图如图 7-6 所示，构成的存储器回路的四个反相器的输入是一分为二的，反相器的两个晶体管连接到不同的节点上。各反相器的输出连接成一个环形的回路，每个反相器的输出控制当前回路中的一个晶体管和后级反相器回路中的一个不同极性晶体管的栅极。粒子引起的毛刺在反相器的输出将朝两个方向传输，但无论是影响前级还是后级的反相器不会改变它们的输出而且电路内部的初始条件将很快重新建立，错误不会在单元中被锁存。如果需要对单元写或改变其状态，实际需要在同一时间在两个节点同时写，即无论是在回路中奇数或偶数的反相器（图7-6中节点 B 和 D）。DICE结构通常用于 DFF（D 触发器）和寄存器单元，但在单元的版图中使用必须注意：两个偶数和奇数反相器的敏感节点必须被充分地间隔开，以避免单个入射粒子在两者同时引发毛刺，因为这相当于正常的写过程，产生的错误并会被锁存。这个特性使得 DICE 单元在 130nm 或者以下 CMOS 工艺中应用受到限制，因为其晶体管密度是这样的大，单元中所有敏感节点都在单个电离粒子的影响范围之内，除非该单元是"拉伸"到尺寸与高密度设计不兼容。在某 90nm 工艺 DICE单元进行的研究显示相对于标准单元只有 10 倍的错误率的改善。该单元的另一个不便之处是，虽然在粒子击中的节点上不会锁存错误数据，单元的输出在击中的瞬间会暂时发生错误直到所有节点的恢复。上述单元暂时的错误输出在某些条件下会传播到下一个单元，最终在电路其他位置被锁存。

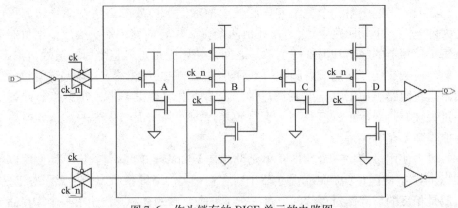

图 7-6　作为锁存的 DICE 单元的电路图

DICE 单元的改良版本也已经提出，在保护存储单元的数据方面被证明是很有效地[40]。此单元在写周期时会进入一个 SEU 敏感期，如果经常改变所存储数据不建议使用该单元。

最近提出了一种不同的针对 SEU 和 DSET 的防护方法，该方法是基于时间采样的概念[41]。这种方法使用冗余的概念，并使用基本加固单元来实现，如图7-7所示。DFF 存储数据的基本单元内被三重复制，3 个触发器的输出由表决电路进行比较。以这种方式，如果触发器中有一个的内容出现错误，该单元的输出

仍然正确，因为选举电路将
只输出占多数触发器的输
出。时间采样想法可以用于
保护单元免于 DSAT 效应，
如果该单元的输入来自组合
逻辑门的序列，发生在某个
门的瞬态可以沿着逻辑链传
输到单元的输入。标准 DFF
的输入逻辑值在时钟转换的
时刻会被锁存，如果这种时

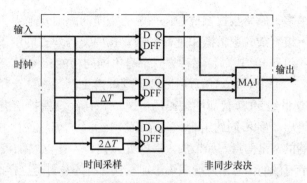

图 7-7　由单元实现的时间冗余概率的结构

钟的变换和传输到瞬态效应碰巧同时发生，错误的数据将被锁存。为了防止这种
情况发生，加固单元中的三个 DFF 在三个不同时间采样输入状态，这是通过延
迟某个触发器的输入 $T$ 时间和另外一个触发器的输入 $2T$ 时间来实现的。为了避
免瞬时效应被锁存，需要保证 $T$ 远大于瞬态持续时间。

**2. SEU 冗余加固**

保护电路免受 SEU 的另一个方法是对存储的信息增加冗余，这可以用两种
方式，要么由存储信息单元三重复制（三模冗余，TMR）要么采用错误检测和
校正（EDAC）技术进行数据的编码来实现。

如前面最后关于单元的子节已经提出的，
存储单元的三重复制是保护其内容的一个有效
方法，虽然非常消耗面积和功率。单个表决电
路可以比较三重单元的输出，但在这种情况
下，表决电路本身的错误仍然会影响最终的输
出。另一种更安全的方法是将表决电路也一式
三份如图 7-8 所示复制。在此情况下，可以保
护最终的输出不受锁存器和表决电路的错误的
影响。虽然一个紧凑的表决电路设计已经提出
（G. Cervelli，CERN），但这种做法非常消耗面

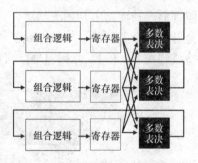

图 7-8　SEU 冗余加固：TMR 使用到
所有的信息路径和表决电路中

积，因为它需要在基本逻辑单元的三重复制的基础上集成表决电路。尽管如此，
三重复制方法仍然广泛使用，例如在高能物理应用中常常是可以接受的支付的面
积的开销。

不同于 TMR 技术需要每个信息位三重复制，EDAC 技术需要的信息冗余更
小[42]。EDAC 非常广泛用于数据传输以及半导体存储器中，还有那些需要数据
可靠地存储的地方（例如，CD 和 DVD 广泛使用这个技术）。被存储信息是通过
一个复杂的逻辑块进行编码，并且在此过程中加入了一些冗余信息，加入的位数

越多，原始数据抵抗任何来源的错误的能力就越强。在存储的信息读操作时，另一组复杂的逻辑操作进行解码。几种编码方式可用于 EDAC，如汉明、里德 – 所罗门和 BCH[43]，每种方式都有不同的检测和校正能力，以及不同的复杂度。

为了对 EDAC 背后的理念理解得更深一些，让我们看看最初提出的较简单的 20 世纪 50 年代海明编码的情况，并且假设保护信息是 8 位字节。8 位的字可编码出 $2^8$ 种不同的组合，每个组合在编码中都是有效的字节，这样说明每个位存储的都是信息。如果加入一些冗余比特，能够增加可能的不同组合，但仍然 $2^8$ 字节有效的信息。海明编码添加冗余比特的数目是这样的，每一个有效字节至少增加三个不同的位。以这种方式，编码中一个位的错误不仅仅会被检测出来，而且在解码过程还可以进行校正，因为从读过程得到的码中出现一位错误的正确代码只有一个。出现两个位的错误情况下，它仍然能够检测错误的存在，但它不可能猜出读过来的码中两个位最初存储的有效值。上面描述了海明编码允许单个错误的检测和校正以及两个错误的检测，其他功能更强大和复杂的编码允许多个错误的纠错。

## 7.3.2 针对单粒子锁定（SEL）的加固

除了反向阱和浅沟槽隔离等典型的现代 CMOS 工艺的有利影响，ASIC 设计人员还可以使用一些设计手法有效降低电路的 SEL 灵敏度。参考图 7-9 中可以对导致 SEL 效应的寄生晶闸管结构有更好的理解。当电流在由两个寄生双极晶体管形成的环路中开始流动后，由于寄生电阻的存在，晶体管基区和发射区之间会形成一个电压差，结果导致晶体管会在回路中注入更多的电流，这种情况一直持续到在 $V_{DD}$ 和 $V_{SS}$ 之间出现巨大电流为止。防止这种情况最直接的方法是降低

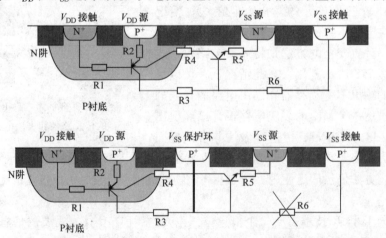

图 7-9　导致 SEL 的寄生晶闸管（上图）由两个寄生晶体管和几个电阻构成。在 NMOS 器件周围引入 $P^+$ 保护环（下图）可以消除总剂量效应导致的漏电，还可以将横向 NPN 晶体管的基极接 $V_{SS}$ 从而有效降低其增益，最终大幅降低结构的 SEL 的敏感度

电阻和双极晶体管的增益。这可通过系统地增加两个寄生互补型晶体管之间的距离或者通过在电路中大量使用的 $V_{DD}$ 和 $V_{SS}$ 接触来实现。后者可通过在 NMOS 晶体管环绕 P$^+$ 保护环来有效地实现，这保护环都与 $V_{SS}$ 接触。因此，在7.2节讨论的保护从 TID 诱生漏电流的相同的版图技术也非常有效地减小了 ASIC 的 SEL 灵敏度[44]。这个方法的实际例子是，一些 0.25μm 工艺开发用于 CERN 的 LHC 的 ASIC 已经过不同源的 SEE 测试：重离子高达 120MeV·cm$^2$/mg，质子等效 LET 高达24GeV/ c，介子高达 300MeV。这些电路没有显示任何 SEL 的迹象，尽管它们的功能和设计风格都不同（它们由不同的小组设计）。

## 7.4　结论

随着 CMOS 工艺按比例缩小，栅极氧化层厚度向更小的特征尺寸减小，使其总剂量效应敏感性越来越少。可以利用晶体管的这种固有特性的优势，使用 ASIC 设计加固方法消除剩下的总剂量效应导致失效的源，实现的 ASIC 能够在数 Mrd 的辐射环境下工作而没有任何明显的性能下降。这种方法只与机理已经清楚验证过的二氧化硅的物理特性相关，与具体的工艺细节无关，因此可以安全地在所有商用 CMOS 工艺中使用。这种特性也解释了为什么设计加固越来越流行，因为它允许使用商业级工艺来制造 ASIC 以降低相当大的成本，并同时增加性能。

## 参 考 文 献

[1] N.S. Saks, M.G.Ancona and J.A.Modolo, "Radiation effects in MOS capacitors with very thin oxides at 80°K", IEEE Trans. Nucl. Science, Vol.31, pp.1249-1255, December 1984.

[2] N.S. Saks, M.G.Ancona and J.A.Modolo, "Generation of interface states by ionizing radiation in very thin MOS oxides", IEEE Trans. Nucl. Science, Vol. 33, pp. 1185-1190, December 1986.

[3] G.E. Moore, "Cramming More Components onto Integrated Circuits", Electronics, vol. 38, no. 8, 1965.

[4] G. Anelli et al., "Total Dose behavior of submicron and deep submicron CMOS technologies", in the proceedings of the Third Workshop on Electronics for the LHC Experiments, London, September 22-29, 1997, pp. 139-143 (CERN/LHCC/97-60, 21 October 1997).

[5] W. Snoeys et al., "Layout techniques to enhance the radiation tolerance of standard CMOS technologies demonstrated on a pixel detector readout chip", Nuclear Instruments and Methods in Physics Research A 439 (2000) 349-360.

[6] F. Faccio, "Radiation issues in the new generation of high energy physics experiments", International Journal of High Speed Electronics and Systems, Vol. 14, No. 2 (2004), 379-399.

[7] M.R. Shaneyfelt et al., "Challenges in Hardening Technologies Using Shallow-Trench Isolation", IEEE Trans. Nucl. Science, Vol. 45, No. 6, pp. 2584-2592, December 1998.

[8] T.R. Oldham et al., "Post-Irradiation effects in field-oxide isolation structures", IEEE Trans. Nucl. Science, Vol. 34, No. 6, pp. 1184-1189, December 1987.

[9] D.R. Alexander, "Design issues for radiation tolerant microcircuits for space", Short Course of the Nuclear and Space Radiation Effects Conference (NSREC), July 1996.

[10] R.N. Nowlin, S.R. McEndree, A.L. Wilson, D.R. Alexander, "A New Total-Dose Effect in Enclosed-Geometry Transistors", presented at the 42nd NSREC conference in Seattle, July 2005, to be published in the IEEE TNS, Vol. 52, No. 6, December 2005.

[11] W. Snoeys et al., "Layout techniques to enhance the radiation tolerance of standard CMOS technologies demonstrated on a pixel detector readout chip", Nuclear Instruments and Methods in Physics Research A 439 (2000) 349-360.

[12] F. Faccio et al., "Total Dose and Single Event Effects (SEE) in a 0.25μm CMOS Technology", in the proceedings of the Fourth Workshop on Electronics for LHC Experiments, Rome, September 21-25, 1998, pp. 105-113 (CERN/LHCC/98-36, 30 October 1998).

[13] N. Nowlin, K. Bailey, T. Turfler, D. Alexander, "A total-dose hardening-by-design approach for high-speed mixed-signal CMOS integrated circuits", International Journal of High Speed Electronics and Systems, Vol. 14, No. 2 (2004), 367-378.

[14] G. Anelli et al., "Radiation Tolerant VLSI Circuits in Standard Deep Submicron CMOS Technologies for the LHC Experiments: Practical Design Aspects", IEEE Trans. Nucl. Science, Vol. 46, No. 6, pp.1690-1696, December 1999.

[15] A. Giraldo, A. Paccagnella and A. Minzoni, "Aspect ratio calculation in n-channel MOSFETs with a gate-enclosed layout", Solid-State Electronics, Vol.44, 1st June 2000, pp. 981-989.

[16] A.Giraldo, "Evaluation of Deep Submicron Technologies with Radiation Tolerant Layout for Electronics in LHC Environments", PhD. Thesis at the University of Padova, Italy, December 1998 (http://wwwcdf.pd.infn.it/cdf/sirad/giraldo/tesigiraldo.html).

[17] G. Anelli, "Conception et caractérisation de circuits intégrés résistants aux radiations pour les détecteurs de particules du LHC en technologies CMOS submicroniques profondes", Ph.D. Thesis at the Politechnic School of Grenoble (INPG), France, December 2000, availeble on the web at the URL: http://rd49.web.cern.ch/RD49/RD49Docs/anelli/these.html.

[18] S. Redant et al., "The design against radiation effects (DARE) library", presented at the RADECS2004 Workshop, Madrid, Spain, 22-24 September 2004.

[19] K. Kloukinas, F. Faccio, A. Marchioro and P. Moreira, "Development of a radiation tolerant 2.0V standard cell library using a commercial deep submicron CMOS technology for the LHC experiments", in the proceedings of the Fourth Workshop on Electronics for LHC Experiments, Rome, September 21-25, 1998, pp. 574-580 (CERN/LHCC/98-36, 30 October 1998).

[20] D.Mavis, "Microcircuits design approaches for radiation environments", presented at the 1st European Workshop on Radiation Hardened Electronics, Villard de Lans, France, 30th March – 1st April 2004.

[21] M. Campbell et al., "A Pixel Readout Chip for 10-30 Mrad in Standard 0.25μm CMOS", IEEE Trans. Nucl. Science, Vol.46, No.3, pp. 156-160, June 1999.

[22] P. Moreira et al., "G-Link and Gigabit Ethernet Compliant Serializer for LHC Data Transmission", 2000 IEEE Nuclear Science Symposium Conference Record, pp.96-99. Lyon, October 15-20, 2000.

[23] F. Faccio, P. Moreira and A. Marchioro, "An 80Mbit/s radiation tolerant Optical Receiver for the CMS optical digital link", in the proceedings of SPIE 4134, San Diego, July 2000.

[24] G. Anelli et al., "A Large Dynamic Range Radiation-Tolerant Analog Memory in a Quarter-Micron CMOS Technology", IEEE Transactions on Nuclear Science, vol. 48, no. 3, pp. 435-439, June 2001.

[25] Rivetti et al., "A Low-Power 10-bit ADC in a 0.25-mm CMOS: Design Considerations and Test Results", IEEE Transactions on Nuclear Science, vol. 48, no. 4, pp. 1225-1228, August 2001.

[26] W. Snoeys et al., "Integrated Circuits for Particle Physics Experiments", IEEE Journal of Solid-State Circuits, Vol. 35, No. 12, pp. 2018-2030, December 2000.

[27] D.C. Mayer et al., "Reliability Enhancement in High-Performance MOSFETs by Annular Transistor Design", IEEE Trans. Nucl. Science, Vol. 51, No. 6, pp. 3615-3620, December 2004.

[28] F. Faccio, G. Cervelli, "Radiation-induced edge effects in deep submicron CMOS transistors", presented at the 42nd NSREC conference in Seattle, July 2005, to be published in the IEEE TNS, Vol. 52, No. 6, December 2005.

[29] P.E. Dodd et al., "Impact of Technolgy Trends on SEU in CMOS SRAMs", IEEE Trans. Nucl. Science, Vol. 43, No. 6, p. 2797, December 1996.

[30] C. Detcheverry et al., "SEU Critical Charge And Sensitive Area In A Submicron CMOS Technology", IEEE Trans. Nucl. Science, Vol. 44, No. 6, pp. 2266-2273, December 1997.

[31] R. Baumann, "Single-Event Effects in Advanced CMOS Technology", Short Course of the Nuclear and Space Radiation Effects Conference (NSREC), July 2005.

[32] P.E. Dodd, M.R. Shaneyfelt, J.A. Felix, J.R. Schwank, "Production and Propagation of Single-Event Transients in High-Speed Digital Logic ICs", IEEE Trans. Nucl. Science, Vol. 51, No. 6, pp. 3278-3284, December 2004.

[33] A.H. Johnston, "The Influence of VLSI Technology Evolution on Radiation-Induced Latchup in Space Systems", IEEE Trans. Nucl. Science, Vol.43, No.2, p.505, April 1996.

[34] F. Faccio et al., "SEU effects in registers and in a Dual-Ported Static RAM designed in a 0.25μm CMOS technology for applications in the LHC", in the proceedings of the Fifth Workshop on Electronics for LHC Experiments, Snowmass, September 20-24, 1999, pp. 571-575 (CERN 99-09, CERN/LHCC/99-33, 29 October 1999).

[35] P. Roche, F. Jacquet, C. Caillat, J.P. Schoellkopf, "An Alpha Immune and Ultra Low Neutron SER High Density SRAM", proceedings of *IRPS 2004*, pp. 671-672, April 2004.

[36] J. Canaris, S. Whitaker, "Circuit techniques for the radiation environment of Space", IEEE 1995 Custom Integrated Circuits Conference, p. 77.

[37] M.N. Liu, S. Whitaker, "Low power SEU immune CMOS memory circuits", IEEE Trans. Nucl. Science, Vol. 39, No. 6, pp. 1679-1684, December 1992.

[38] R. Velazco et al., "2 CMOS Memory Cells Suitable for the Design of SEU-Tolerant VLSI Circuits", IEEE Trans. Nucl. Science, Vol. 41, No. 6, p. 2229, December 1994.

[39] T. Calin, M. Nicolaidis, R. Velazco, "Upset Hardened Memory Design for Submicron CMOS Technology", IEEE Trans. Nucl. Science, Vol. 43, No. 6, p. 2874, December 1996.

[40] F. Faccio et al., "Single Event Effects in Static and Dynamic Registers in a 0.25μm CMOS Technology", IEEE Trans. Nucl. Science, Vol.46, No.6, pp.1434-1439, December 1999.

[41] P. Eaton, D. Mavis et al., "Single Event Transient Pulsewidth Measurements Using a Variable Temporal Latch Technique", IEEE Trans. Nucl. Science, Vol. 51, no. 6, p.3365, December 2004.

[42] S. Niranjan, J.F. Frenzel, "A comparison of Fault-Tolerant State Machine Architectures for Space-Borne Electronics", IEEE Trans. On Reliability, Vol. 45, No. 1, p. 109, March 1996.

[43] S. Lin, D.J. Costello Jr., "Error Control Coding", Second edition, Pearson Prentice Hall, 2004, ISBN 0-13-017973-6.

[44] T. Aoki, "Dynamics of heavy-ion-induced latchup in CMOS structures", IEEE Trans. El. Devices, Vol. 35, No. 11, p. 1885, November 1988.

# 第8章 可编程电路的错误容差

Fernanda Lima Kastensmidt, Ricardo Reis

南里奥格兰德联邦大学，阿雷格里港，巴西

fglima@ inf. ufrgs. br, reis@ inf. ufrgs. br

**摘要**：这一章专门介绍辐射对可编程电路的影响。主要描述 CMOS 工艺制造的集成电路上的辐射效应，并详细说明 SEU 的影响在 ASIC 中和在基于 SRAM 型 FPGA 架构中之间的差异。在 FPGA 架构级应用的一些减轻 SEU 效应的技术也有所讨论。基于 SRAM 型 FPGA 抗辐射保护的高层描述的问题也被定义。

## 8.1 简介

在空间应用中第一次经历了翻转的几年后开始，人们对半导体器件容错技术研究的兴趣不断增加，特别是太空飞行任务、卫星、高能量物理实验等这些集成电路（IC）工作在恶劣的环境下的应用[1]。航天器系统包括大量的各种具有潜在辐射敏感的模拟和数字部件，必须加以保护使其胜任太空工作。

空间应用的设计者目前使用辐射加固器件以应付辐射效应。然而，目前的趋势是使用标准商业现成的货架产品（COTS）和军用器件到航天系统中，相比使用辐射加固器件这样可以减少成本和开发时间，但这样需要在标准电路中使用容错技术以确保可靠性。

此外，由于半导体器件的制造工艺不断进步，晶体管几何尺寸缩小，电源、速度和逻辑密度的条件变化[2]，容错也开始使用到地面工作的器件中。如文献所述[3,4]，器件尺寸的剧烈缩小、功耗减少和运行速度增加显著降低了深亚微米器件（VDSM）的噪声容限，各种内部噪声源会影响其可靠性。这个过程已经到了不可能生产出没有这些效应 IC 的地步。因此，容错已不只是空间设计师要考虑的问题，也是下一代产品的设计师们需要考虑的问题，它必须应对因先进的工艺导致的地面工作出现的错误。

可编程电路可以分成两类：一种是由用户编程；另外一种是在代工厂通过金属布线编程。这一章讨论的是前一类。

现场可编程门阵列（FPGA）是非常流行的设计解决方案，因为高度的灵活性和可重构的特性，它减少了上市时间。因为在高密度、高性能、低 NRE（一次性工程）成本和快速周转时间方面的优势，其也是空间应用吸引力的候选器件。基于 SRAM 型 FPGA 可以为远距离任务提供一个额外的好处。例如其允许通过重编程实现在轨设计的改变，通过纠正错误或发射后提高系统性能以实现减少任务成本的目的。

基于 SRAM 型 FPGA 来实现容错电路有两个方式。第一种方法是设计一个容错单元组成新的 FPGA 矩阵，这些新的单元可以在同一拓扑架构下代替旧的单元，或者是开发新的架构以提高稳健性。这两种方法的成本都很高，并且根据执行任务和所用的代工厂工艺的不同，需要开发时间和工程师的数目也不同。另一种方法是以 FPGA 架构为目标通过使用某种冗余以保护高层次描述。以这种方式，有可能使用商用 FPGA 器件实现设计，减轻 SEU 效应的方法在 FPGA 综合之前应用到了设计代码中。这种方法的成本低于前一个，因为在这种情况下，用户负责保护自己的设计，它不需要新的芯片的开发和制造。以这种方式，用户具有选择容错技术和由此带来的面积、性能和功耗的灵活性。

因为每个应用有不同的约束，所有这些技术在市场上都有自己的空间。但由于半导体行业具有强调上市时间和低成本生产的发展趋势，高层次设计的实现方法更加吸引人。在本章中，提出了架构和高层次方法并进行了讨论，但由于基于架构的实施方法的成本高，所以只对基于高层次的方法进行了详细的设计和测试。

图 8-1 显示了用于可编程逻辑的减轻 SEU 和 SET 效应技术的设计流程。

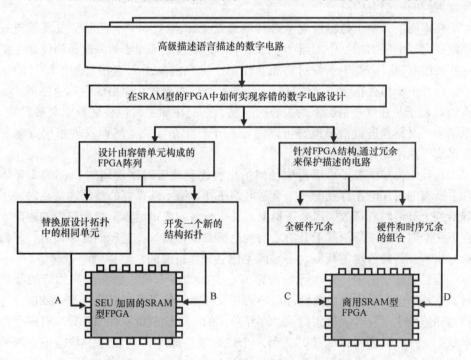

图 8-1　可编程逻辑的减轻 SEU 和 SET 效应技术的设计流程

本章的组织结构如下：8.2 节描述了采用 CMOS 工艺的集成电路上的辐射效应，它详细解释了 ASIC 和基于 SRAM 型 FPGA 架构的 SEU 效应之间的差异；8.3 节讨论了一些可以在 FPGA 架构级应用减轻 SEU 效应的技术；8.4 节定义了一些基于 SRAM 型 FPGA 的抗辐射防护的高层描述的问题；8.5 节讨论了结论和未来的工作，最后是参考文献。

## 8.2　基于 SRAM 型 FPGA 的辐射效应

辐射环境由太阳活动产生的各种粒子构成[5]。粒子可以被分类为两种主要类型：①带电粒子，例如电子、质子和重离子；②电磁辐射（光子），它可以是 X 射线、伽马射线或紫外光。导致辐射效应的带电粒子最主要的成分来源有俘获在范艾伦辐射带的质子和电子、被困在磁层中的重离子、银河宇宙射线和太阳耀斑。带电粒子与硅原子相互作用会引起硅原子中的电子的激发和电离。

当单个重离子轰击硅时，它通过在局部区域产生一条致密的电离的自由电子 - 空穴对的轨迹而失去其能量。通过该材料的质子和中子也能引起核反应，反冲碎片也会产生电离。电离产生瞬态电流脉冲，这个脉冲在电路中可以被解释为可能导致翻倒的一个电信号。

在地面上，中子是器件发生翻转的最常见原因[6]。中子是由宇宙离子与氧和氮在大气上层的相互作用而产生的。中子通量强烈依赖于如高度、纬度和经度这些关键参数。高能中子与材料相互作用产生自由电子 - 空穴对和低能量的中子。这些中子与存在于半导体材料中的某种类型的硼相互作用产生其他粒子。高能的 α 粒子是在这种情况下最关心的问题，它们在加工和包装材料中会被发现。原则上，对材料进行精心挑选可以使 α 粒子产生最小化。然而这种解决方案非常昂贵，也不能完全消除该问题[7]。

在硅中，单个粒子可以击中任何的组合逻辑或者时序逻辑[8]。图 8-2 显示几乎所有的时序电路存在的一个典型电路拓扑。第一锁存器的数据通常在时钟下降沿或上升沿时刻释放到组合逻辑上，并执行时间逻辑运算。组合逻辑的输出要在下一个时钟的下降沿或上升沿之前到达第二锁存器。在这样的时钟边沿，任何恰好出现在其输入端的数据（必须满足建立和保持时间）将被锁存器存储。

当带电粒子击中存储单元的敏感节点，例如一个截止状态的晶体管的漏极时，它将产生一个瞬态电流脉冲而导致相反晶体管的栅极的开启。这个效应会导致存储值发生了反转，换句话说，存储单元的一个位翻转。存储单元具有两个稳定状态，一个代表了存储 "0"，另一个代表了存储 "1"。在每个状态中，两个晶体管开启和两个晶体管关断（这是 SEU 的目标漏极）。当高能粒子引起的电路中晶体管反转时会产生一个存储单元的位翻转，这种效应被称为单粒子翻转

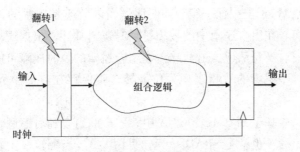

图 8-2　发生翻转的组合和时序逻辑

（SEU）或软错误，这是数字电路主要关注的一个问题。

当带电粒子击中组合逻辑块时，它也产生一个瞬态电流脉冲。这种现象被称为单瞬态效应（SET)[9]。如果该逻辑速度快到可以足够传播诱发瞬态脉冲，则 SET 最终将出现在锁存器，在那里它可能被解释为有效信号的输入。SET 是否被当成实际数据被存储取决于其到达时间和时钟的上升沿或下降沿之间的关系。在本章参考文献［10］中，对 SET 成为 SEU 的概率进行了讨论。大型电路的 SET 由于电路中存在多条路径组成而非常复杂。如时序分析技术可以在设计过程中分析在组合逻辑（瞬态）被存储单元存储的 SEU 概率或导致的错误[11]。用于控制逻辑功能的全局信号线内产生的附加无效的瞬态可以在组合逻辑输出为 SET。这方面的例子有在指令行产生的 SET 输出到 ALU（算术逻辑单元）中。

在 FPGA 中，击中到可编程架构的组合和时序逻辑映射而导致的翻转有一个奇特的效应。让我们以一个基于 SRAM 型 FPGA 为例来说明，比如目前市场上非常流行的可编程器件——赛灵思的 Virtex ® 系列。

Virtex ® 器件[12]包括一个灵活架构和一个常规架构，由整齐排列的配置逻辑块（CLB）和环绕四周的可编程输入/输出模块（IOB）而构成，这些资源由采用分层结构的高速和多功能的连线资源进行互连。CLB 为构建的逻辑提供功能元素，而 IOB 在封装引脚和 CLB 之间提供界面。CLB 通过通用布线矩阵（GRM）进行互联，GRM 是位于水平和垂直布线通道交叉点的布线开关的阵列。Virtex 矩阵还专门设有每个 4096 位的内存块，称为 SelectRAMs，时钟的 DLL 用于时钟分布延迟的补偿和时钟域控制以及两个与 CLB 相关联的三态缓冲器（BUFTs）。

Virtex 器件通过加载配置位流（配置位的集合）到器件进行快速编程。该器件的功能可以通过加载新的位流在任何时候进行改变。该位流被分为帧，它包含所有阵列中所有的查找表（LUT）、触发器、配置的 CLB 单元和互连这些可编程存储元件，如图 8-3 所示。所有这些配置位是潜在的敏感 SEU 部位，因此是我们的调查对象。

在 ASIC 中，粒子击中任一组合或时序逻辑的效应是短暂的，唯一的变数是故障的持续时间。在组合逻辑中的故障是瞬时逻辑脉冲，根据逻辑延迟和拓扑的情况效应会消失。换句话说，这意味着在组合逻辑的瞬时故障可能会或不会被存储单元锁存。时序逻辑的故障表现为位翻转，将保存在存储单元中直到下一个载入。

另一方面，在基于 SRAM 型 FPGA 中，用户的组合和时序逻辑都是由定制逻辑存储单元实现的，也就是 SRAM 单元，见图 8-3。当翻转发生在 FPGA 中的综合组合逻辑中时，它实际上对应于 LUT 单元或在控制布线单元的一个位翻转。在 LUT 存储单元翻转意味着组合逻辑发生了改变，如图 8-4 所示。它具有永久的影响而且只能在配置位流的下一个载入时才会被修正。这种翻转的效果与 LUT 定义的组合逻辑的固定故障（1 或 0）相关。这意味着，除非使用一些检测技术，在 FPGA 的组合逻辑发生的翻转将被存储单元锁存。布线的翻转可以连接或断开阵列中线的连接，如图 8-5 所示。它也具有永久的影响，其效果可以映射到 FPGA 实现的组合逻辑的一个开路或短路回路。故障也将在配置位流的下一次加载被修正。

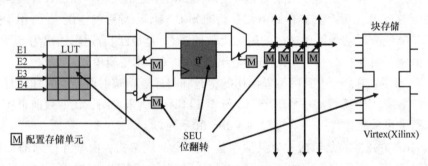

图 8-3　在 CLB 模块示意图中 SEU 敏感部位

当翻转发生在 FPGA 中用户合成的时序逻辑中时，它有一个短暂的效果，因为触发器的下一次加载会纠正 CLB 中触发器的翻转。在嵌入式存储器（BRAM）中的翻转具有永久的影响，并且必须通过在结构或高级别描述中施加容错技术来纠正，作为位流的加载如果不中断器件正常操作是不能改变存储器的状态。在本章参考文献［13，14］中讨论了在 FPGA 架构翻转的效应。需要注意的是用于构建 CLB 的组合逻辑也有单粒子瞬态（SET）效应的可能性，如用来控制布线的输入和输出多路复用器。

在赛灵思 FPGA 进行辐射试验显示 SEU 在设计的应用中的影响[15,16]，并证明了在空间应用中使用容错技术的必要性。基于 SRAM 型 FPGA 的容错系统设计必须能够对应本节提到的特殊性，如 SEU 在组合逻辑瞬态和永久性的影响，设

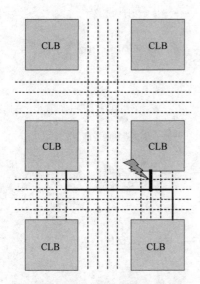

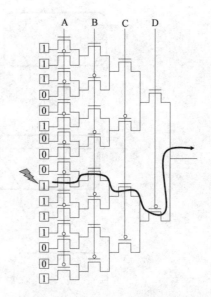

图 8-4  基于 SRAM 型 FPGA 架构
布线中发生翻转的例子

图 8-5  基于 SRAM 型 FPGA 架构
的 LUT 中翻转的例子

计互联的短路和开路,触发器和存储器单元位翻转。在本章参考文献 [17] 中,对赛灵思基于 SRAM 型 FPGA 的中子作用进行了分析。当时,FPGA 呈现非常低的中子易感性,但因为工艺不断使用更小的晶体管尺寸和更高逻辑密度而导致器件脆弱性正在增加。

## 8.2.1  故障注入机理

故障注入技术已被用于评价开关阵列的配置存储器中的 SEU 效应。基于这个技术的结果,在开关矩阵布线的缺陷可以被分类为短路或者开路缺陷。开路缺陷可以被看作单个导线断开而被一个未知大小的恒定电压驱动。在图 8-6 中,单个导线被断开,从而导致连接该导线的网络接到地电平上。发生短路缺陷,两个先前未连接的导线现在由于 SEU 而连接起来,如图 8-7 所示。短路缺陷可以表征为一个“线与”与一个“线或”模型。短路缺陷的两种特殊情况是固定型 - 0 和固定型 - 1 缺陷,分别是导线与地或电源短路。事实上,一个开路缺陷相当于一个固定型 - 0 或一个固定型 - 1 缺陷,这取决于网络是默认拉高或默认拉低。第三种类型的缺陷是创建一个被现有的网络驱动的新网络,其不连接到任何其他网络。这种缺陷不影响电路的逻辑,但会增加功率消耗。本文主要针对开路和短路缺陷,因为这些缺陷会改变电路的逻辑。

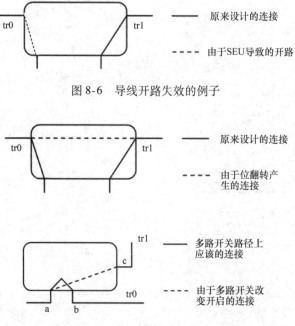

图 8-6　导线开路失效的例子

图 8-7　单个导线和单个导线或多根导线之间短路的例子

## 8.3　基于 SRAM 型 FPGA 架构减轻 SET 和 SEU 效应的技术

最先在航天器中使用并使用多年的减轻 SET 和 SEU 效应技术是屏蔽，其可以降低粒子通量到非常低的水平但并不能完全消除它。该解决方案在过去用于避免辐射效应导致的错误。然而如先前所解释的制造技术工艺的不断演变，电子电路变得对辐射粒子更敏感，以前可忽略不计的带电粒子现在能够导致设计的电子设备发生错误。因此必须采用额外的技术以避免辐射的影响。

为了避免在包括可编程逻辑在内的数字电路中出现的故障，在过去的几年中数个减轻 SEU 效应的技术被提出。它们可以被分类为：制造工艺为基础的技术，例如外延 CMOS 工艺和先进的工艺如硅上绝缘体（SOI）；设计为基础的技术，例如三模冗余（TMR）、时间冗余、多冗余与表决、EDAC（错误检测和校正编码）；提高存储单元的加固水平和仅应用在可编程逻辑上的恢复技术，例如重新配置、部分配置、重新布线设计。

但是对于基于 SRAM 型 FPGA 的情况，由于结构的高度复杂性，找到一种照顾到面积、性能和功率方面因素的仍然有效的技术是非常具有挑战性的。如前面提到翻转发生在 FPGA 中用户的组合逻辑，它引起的是不常见于 ASIC 的一种独特的效应。SEU 的特性表现为先是瞬态效应，随后是永久效应，而且翻转会影响到组合逻辑或布线。效应发生的顺序先是瞬态效应，随后是永久效应这种特性，使得不能使用 ASIC 中的标准容错解决方案，例如错误检测和纠错码（EDAC）、汉明码或用单个表决电路的标准 TMR，因为在编码器或解码器逻辑或表决电路出现的故障会使这些技术无效。保护基于 SRAM 型 FPGA 应对 SEU 的问题目前还没有解决，还需要更多的研究来减少目前使用方法的局限性。

在架构层面，前面的解决方案至少留下两个问题待解决：

1）如何应付 CLB 逻辑的 SET，以避免存储在触发器中信息的翻转。

2）如何应付在 LUT、布线特别是嵌入式存储器中的多位翻转。

在本节中，我们提出了基于 SRAM 型 FPGA 的减轻 SEU 效应技术的调查和发展，可应用到带或不带嵌入式处理器的 FPGA 中，以应对上面这两个依然没有解决的问题。之所以选中基于 SRAM 型 FPGA，是因为它们的空间应用的高适用性。不同于反熔丝这些一次编程的 FPGA，基于 SRAM 型 FPGA 可以由用户在很短的时间内根据需要多次重新编程。因此，应用可以在发射后进行更新和修正。此功能对于空间的应用非常有价值，因为它可以进行升级来降低成本，甚至挽救已经发射了但存在设计问题的任务。

首先，有必要分析可编程阵列的敏感区域的数量和它们的特性，以提出基于 SRAM 型 FPGA 的减轻 SEU 效应的技术。图 8-8 显示了 Virtex 系列配置单元的 CLB 块的集合，其中用户自定义逻辑的存储位有 864 个。分析整个 CLB 存储器元素集合中的每个类型的 SRAM 单元所占百分比，其中 LUT 占 7.4%，触发器占 0.46%，在 CLB 定制位占 6.36% 和普通布线占 82.9%。

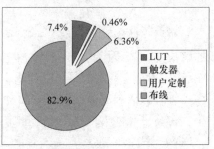

图 8-8 Virtex 系列 FPGA 的 CLB 中敏感 SRAM 位的比例

基于这些结果，在布线配置（CLB 和一般布线的定制位）中的翻转效应似乎是最主要的关注问题，共计每个 CLB 的敏感区域中的约 90%。这种类型的故障如前面所提到的，具有永久性的效应，它代表一个逻辑设计的最终连接发生开路或短路错误。因为最终的 FPGA 的成本和面积的因素，增加太多定制逻辑面积的解决方案不会具有非常大的吸引力。

除了在图 8-8 中呈现这些可编程单元，FPGA 器件其他存储器元件也可以受 SEU 影响，例如 SelectMAP（可选择微处理器访问端口）锁存器，JTAG（联合测试行动组——IEEE 标准 1149.1x），TAP（测试访问端口）的锁存器和其他锁存器等内置的非可编程功能。在这些锁存器的 SEU 效应主要是 SEFI（单粒子功能中断），如配置电路和 JTAG 电路翻转。在 POR（上电复位）中只有很少的触发器或锁存器，小于 40 个锁存器或触发器，这导致其截面非常小。但它们也不能被忽略，因为这些锁存器一旦翻转会强制芯片被重新编程。

保护 POR 的一些解决方案有：整个块的 TMR、由 SEU 加固存储单元更换原来的单元，或从一个外部引脚使用额外的逻辑在该器件编程之后关闭 POR。在接下来的段落中，将讨论一些保护 LUT、触发器、布线和定制单元、嵌入式 RAM 块的 SRAM 单元的容错技术。每种技术的优缺点在之前的 ASIC 工作成果的基础上进行了分析。

研究的第一个解决方案是部分或全部更换 FPGA 触发器为 SEU 加固的锁存器。过去几年设计了许多加固的存储单元。然而每种设计都有不同的特点，在一些应用中更加有效。它们具有不同的特性，例如晶体管的数量、方法、SEU 效应的阶数、翻转是否产生积累效应和组合逻辑 SET 免疫。例如标准锁存器具有一阶敏感性，换言之，电路中的一个节点被击中将发生翻转。有些单元需要多个节点被击中才会发生翻转，如 TMR 存储单元、DICE 存储单元[18]和简单时间存储单元[19]。例如 DICE 单元构建时间锁存器，具有二阶和三阶的敏感性[20]，这意味着多个存储单元被击中或者单个单元中多个节点被一个离子击中都不会发生翻转。

而加固存储器替代布线、一般用户定制和查照表中的 SRAM 单元是一个合适的解决方案，因为这是相对逻辑冗余和 EDAC 面积开销较小的技术。如 IBM[21]、美国航空航天局[22]、DICE[18]、HIT[23]和电阻存储单元[24]等解决方案在晶体管数目和故障覆盖率方面看上去有吸引力。最终面积将是原来的约 2 倍大小，在高可靠性方面这是一个非常好的结果。

以 LUT 为例，如果单元太靠近彼此，可以使用 TMR 存储单元的解决方案，其中每个单元是 DICE 存储器。在这种情况下，该解决方案对一阶、二阶和三阶翻转免疫。由于 LUT 单元只占 7.4% 的单元，面积方面的影响不会那么大。在本章参考文献［25］中，开发了存储单元增加去耦电阻的 SEU 免疫 FPGA。该设计结构是不对称的，这是为了在上电过程中为存储单元提供一个已知的状态。在文献里，还对单元的面积和速度进行了讨论。对于非关键路径的单元，如控制布线的单元，其对速度的要求不需要很高。在这种情况下，抗翻转的能力和面积是主要的考虑因素，结果表明这种单元显示了抗重离子轰击的高可靠性。

FPGA 中的嵌入式存储器必须进行保护以避免错误，如前面所讨论，EDAC 是一个在存储器结构中纠正翻转的合适技术。例如可以应用到嵌入式 FPGA 存储器的汉明码。然而，汉明码不能够应付在同一编码字中的多个翻转，这种情况在嵌入式存储器中是非常重要的。保护单元免受多位翻转（MBU）主要有两个原因：新的 SRAM 工艺（VDSM）易受 MBU 干扰，刷写过程不重新配置（更新）

的内部存储器，因此翻转在存储器中累积的概率更高。

于是，需要一个新的代码技术用于纠正所有可能的双错误。初始选择是使用 Reed – Solomon 码，其具有纠正两个不同符号的能力。但这种 RS 码比单个符号校正的 RS 码有超过两倍的面积和延迟的开销[26]，这使得该解决方案不适合于存储器架构硬件实现。以前发表的利用 RS 码来保护存储的工作[27]，并没有考虑到在超深亚微米技术中有可能发生的在相同的编码字内的双位翻转。

一个能纠正超深亚微米存储器中所有双位翻转的创新解决方案已经被开发出来[28]。该方法结合了汉明码与单个位纠错能力 RS 码。这种技术使用低成本的 RS 码解决了 100% 双重错误纠正。汉明码可用于保护 RS 符号之间的位。由汉明保护的位的数量将与由 Reed – Solomon 保护符号的数目相同，所以这个方法并不能显著增大面积开销。

三模冗余（TMR）是另一种减轻 SEU 效应的技术。有许多种 TMR 拓扑，每个方法都有不同面积损失和故障覆盖率。需要分析系统要求和架构，以正确地选择最合适的方法。

以 CLB 触发器为例，它们收到多路转换器的输出而从 CLB 的 LUT 中建立信号路径。如果一个单粒子瞬态（SET）发生在某个复用器，翻转不能存储到触发器中。因此，由加固触发器替换 CLB 触发器不是足够可靠的。在触发器中的输入部分必须插入某种故障检测和纠正以过滤 SET。组合逻辑不需要改变。一种可能的解决办法是在本章参考文献［20］中提出的方法，结合 TMR 和刷新方法的 DICE 存储单元构成的时差锁存器。最终的触发器对一阶、二阶和三阶的 SEU 和 SET 显示出高可靠性，并对 SEU 进行刷新，最终的面积损失也较小，因为对应触发器占总的敏感区面积小于 1%。图 8-9 为此加固触发器拓扑。

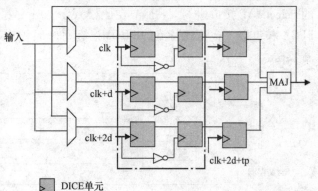

图 8-9　提出的带刷新 SEU 和 SET 加固触发器

## 8.4　采用 TMR 方法的 SRAM 型 FPGA 的高层次 SEU 减轻技术

上一节在结构层面讨论了基于 SRAM 型 FPGA 容错技术。虽然这些解决方案可实现高的可靠性，但还是提高了成本，因为其需要在开发、测试和制造过程进行投资。到目前为止，只有少数公司在投资 FPGA 设计容错方向，因为这个市场仍然仅集中在军事和航天应用，相比于商业市场是非常小的市场。但是由于工艺的演变，在大气中和在地面上的应用程序已经开始面临如 8.2 节提到的中子单粒子效应。这导致许多需要某种程度可靠性的商业应用也开始使用容错技术。

一种不太昂贵的解决方案是高层次的抗 SEU 技术，其可由用户或者 FPGA公司设计者很容易在商用的 FPGA 中实现，另外加入一些制造工艺避免闩锁和减轻的电离总剂量效应，如 Virtex ® QPRO 系列[29]。为了保护 Virtex ® 结构进行合成设计，时下高层次的减轻 SEU 效应技术主要采用了基于 TMR 和刷写技术相结合的方法[30]。

三模冗余（TMR）是一个众所周知的用于避免在集成电路中错误的容错技术。该方法使用三个相同的逻辑块同步执行相同的任务，每个逻辑块相应的输出通过表决电路比较并进行多数表决。TMR 特别适合于保护基于 SRAM 的现场可编程门阵列（FPGA）[31]，因为用户组合逻辑设计翻转错误这一个特殊的效应。

采用 TMR 的方案有三个相同的逻辑电路（冗余域 0、冗余域 1 和冗余域 2），综合在 FPGA 中，进行相同的任务，相应的输出通过表决电路比较并进行多数表决，如图 8-10 所示。需要注意的是使用 TMR 本身是不够的，为了避免 FPGA 的错误，还要求比特流强制性不断地重新加载，这就是所谓刷写过程。刷写[32]使系统能够修复 SEU 导致的配置存储器的错误而不破坏其操作。刷写通过 Virtex ® 的 SelectMAP 接口进行。FPGA 在此模式下，外部振荡器产生的配置时钟驱动 FPGA 和包含"金"比特流的 PROM。在每个时钟周期，PROM 数据引脚会提供新数据。

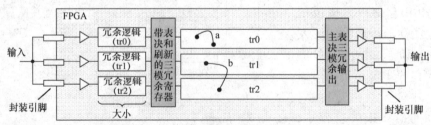

图 8-10　为 Xilinx FPGA 提供的三模冗余

## 8.4.1　提高 TMR 可靠性的解决方案

但是，TMR 和刷写在存在翻转的情况下是不能保证 100% 可靠性的，因为有很少发生在布线的 SEU 可能会影响 TMR 的多个域，在 TMR 表决电路引起错误。布线中的单粒子会在 TMR 产生 SEU 的可能性与布线密度和逻辑布局有关。在图 8-11 中，有两个布线翻转的例子。翻转"a"连接从同一冗余域的两个信号，在 TMR 中不会产生错误，因为最外层表决电路将去除翻转效应。然而，翻转"b"

可能引起 TMR 输出错误，因为它连接着影响 TMR 三分之二域的冗余逻辑块的两个信号。

## 8.4.2　基于布局布线的解决方案

TMR 各冗余部分的特别布局规划可以减少影响两个或多个逻辑模块的布线翻转的概率，但这样可能不够，因为在某些情况下布局太复杂。任何时间下都需要考虑表决电路，其连接着各个冗余部分，因此各个冗余部分之间（参见图 8-10）彼此远离并没有相互连接是不可能的。一个解决方案是可靠导向的布局布线算法（RORA），这是一个基于 SRAM 型 FPGA 的布局和布线算法，该算法使用特殊的技术以加强 SRAM 型 FPGA 上每个电路的配置存储器能抵抗 SEU 的能力[33]。布线复制也可以是一个提高 TMR 可靠性的解决方案。在本章参考文献［34］中，提出了一种在本地 CLB 内复制布线的方法，以避免布线的 SEU 引起的开路和短路问题。

## 8.4.3　基于表决电路调整的解决方案

表决电路调整的方法在本章参考文献［35］中第一次提出。这篇文献提出了一个逻辑分区，以便在电路中添加更多表决电路的阶段。如果冗余的逻辑部分 tr0、tr1 和 tr2（代表了图 8-11 中 TMR 表决电路的寄存器和刷新之后的部分）与表决电路被划分成较小的逻辑块，从不同的冗余部分之间的信号连接可以通过不同的表决电路进行表决。带表决电路的这种逻辑分区在图 8-3 中显示，现在翻转"b"不能引起 TMR 输出错误，这增加了 TMR 中存在布线的翻转的稳健性，而不需要关心平面布局。问题是要评估逻辑达到最佳稳健性的最佳尺寸。如果逻辑块划分非常小，表决电路的数目将急剧增加，造成 TMR 实施成本过高。我们的目的是找到面积开销、性能和稳健性方面最佳的方案。

本章参考文献［35］中的结果表明，在逻辑分区的吞吐逻辑（并因此之间的表决电路数目）和可能引发在 TMR 中错误的布线翻转的数量之间存在一个折中。和预期相反的是，更多的表决电路并不总是意味着更多的保护。在减少布线翻转效应的传播方面存在最优逻辑分区。对于电路的研究案例发现最佳的分区是中等大小的分区（TMR_p2）。这个设计版本的 TMR 相比标准版本（未保护）呈现更小的布线翻转敏感性（0.98%，超过正常的 TMR 四倍的改善）和小的性能下降（约10%）。

另一种解决方法是改变表决电路的逻辑，使用选择性三模冗余（STMR）的方法[36]。图 8-12 所示为修改过的多数表决电路。交叉检查和重新配置模块验证重复的功能模块（交叉检查模块）的行为，控制故障器件的执行诊断和程序的重新配置（重新配置模块）。

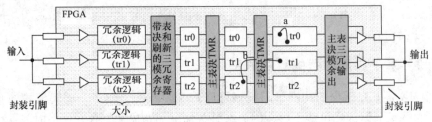

图 8-11 在 FPGA 中带逻辑分区三模冗余（TMR）方案

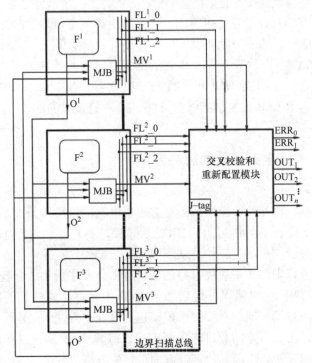

图 8-12 改良过的多数表决电路

## 8.4.4 减少开销 TMR 解决方案

TMR 技术是针对 FPGA 的一个合适的解决方案，因为它提供了一个完整的硬件冗余，包括用户的组合和时序逻辑、布线以及 I/O 引线。然而因为它的全硬件冗余，会带来如面积、I/O 引线的限制和功耗方面的劣势。许多应用可以接受 TMR 的局限性，但有些却不能。为了减少完整的硬件冗余实现（TMR）的引脚数量开销，并在同时应对翻转的永久效应，我们提出了一个基于时间和硬件冗余的新技术来保护用户的组合逻辑，其中使用双模块化冗余比较（DWC）并结合了时间冗余翻转检测机，能够检测翻转并甄别出正确的值从而保证运行延续性。时序逻辑继续由 TMR 保护，以避免如前所述的故障积累，由于刷写不会改变一个用户的存储单元的内容。然而使用复制的组合和时序逻辑作为数字滤波器的试验结果显示了高可靠性，它会在本文中被进一步讨论。

　　TMR 方案相比自检为基础的容错方案的可靠性和安全性的比较在本章参考文献［37］中进行了讨论。实验结果表示，复杂性越高的模块，TMR 和自检之间的可靠性差异越大。总之，如果自检开销 73% 的边界未超过，自检容错方案相比 TMR 可以实现较高的可靠性。使用自检容错方案可以在 FPGA 中通过使用带比较的复制方法（DWC）并结合并发错误检测方法（CED）来实现自检测。图 8-13 给出了该方案，称为热备份 DWC – CED。CED 能够检测哪个模块有翻转导致的故障，并从机制上保证了能够选择两个输出中正确的那个，因此该方案的输出值总是正确的。

　　在基于 SRAM 型 FPGA 的 SEU 检测情况中，CED 必须能够识别冗余模块中的永久性故障。CED 的工作原理是寻找分析的逻辑块的特性，并可以帮助确定永久性故障导致的输出错误。使用逻辑电路来检测永久性故障的方法很多，大多数解决方案是基于时间或硬件冗余并显示其分析的逻辑块的属性。

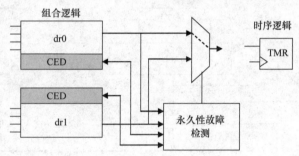

图 8-13　DWC 结合 CED 的方案

　　CED 的方案基于时间冗余以两种不同的方法重新计算输入操作数来检测永久性故障。在时刻 $t_0$ 进行第一次计算，直接使用组合逻辑块的操作数并将结果存储用于进一步的比较。在时刻 $t_0 + d$ 进行第二次计算，在使用前操作数被修改，通过这样的方式可以检查组合逻辑中的永久性故障，因为进行结果比较时第一次计算和第二次计算的结果是不同的。这些修改可以被视为编码和解码过程，它们依赖于逻辑块的特性。图 8-14 中显示了该方案。

　　图 8-15 显示了用于运算模块的一个方案，本案例研究的是乘法器。有两个乘法器模块，mult＿dr0 和 mult＿dr1，输出端有多

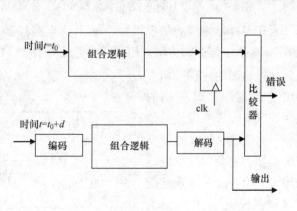

图 8-14　时间冗余永久性故障检测

路复用器可以提供正常和移位操作数。正常操作数计算的输出存储在采样寄存器中，每个模块一个。每个输出将直接送到用户的 TMR 寄存器的输入。模块 dr0 连接寄存器 tr0，模块 dr1 连接寄存器 tr1。寄存器 tr2 将连接到没有任何故障的模块。默认情况下，该电路开始传送模块 dr0。寄存器 dr0 和 dr1 的输出比较器显示输出不匹配（$H_c$）。如果 $H_c = 0$，表示没有错误被发现，该电路将继续正常操作。如果 $H_c = 1$，表示出现错误，需要使用 RESO 方法来重新计算操作数，以检测哪个模块发生了永久性故障。该检测过程需要一个时钟周期。

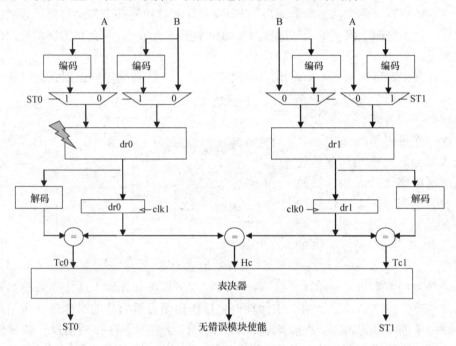

图 8-15　基于 DWC 的容错技术与 SRAM 型 FPGA CED 容错技术的结合

　　对于寄存器输出的情况，每个输出将直接接到用户的 TMR 寄存器的输入。图 8-16 显示了该逻辑方案。模块 dr0 连接寄存器 tr0，模块 dr1 连接寄存器 tr1。

电路执行检测的过程中用户 TMR 寄存器保持其先前的值。当没有发现有模块的错误时，寄存器 tr2 收到该模块的输出，它会继续收到此输出直到下一个芯片重新配置（错误校正）。默认情况下，该电路开始传送模块

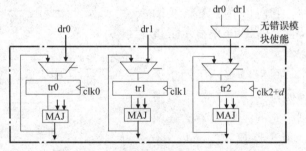

图 8-16　采用寄存器的组合输出的例子

dr0。在非寄存器输出的情况下，该信号可直接驱动下一个组合逻辑模块或到 I/O 口，如图 8-17 所示。

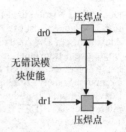

让我们考虑当输出保存在 TMR 寄存器时的两种不同的故障情况。在第一种情况，故障发生在模块 dr0（Mult_dr0）。$H_c$ 显示有一个输出失配，Tc0 表明模块 dr0 出现故障，Tc1 显示 dr1 无故障。该分析需要一个时钟周期。因此，永久性故障检测模块选择 dr1 为 tr2 输入。需要注意的是当该方法在鉴别没有

图 8-17 采用引脚组合的例子

故障的模块时，存储在用户的 TMR 寄存器中的值会保持一个周期。在第二种情况，模块 dr1 发生故障（Mult_dr1），类似前面的例子，$H_c$ 表示有一个输出失配，Tc0 表明模块 dr0 无故障，Tc1 表明 dr1 出现错误。永久性故障检测模块选择 dr0 作为 tr2 的输入。

根据用户应用的要求，设计人员将能够选择完整的硬件冗余实现（TMR）或者重复与比较相组合以并发检测错误的解决方案，以减少在界面的引脚、功耗和面积的开销，如之前例子所示。图 8-18 显示了一些实施 TMR 和 DWC 结合时间冗余的方法。有可能仅仅在 FPGA 的接口使用这个新的技术，以这种方式可以减少引脚、I/O 焊盘的数量和大型组合电路面积。

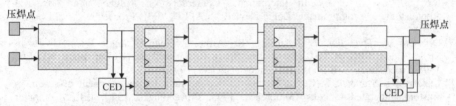

图 8-18　SRAM 型 FPGA 基于 DWC 并结合 CED 和 TMR 的容错技术的实现

# 参 考 文 献

[1] Nasa. Radiation Effects on Digital Systems. USA, 2002. Available at: <radhome.gsfc.nasa.gov/top.htm>. Visited on January, 2006.

[2] Sia Semiconductor Industry Association. The National Technology Roadmap for Semiconductors. USA, 1994.

[3] Johnston, A. Scaling and Technology Issues for Soft Error Rates. In Research Conference On Reliability, 4., 2000. Proceedings... Palo Alto: Stanford University, 2000.

[4] O'Bryan, M. et al. Current single event effects and radiation damage results for candidate spacecraft electronics. In IEEE Radiation Effects Data Workshop, 2002. Proceedings... [S.l.]: IEEE Computer Society, 2002. p. 82-105.

[5] Barth, J. Applying Computer Simulation Tools to Radiation Effects Problems. In IEEE Nuclear Space Radiation Effects Conference, NSREC, 1997. Proceedings… [S.l.]: IEEE Computer Society, 1997. p. 1-83.

[6] Normand, E. Single event upset at ground level. IEEE Transactions on Nuclear Science, New York, v.43, n.6, p. 2742 -2750, Dec. 1996.

[7] Dupont, E.; Nicolaidis, M.; Rohr, P. Embedded robustness IPs for transient-error-free ICs. IEEE Design & Test of Computers, New York, v.19, n.3, p. 54-68, May-June 2002.

[8] Alexandrescu, D.; Anghel, L.; Nicolaidis, M. New methods for evaluating the impact of single event transients in VDSM ICs. In: IEEE International Symposium On Defect And Fault Tolerance in VLSI Systems Workshop, DFT, 17., 2002. Proceedings… [S.l.]: IEEE Computer Society, 2002. p. 99-107.

[9] Leavy, J. et al. Upset due to a single particle caused propagated transient in a bulk CMOS microprocessor. IEEE Transactions on Nuclear Science, New York, v.38, n.6, p. 1493-1499, Dec. 1991.

[10] Hass, J. Probabilistic Estimates of Upset Caused by Single Event Transients. In Nasa Symposium on VLSI Design, 8., 1999. Proceedings... [S.l.: s.n.], 1999.

[11] Guntzel, J.. Functional Timing Analysis of VLSI Circuits Containing Complex Gates, Doctoral Thesis, Instituto de Informatica, UFRGS, Porto Alegre, Brazil, 2001.

[12] Xilinx, Inc. Virtex®™ 2.5 V Field Programmable Gate Arrays: Datasheet DS003. USA, 2000.

[13] Rebaudengo, M.; Reorda, M.S.; Violante, M. Simulation-based Analysis of SEU effects of SRAM-based FPGAs. In International Workshop On Field-Programmable Logic And Applications, FPL, 2002. Proceedings... [S.l.]: IEEE Computer Society, 2002. p. 607-615.

[14] Caffrey, M.; Graham, P.; Johnson, E. Single Event Upset in SRAM FPGAs. In Military and Aerospace Applications of Programmable Logic Conference, MAPLD, 2002. Proceedings... [S.l.: s.n.], 2002.

[15] Fuller, E. et al. Radiation test results of the Virtex FPGA and ZBT SRAM for Space Based Reconfigurable Computing. In International Conference on Military and Aerospace Applications of Programmable Logic Devices, MAPLD, 2002. Proceedings... [S.l.: s.n.], 2002.

[16] Carmichael, C.; Fuller, E.; Fabula, J.; Lima, F. Proton Testing of SEU Mitigation Methods for the Virtex® FPGA. In International Conference on Military and Aerospace Applications of Programmable Logic Devices, MAPLD, 2001. Proceedings... [S.l.: s.n.], 2001.

[17] Ohlsson, M.; Dyreklev, P.; Johansson, K.; Alfke, P. Neutron Single Event Upsets in SRAM based FPGAs. In IEEE Nuclear Space Radiation Effects Conference, NSREC, 1998. Proceedings… [S.l.]: IEEE Computer Society, 1998.

[18] Canaris, J.; Whitaker, S. Circuit techniques for the radiation environment of space. In Custom Integrated Circuits Conference, 1995. Proceedings... [S.l.]: IEEE Computer Society, 1995, p. 77-80.

[19] Anghel, L.; Alexandrescu, D.; Nicolaidis, M. Evaluation of a soft error tolerance technique based on time and/or space redundancy. In Symposium on Integrated Circuits and Systems Design, SBCCI, 13., 2000. Proceedings… Los Alamitos : IEEE Computer Society, 2000. p. 237-242.

[20] Mavis, D.; Eaton, P. SEU and SET Mitigation Techniques for FPGA Circuit and Configuration Bit Storage Design. In International Conference on Military and Aerospace Applications of Programmable Logic Devices, MAPLD, 2000. Proceedings... [S.l.: s.n.], 2000.

[21] Rockett, L. R. An SEU-hardened CMOS data latch design. IEEE Transactions on Nuclear Science, New York, v.35, n.6, p. 1682-1687, Dec. 1988.

[22] Whitaker, S.; Canaris, J.; Liu, K. SEU hardened memory cells for a CCSDS Reed-Solomon encoder. IEEE Transactions on Nuclear Science, New York, v.38, n.6, p. 1471-1477, Dec. 1991.

[23] Calin, T.; Nicolaidis, M.; Velazco, R. Upset hardened memory design for submicron CMOS technology. IEEE Transactions on Nuclear Science, New York, v.43, n.6, p. 2874 -2878, Dec. 1996.

[24] Weaver, H.; et al. An SEU Tolerant Memory Cell Derived from Fundamental Studies of SEU Mechanisms in SRAM. IEEE Transactions on Nuclear Science, New York, v.34, n.6, Dec. 1987.

[25] Rockett, L. R. A design based on proven concepts of an SEU-immune CMOS configurable data cell for reprogrammable FPGAs. Microelectronics Journal, Elsevier, v.32, p. 99-111, 2001.

[26] Houghton, A. D. The Engineer's Error Coding Handbook. London: Chapman & Hall, 1997.

[27] Redinbo, G.; Napolitano, L.; Andaleon, D. Multi-bit Correcting Data Interface for Fault-Tolerant Systems. IEEE Transactions on Computers, New York, v.42, n.4, p. 433-446, Apr. 1993.

[28] Neuberger, G.; Lima, F.; Carro, L.; Reis, R. A Multiple Bit Upset Tolerant SRAM Memory. Transactions on Design Automation of Electronic Systems, TODAES, New York, v.8, n.4, Oct. 2003.

[29] Xilinx, Inc. QPRO™Virtex®™ 2.5V Radiation Hardened FPGAs: Application Notes 151. USA, 2000.

[30] Xilinx Inc. Virtex® Series Configuration Architecture User Guide: Application Notes 151. USA, 2000.

[31] Carmichael, C. Triple Module Redundancy Design Techniques for Virtex® Series FPGA: Application Notes 197. San Jose, USA: Xilinx, 2000.

[32] Lima, F.; Carmichael, C.; Fabula, J.; Padovani, R.; Reis, R. A fault injection analysis of Virtex FPGA TMR design methodology. In European Conference on Radiation and Its Effects on Components and Systems, RADECS, 2001. Proceedings... [S.l.]: IEEE Computer Society, 2001b. p. 275-282.

[33] M. Sonza Reorda, L. Sterpone, M. Violante, "Multiple errors provoked by SEUs in the FPGA configuration memory: a possible solution", 10th IEEE European Test Symposium, 2005.

[34] Kastensmidt, F. L.; Kinzel Filho, C.; Carro, Luigi . Improving Reliability of SRAM Based FPGAs by Inserting Redundant Routing. IEEE Transactions on Nuclear Science, New York, v. 53, n. 4, 2006.

[35] Kastensmidt, F. L., Carro, Luigi, Sterpone, L., Reorda, M. On the Optimal Design of Triple Modular Redundancy Logic for SRAM-based FPGAs In: Proceedings in Design Automation and Test in Europe (DATE). New York: IEEE, 2005.

[36] D'Angelo, S.; Metra, C.; Pastore, S.; Pogutz, A.; Sechi, G.R. Fault-tolerant voting mechanism and recovery scheme for TMR FPGA-based systems. In: IEEE International Symposium on Defect and Fault Tolerance in VLSI Systems, 1998. p. 233-240.

[37] Lubaszewski, M.; Courtois, B.; A reliable fail-safe system, IEEE Transactions on Computers, Volume: 47 Issue: 2, Feb. 1998, P. 236-241.

# 第 9 章 用于加固设计的自动化工具

Celia López – Ongil，Luis Entrena，Mario García – Valderas，Marta Portela – García
卡洛斯三世马德里大学

Avda. de la Universidad, 30. 28911 莱加内斯（马德里）西班牙

{celia, entrena, mgvalder, mportela} @ ing. uc3m. es

**摘要**：历史上用于在线测试电路设计的 CAD 工具比较缺乏，因而在线测试电路的设计目前仅能大范围采用手动设计方式。本章将给出一种在寄存器传输级别（Register Transfer Level，RTL）设计中采用的故障容错结构自动注入工具。采用这个工具，能够根据使用者的技术参数在设计中自动生成故障容错单元，并可在 RTL 级形成故障容错设计并采用商用软件进行综合与仿真。本章还将给出这种方法可行性实施的案例。

## 9.1 简介

一般而言，在线自动测试技术仅在很少领域得到应用。由于在线测试需要耗费较多的面积并导致性能下降，因此仅在某些对安全性、可靠性要求极高的领域中得到应用。由于应用领域的需求数量较小，因此这项技术并不能吸引设计方开发用于在线可测电路设计的 CAD 工具。在线测试电路通常使用手动设计方式，这极大影响了设计方的设计效率和产品的上市时间。

随着硬件描述语言（Hardware Description Languages，HDLs）的广泛应用，绝大部分设计通常基于编程语言和综合工具从 RTL 级开始设计。一旦设计被仿真验证成功，则逻辑综合、布局、布线等将通过更低级别的模型通过自动化形式生成。随着设计级别的提升，自动化 CAD 工具将极大地提升 IC 设计的效率并缩短其所耗费的时间。

在线测试电路设计通常在前期电路设计的基础上引入故障容错结构来完成。在目前基于 HDL 的设计方法中，故障容错结构的加入通常可通过手动修改 HDL 代码来完成，在该过程中，可在电路的关键节点中手动插入硬件冗余、信息冗余和时间冗余。随后，加入故障容错结构和修改后的设计，即可采用相似的设计流程完成逻辑综合及布局布线。

设计者一般在 RTL 级开展故障容错修正的理由包含以下几条：首先，这是

一个自然选择过程，因为大部分设计者目前都在这个级别工作，这个选择同样允许使用行为级模拟，以验证故障容错设计的正确性；另一方面，许多故障容错技术的应用均需要采用综合等步骤，并不能像 DFT 设计技术中一样通过引入一些简单逻辑单元的形式达到相应的测试等效性[1,2]。随着商用综合工具的熟练使用，许多故障容错结构可以被正确综合，这样即可节省大量设计时间。

针对各种需求，可在更低的抽象级别对设计进行修正。目前业界已提出数种针对加法器、ALU、转换器、寄存器、乘法器等数据通路模块的自检测设计方法[3,4]。针对自检测数据通路模块的宏模型生成器已被整合并嵌入 CAD 架构中[5]。同时，业界已针对故障安全多等级逻辑综合函数和基于奇偶校验代码或非指令代码的有限状态机等提出相应的综合工具。虽然以上方法可能在许多方面给出更具成本优势的解决方法，但还需要进一步研究低成本、多级别的故障保护电路的综合方法[6]。

在物理设计层面，可采用内建传感器对部分物理参数（包括电流耗散、温度、辐照剂量等）进行在线监测并探测失效。总之，以上技术可对部分特定元件给出较好的解决方法。这些元件的可复用性设计有益于故障容差电路的设计，但其在 RTL 级（尤其是控制逻辑电路中）仍需要手动重新设计。

本章将介绍一种能在 RTL 级设计中自动加入故障容差结构的解决方法。这种解决方法被称为 FTI 工具，其可在故障容差设计中硬件冗余和信息冗余应用上采用自动化方式代替目前的手动方式。自动化设计可以增加设计效率并减小误差率，其在 RTL 级别生成的故障容差设计亦可通过商用软件开展进一步仿真和综合。

在 AMATISTA（IST #11762）项目资助下，FTI 与 FTV 工具（故障注入与模拟仿真工具）得到迅速发展，其可用于评估设计中所取得的故障容差水平。随着故障容差结构的引入和故障容限的评估，在设计周期的早期即可深入探索设计的空间。

本章随后部分包括：9.2 节介绍了故障容差注入工具的总体框架；9.3 节描述了采用硬件冗余注入的结果；9.4 节描述了信息冗余注入的结果；9.5 节描述了误差恢复动作的自动化注入机制；9.5 节总结了本章内容。

## 9.2　用于 RTL 级别的自动化加固设计

与现有设计及加固规格设置不同，FTI 的主要目标是故障容差电路的自动化生成。此外，FTI 工具可用于自上而下的设计流程中，其对设计团队不会造成任何影响。FTV 工具的使用有益于设计者在加固设计流程中评判故障容差的范围[7]。FTI 工具的结构如图 9-1 所示。故障容差注入程序包括两个软件库：FT

软件库包含故障容差结构及与 FTI 技术相关设置，工作软件库包含使用者将加固
的设计。在使用界面中，使用者可逐步选择节点以应用故障容差技术。

　　FTI 工具的主要输入为采用硬件描述语言在 RTL 级别设计的电路原始语句。
虽然 FTI 工具使用 RTL 级别设计描述语言，其亦可对原始设计进行综合实现以
识别硬件资源。因此，加固工艺通常是硬件导向的。

　　FTI 的输出是输入设计的加固版本，同样为 HDL 编译的 RTL 级语句。保持
这种风格有两个主要优点：①可以对电路的原始和加固版本采用相同的测试语句
进行功能验证；②可以以更高的抽象级别来评估故障容差。最后，一旦对电路的
加固版本进行验证后，就可应用于典型设计环节的下一个步骤。

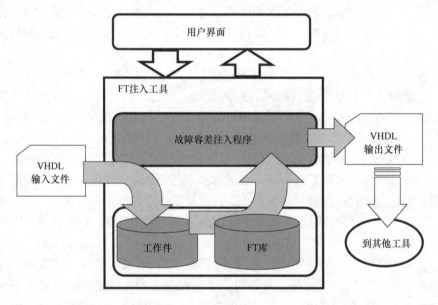

图 9-1　FTI 工具框架

　　为协助设计者开展加固设计任务，图形界面（如图 9-2 所示）能在不同步
骤指导使用者使用软件。在每一个需要进行设计修正的步骤，用户须指定需加固
的单元及所应用的加固技术。应用于不同设计容差技术的描述单元库包含在 FT
软件库中，该软件库由工具所提供，其亦可通过增加用户的 FT 单元进行扩展，
包括译码器、解码器、测试器、主投器和比较器等。特殊模块（例如典型数据
通道元件）的自检设计同样也可包括在内。这些元件可在应用故障容差技术的
设计中进行注入。FTI 工具可用于处理等级分明的设计；在该设计中只有关键部
分可以修改，并最终产生完整的设计描述。

　　FTI 工具基于数据库格式进行设计描述。这个数据库被称为 AIRE CE，采用
硬件描述语言设计的标准格式；在该数据库基础上可进行修改与分析。在绝大部

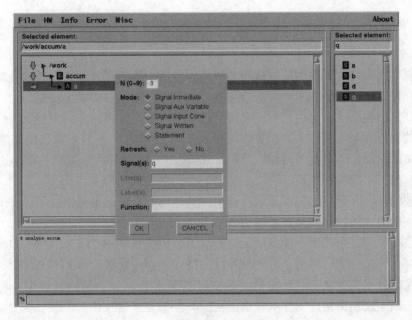

图 9-2　FTI 工具图形化用户界面

分综合环境中，中间过程的结果通常保存在内部设计数据库中，且不能采用标准格式下载；而采用 FTI 工具则可以将这些修改转化为 HDL 代码。因而即可下载修改后的故障容差设计 HDL 版本。这可带来以下优点：

1）它可允许修正后的设计开展行为级仿真，以验证修正后设计的行为准确性。因为行为级仿真较逻辑门仿真更加高效，也就节省了所需的仿真时间。

2）用户可辨识到代码修改，在修改过程有效提升用户的信心。依据用户需求，其亦可进行手动修改。在学习过程中，用户可以比较自动化和手动修改过程中所获得的结果。

3）所提出的步骤可在所有支持 HDL 输入的设计环境中自动插入故障容差结构。考虑到在线测试领域中缺少 CAD 工具的一个主要原因与用户数量少有关，其亦可不受到特定设计环境的影响，并与整体设计环境保持一致。

4）所提出的步骤可完全发挥商用工具所提供的综合能力。采用特定技术所手动设计的元件可加入 FT 库中，并在工具通用机制下进行插入。

采用源代码分析工具 Tauri[8] 和 AIRE CE 格式[9]，可开发出故障容差插入工具（FTI）。该工具对依据 IEEE 1076 和 IEEE 1364 标准所设计的 VHDL 和 Verilog 代码提供了一个开放分析和详尽的数据库。后续将使用 VHDL 来进行示例，但这种技术也可以很容易扩展至 Verilog 中。

## 9.3  硬件冗余的自动化插入

硬件冗余是为了探测故障或增加故障容差所引入的额外硬件。通过复制电路中的元件，硬件冗余技术可实现故障容差。多个复制元件的输出被整合为一个输出，该输出将覆盖输出逻辑中所有可能出现的故障。输出函数的类型及特征与所应用的硬件冗余技术有关。例如，$N$ 模块冗余（NMR）采用多数表决器来判断输出功能；而用于重复与对比（DWC）的输出函数则对两个重复的输出进行比较后输出其中的某一个值。

被动硬件冗余技术提供无误差输出，其亦可覆盖可能发生的故障。在 FTI 工具中，所提供的被动冗余技术即为 $N$ 模块冗余（NMR）。

主动硬件冗余技术不能提供无误差输出，但能提供一个误差信号；即探测到误差时，该信号即被激活。上述信号可激活误差修正动作。在 FTI 工具中，所提供的主动技术为重复与对比函数。其亦可基于 $N$ 模块冗余与待机提供一种混合技术，以实现输出错误的标示并给出相应的误差发生信号。

对于修改后电路的可测性，必须考虑到硬件冗余将使得可测性变差，但主动技术所产生的误差信号将有益于电路的测试。

由上可知，任何基于硬件冗余技术的转换都将由下面 3 个主要方面所决定：

1）复制对象，即被复制的硬件部分。

2）采用的特定硬件冗余技术，其将决定输出的函数特征。

3）针对所探测到误差的误差修正行为。

前两个方面将在后续章节中进行描述。误差修正行为在信息冗余技术中得到普遍应用，将在 9.6 节信息冗余插入技术之后进行描述。

### 9.3.1  目标选择和重复

目标可为 VHDL 对象（信号、变量和端口）和状态。在详细模型中可定义并修正相关硬件，这在设计中表现为 RTL 级的观点。

在该模型中，目标可为输入中选择的某一部分。通过将信号追溯到原始输入，可以很容易地在详细模型中定义信号的输入。在 RTL 中的典型情况主要是选择信号的输入直至之前的寄存器信号。这种情况也可以循环地扩展到更大部分的输入信号中。

对象的重复包含定义目标，通过在信号输入的特定部分中定义节点，在详细模型中插入定义节点的副本，并将新对象与原有节点相连接。

通过追溯至所分析的模型，可生成重复部分相对应的 VHDL 代码。为覆盖部分 VHDL 所不能描述的硬件结构，可修正部分代码，例如对寄存器的默认分配。在这种情况下，插入辅助变量可对所需行为进行准确建模。

## 9.3.2　分辨函数

为从复制单元的输出中获取单一的故障容差输出，必须引入相应的输出分辨函数。对于重复并比较等主动硬件技术而言，分辨函数亦将提供一个误差信号，其将在故障发生时被激活。

分辨函数可采用 VHDL 函数或 FT 库内与对应故障容差技术相关的程序进行引入。

## 9.3.3　案例

我们将通过相关案例结果来表示复制步骤。原始案例如代码 1 所示。

图 9-3 显示的是这个代码（详细模型）所设计的硬件结构和采用信号 p 模拟的寄存器复制后的结果。复制信号用"_FT0"和"_FT1"后缀标识。为明确目标信号 p 的值，可应用相关分辨函数。在这个案例中，与 DWC 技术相关的分辨函数可通过 VHDL 程序进行建模，其输出为数值 p 及一个误差信号。所产生的 VHDL 代码如代码 2 所示。粗体显示为 FTI 工具自动引入的修改语句。

代码 1：案例 1 的 VHDL 描述

```
architecture initial of example_1 is
…
begin
…
P1: process（clk，reset）
begin
    if reset = '0' then
        data1 < = "000";
        data2 < = "000";
    elsif rising_edge（clk）then
        data1 < = a;
        data2 < = b;
    end if;
end process;
d < = data1 or data2;
P2: process（clk，reset）
begin
    if reset = '0' then
```

```
        p < = "000";
    elsif rising_edge （clk） then
      if enable = '1' then
        if load = '1' then
          p < = d;
        else
          p < = p + '1';
        end if;
      end if;
    end if;
  end process;
  ...
end initial;
```

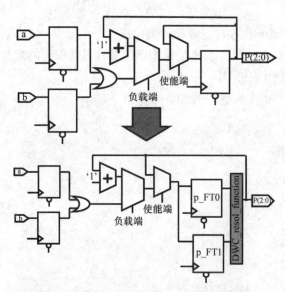

图 9-3　案例 1 初始和修改后的详细模型

注意寄存器的反馈输入已通过 VHDL 定义。正好仅有信号 p 分配相关的复制会产生一个反馈循环的复制。精确复制寄存器的分辨函数包括使用可对寄存器输入建模的中间变量（paux），并对中间变量的复制进行分配。

代码 2：寄存器 p 复制后的案例 1

－－寄存器 p 复制后结果

architecture code2 of example_1 is

...

```vhdl
begin
...

P1: process (clk, reset)
begin
        if reset = '0' then
            data1 <= "000";
data2 <= "000";
        elsif rising_edge (clk) then
            data1 <= a;
            data2 <= b;
        end if;
end process;
d <= data1 or data2;


P2: process (clk, reset)
        --生成复制变量
        variable paux: std_logic_vector (2 downto 0);
begin
        if reset = '0' then
            p_FT0 <= "000";
            p_FT1 <= "000";
        elsif rising_edge (clk) then
        --分派默认值到 paux
            paux : = p;
            if enable = '1' then
                if load = '1' then
                    paux : = d;  -- paux 用 p 替代
                else
                    paux : = p +' 1';
                end if;
            end if;
            p_FT0 <= paux;
            p_FT1 <= paux;
        end if;
end process;
```

DWC_resol_function (p_FT0, p_FT1, p, error);

...

end code2;

图 9-4 为复制信号 p 及其输入锥体至前面寄存器信号（数据 1, 数据 2）的结果。生成的代码如代码 3 所示。

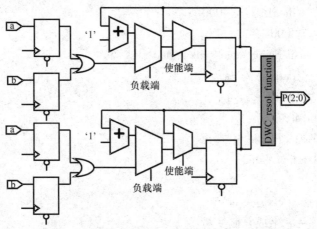

图 9-4　复制 p 及其输入锥体后的详细模型

代码 3：复制 p 及其输入锥体后的案例

－－复制寄存器 p 后的结果

－－伴随着它的输入 cone

```
architecture code3 of example is
...
begin
...
process(clk, reset)
begin
        if reset = '0' then
            data1 < = "000";
            data2 < = "000";
        elsif rising_edge (clk) then
            data1 < = a;
            data2 < = b;
        end if;
end process;
```

```
data1_FT0 < = data1;
data1_FT1 < = data1;
data2_FT0 < = data2;
data2_FT1 < = data2;

enable_FT0 < = enable;
enable_FT1 < = enable;
load_FT0 < = load;
load_FT1 < = load;

d_FT0 < = data1_FT0 or data2_FT0;
d_FT1 < = data1_FT1 or data2_FT1;

process ( clk, reset)
begin
        if reset = '0' then
            p_FT0 < = "000";
        elsif rising_edge ( clk) then
            if enable_FT0 = '1' then
                if load_FT0 = '1' then
                    p_FT0 < = d_FT0;
                else
                    p_FT0 < = p_FT0 +' 1';
                end if;
            end if;
        end if;
end process;

process ( clk, reset)
begin
        if reset = '0' then
            p_FT1 < = "000";
        elsif rising_edge ( clk) then
            if enable_FT1 = '1' then
                if load_FT1 = '1' then
```

```
                    p_FT1 < = d_FT1;
            else
                    p_FT1 < = p_FT1 + ' 1';
              end if;
            end if;
         end if;
   end process;
DWC_resol_function（p_FT0，p_FT1，p，error）；
…
end code3；
```

## 9.4　信息冗余的自动插入

　　信息冗余技术常采用数据冗余代码以实现故障容差。增加信息冗余的结果是用编码数据实现的部分数据流。因此，必须在起始阶段就采用适当操作对所选择的部分数据流进行编码，并在最终对所选择的部分数据流进行解码，为所需数据代码修正总线和控制器。

　　数据流部分的编码可通过下列基本操作完成：

　　1）在选定节点插入编码器。

　　2）在选定节点插入解码器/校验器。

　　3）采用等效的控制器替换现有控制器，此控制器用于控制编码数据。

　　4）扩展选定数据容量以满足冗余代码的额外数据需求。

　　插入编码器有益于产生一个新的信号（编码信号），它将代替全部或部分输出的原始非编码数据。类似地，解码器的插入有益于产生一个新的信号（解码信号），它将代替全部或部分输出的原始解码信号。校验器的插入有益于产生一个新的信号（误差信号），它将进一步用于驱动部分误差修正行为。对于非独立代码而言，为节省硬件，一般采用解码器/校验器来实现解码或者校验操作。

　　编码器、解码器或校验器的插入是通过在目标信号和新信号之间插入一个适当大小的新对象说明（取决于所需情况的编码、解码或误差信号）、插入适当函数（编码器、解码器或校验器函数），由此用新信号替代输出信号中的全部或部分目标信号。

　　控制器替换为采用 FT 库中的另一个控制器来代替现有控制器。对于所采用的指定代码而言，扩展数据大小为采用额外数据位来扩展目标对象的描述范围。

　　通过合理应用以上操作，可采用冗余代码以形成部分数据流。此外，为防止错误的发生，在应用以上操作后可使用校验器来验证数据的一致性。这种校验器需验证以下特性：

1）任何目标的类型和范围必须与目标分配的数值一致。该特性可通过分析仪对原有电路的分析过程进行检查。目前，该校验已扩展到设计的修改部分。

2）编码（非编码）数据的载体信号不能分派输运非编码（编码）数据的信号，除非通过适当的元件（解码器或编码器）。

通过在采用编码信号的某一部分电路中进行标识，可验证模型的以上特性。所开发的工具中可提供的误差检验代码为奇偶校验代码和无序代码（Berger 和 2 – out – of – n 代码）。同样，其也可提供误差纠正代码，例如汉明误差代码。

## 9.4.1　案例

再一次考虑代码 1 所示案例。图 9-5 所示为通过信号 p 模拟的寄存器编码后的修正硬件。修正后所产生的代码如代码 4 所示（仅对于步骤 P2）。编码、解码和校验函数为通用函数，其可与 FT 库中使用的特定代码的相应功能相结合。至于非可分代码而言，通过代入相应解码器/校验器可实现解码和校验功能。

辅助变量 paux 将再次被用于模拟给寄存器的反馈。

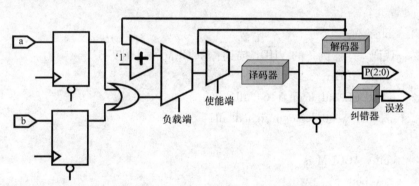

图 9-5　对寄存器 p 编码后的详细模型

代码 4：对寄存器 p 编码后的案例 1

architecture code4 of example

　　　　signal p：std_logic_vector（*extended_size*）；

　　　　signal dec_p：std_logic_vector（2 downto 0）；

begin

…

P2：process（clk，reset）

　　　　variable paux：std_logic_vector（2 downto 0）；

begin

　　　　if reset ＝ '0' then

```
                    p < = "000";
            elsif rising_edge (clk) then
                paux : = dec_p;
                if enable = '1' then
                    if load = '1' then
                        paux : = d;
                    else
                        paux : = paux + '1';
                    end if;
                end if;
                p < = encode (paux);
            end if;
    end process;
    error < = check (p);
    decoded_p < = decode (p)
end code4;
Bla, bla, bla
```

代码 5：案例 2 的 VHDL 描述：ACCUM（见图 9-6）

```
library IEEE;
use IEEE. std_logic_1164. all;
use IEEE. std_logic_unsigned. all;

entity ACCUM is
    port (
        signal Clk : in std_logic;
        signal Reset : in std_logic;
        signal En : in std_logic;
        signal Sel : in std_logic;
        signal AD : in std_logic_vector (7 downto 0);
        signal BD : in std_logic_vector (7 downto 0);
        signal S : out std_logic_vector (7 downto 0));
end ACCUM;

architecture A_ACCUM of ACCUM is
    signal A : std_logic;
```

```
                    signal B : std_logic;
                    signal D : std_logic;
                    signal Q : std_logic;
            begin
                REG_A: process (Clk, Reset)
                begin
                if Reset = '0' then
                    A < = (others = > '0');
                elsif Clk' event and Clk = '1' then
                    if En = '1' then
                    A < = AD;
                    end if;
                end if;
            end process REG_A;


REG_R: process (Clk, Reset)
begin
    if Reset = '0' then
        B < = (others = > '0');
    elsif Clk' event and Clk = '1' then
        if En = '1' then
        B < = BD;
        end if;
    end if;
end process REG_B;
D < = A when Sel = '1' else B;


ACCUM_P: process (Clk, Reset)
begin
    if Reset = '0' then
        Q < = (others = > '0');
elsif Clk' event and Clk = '1' then
        if En = '1' then
        Q < = Q + D;
        end if;
```

```
        end if;
    end process ACCUM_P;
    end A_ACCUM;
```

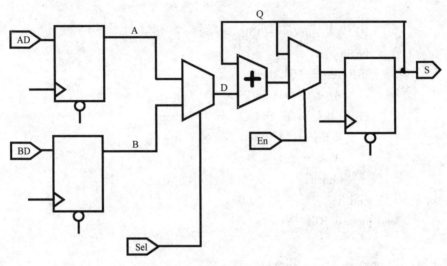

图9-6    ACCUM 案例的详尽模型

代码6：案例2：对整个模块进行奇偶编码并对输出 S 解码后的 ACCUM（见图9-7）

```
library IEEE;
use IEEE. std_logic_1164. all;
use IEEE. std_logic_unsigned. all;
use WORK. parity. all;
use WORK. fti_attr. all;
entity ACCUM is
  port （
    signal Clk : in std_logic;
    signal Reset : in std_logic;
    signal En : in std_logic;
    signal Sel : in std_logic;
    signal AD : in std_logic_vector （7 downto 0）;
    signal BD : in std_logic_vector （7 downto 0）;
    signal S : out std_logic_vector （7 downto 0））;
end ACCUM;


architecture Code_6 of ACCUM is
```

```vhdl
    signal A : std_logic;
    signal B : std_logic;
    signal D : std_logic;
    signal Q : std_logic;
    attribute fti of A : signal is "parity";
    attribute fti of B : signal is "parity";
    attribute fti of D : signal is "parity";
    attribute fti of Q : signal is "parity";
    signal AD_FT : std_logic_vector (7 downto 0);
    attribute fti of AD_FT : signal is "parity";
    signal BD_FT : std_logic_vector (7 downto 0);
    attribute fti of BD_FT : signal is "parity";
    signal s_FT : std_logic_vector (7 downto 0);
    attribute fti of S_FT : signal is "parity";
    signal EOUT : std_logic;
    attribute fti of EOUT : signal is "ERROR_SIGNAL";
begin
    REG_A: process (Clk, Reset)
    begin
        if Reset = '0' then
            A < = (others = > '0');
        elsif Clk' event and Clk = '1' then
            if En = '1' then
                A < = AD_FT;
            end if;
        end if;
    end process REG_A;

    REG_B: process (Clk, Reset)
    begin
        if Reset = '0' then
            B < = (others = > '0');
            elsif Clk' event and Clk = '1' then
        if En = '1' then
            B < = BD_FT;
```

```
        end if;
    end if;
end process REG_B;


MUX : D < = A when Sel = '1' else B;
ACCUM_P: process (Clk, Reset)
begin
    if Reset = '0' then
        Q < = (others = > '0');
    elsif Clk' event and Clk = '1' then
        if En = '1' then
            Q < = WORK. parity. add (a = > Q, b = > D);
        end if;
    end if;
end process ACCUM_P;
    S_FT < = Q;
    AD_FT < = WORK. parity. encoder (bus_in = > AD);
    BD_FT < = WORK. parity. encoder (bus_in = > BD);
    S < = WORK. parity. decoder (bus_in = > s_FT);
    EOUT < = WORK. parity. checker (bus_in = > s_FT);
end Code_6;
```

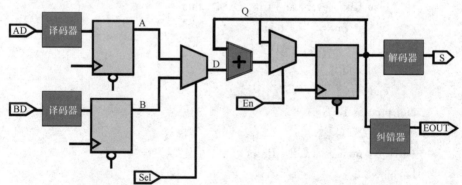

图 9-7　代码 6 的详细模型，所有模块均采用奇偶编码并对输出 S 进行校验

对于有限态机器（FSM）而言，这种状态一般采用 VHDL 中用户所定义的枚举类型进行描述。然后采用综合工具中的默认代码或用户指定代码来自动运行状态编码。相比于插入一个编码器或者解码器，可利用综合工具中所采用的代码

来将状态编码转化为冗余代码。

VHDL 寄存器传输级综合标准 IEEE 1076.6[10] 定义了 ENUM_ENCODING 属性，其亦可用于综合。ENUM_ENCODING 属性能提供枚举类型值的特定编码。可通过插入 ENUM_ENCODING 属性的相关描述来引入枚举类型的冗余代码。

## 9.5 误差恢复行为

误差恢复行为可定义用于处理误差信号所插入的硬件，该硬件由并无故障覆盖能力的技术所生成。

在一般情况下，误差恢复行为的自动化生成会难以实现，因为它需要了解电路功能方面的特定知识。然而，在大部分实际情况下，误差恢复行为处于以下类别的一种：

1）使寄存器负载失效。

2）使控制信号（例如全局重设）的设置失效。

3）空闲单位的复用控制。

以上情况可以很容易采用自动化形式实现。下面的案例显示了如何修改寄存器模型，以使其在误差发生时失效。应用 9.3 节中硬件冗余技术来产生双轨寄存器输出。

代码 5：案例 3 的 VHDL 原始描述：寄存器

```
process (clk, reset)
begin
        if reset = '0' then
            q < = '0';
        elsif rising_edge (clk) then
            if enable = '1' then
                q < = d;
            end if;
        end if;
    end process;
```

代码 6：含有误差失效的案例 3 的 VHDL 描述

```
process (clk, reset)
begin
        if reset = '0' then
            q < = '0';
        elsif rising_edge (clk) then
            if error = "01" then
```

```
                          if enable = '1' then
                              q < = d;
                          end if;
                      end if;
                  end if;
      end process;
```

## 9.6 总结

    本章给出了 FTI 工具，该工具可在 RTL 级的设计中自动插入故障容差结构。本章亦给出了设计中硬件容差和信息容差的自动化应用。RTL 级设计中所引入的故障容差设计可进一步采用商用软件进行仿真和综合。

    基于加固工艺的自动化，所提出的解决方案可实现更高的设计效率。此外，由于消除了手动设计所引入的误差并引入了早期故障容差验证，亦提升了电路的可靠性。

    本章还基于部分学术和工业设计标准验证了所开发的工具。首先一个是 PIC 微型控制器，第二个是 UC3M 为 Alcatel – Espacio 开发出的航空用 FPGA（Rosetta SADE）。所获得的结果令人满意，在应用中使用的 CPU 时间和内存可被忽略，且所获得的 VHDL 描述 100% 正确。

    所开发的工具在故障容差电路设计中利用自动化形式替代现有的手动设计。

## 参 考 文 献

[1] "Minimizing Single Event Upset Using Synopsys". Application Note, Actel Corporation, July 1998.

[2] XTMR Tool. "http://www.xilinx.com/products/milaero/tmr/index.htm"

[3] R. O. Duarte, M. Nicolaidis, H. Bederr, Y. Zorian. "Efficient Fault-Secure Shifter Design". Journal of Electronic Testing, Theory and Applications (JETTA), vol. 12, p. 29-39, 1998.

[4] M. Nicolaidis, R. O. Duarte, S. Manich, J. Figueras. "Achieving Fault Secureness in Parity Prediction Arithmetic Operators". IEEE Design and Test of Computers, April-June 1997.

[5] R. O Duarte, I. A. Noufal, M. Nicolaidis. "A CAD Framework for Efficient Self-Checking Data Path Design". IEEE International On-Line Testing Workshop, July 1997.

[6] M. Nicolaidis, Y. Zorian. "On-Line Testing for VLSI- A Compendium of Approaches". Journal of Electronic Testing, Theory and Applications (JETTA), vol. 12, p. 7-20, 1998.

[7] L.Berrojo, F.Corno, L.Entrena, I.González, C. López-Ongil, M.Sonza-Reorda, G.Squillero. "An Industrial Environment for High-Level Fault-Tolerant Structures Insertion and Validation". Proceeding of the 20th IEEE VLSI Test Symposium. 2002.

[8] Tauri[TM]. FTL Systems Inc.

[9] AIRE CE "Advanced Intermediate Representation with Extensibility/Common Environment "John Willis, Technical Editor / Architect (FTL Systems, Inc.). Version. 7 Pre-Release (2000).

[10] "IEEE P1076.6/D1.12 Draft Standard For VHDL Register Transfer Level Synthesis". IEEE, 1998.

# 第 10 章　SEE 和总剂量试验测试设备

S. Duzellier[1]，G. Berger[2]

1 法国国家航天航空研究中心（ONERA），空间环境部门（DESP），

2 avenue E. Belin，F – 31055 图卢兹，法国 duzellier@ onecert. fr

2 法语鲁汶天主教大学，2 chemin du cyclotron，B – 1348 鲁汶，比利时

berger@ cyc. ucl. ac. be

**摘要**：本章针对辐照环境下电子器件的测试与表征展开讨论。首先，针对影响器件退化或功能故障的关键参数进行回顾，并介绍相关的标准和规范。随后，对广泛使用的设备（如粒子加速器、辐射源等）进行介绍，并定义其主要应用领域。

## 10.1　简介

先进电子部件对空间环境非常敏感，主要辐射效应包括以下 3 种：

1）由辐射带的质子和电子的均匀且连续辐射所引起的累积效应（TID：电离总剂量效应）。

2）由单粒子轰击（来源于 GCR 或太阳耀斑的重离子或质子）所导致的统计规律的功能异常。这些异常统称为单粒子效应（SEE）。

3）由位移损伤（DD）所引起器件性能的持续退化。这种情况同样是累积效应，由太阳耀斑中的质子引起。

除剂量率与机理外，以上所有效应都是剂量沉积的结果：①SEE（单粒子效应）是瞬态和局部性的；②TID（电离总剂量效应）和 DD（位移损伤）是积累和均匀的。

读者需要涉及的其他具体知识可参考本书的其他章节或参考文献。

## 10.2　器件的辐射效应

依据器件类型和效应，可将空间环境导致的电子故障进行分类。大部分常见类型见表 10-1 ~ 表 10-4。

**表 10-1　非破坏性 SEE 现象**

| | | |
|---|---|---|
| 翻转——SEU[①] | 存储单元中存储信息错误 | 存储器、逻辑器件的锁存器 |
| 多位翻转——MBU | 单粒子轰击导致多个存储单元错误 | 存储器、逻辑器件的锁存器 |
| 功能中断——SEFI | 正常工作的中止 | 用于内置状态/控制部分的复杂器件 |
| 瞬态——SET | 具有特定幅度和周期的脉冲响应 | 模拟和混合信号电路、光电器件 |
| 干扰——SED | 位存储信息的瞬态错误 | 组合逻辑、逻辑器件的锁存器 |
| 硬错误——SHE | 某一存储单元状态的永久改变 | 存储器、逻辑器件的锁存器 |

① SE 表示单粒子效应。

**表 10-2　破坏性 SEE 现象**

| | | |
|---|---|---|
| 闩锁——SEL | 高电流状态 | CMOS、BiCMOS 器件 |
| 迅速恢复——SESB | 高电流状态 | NMOS、SOI 器件 |
| 烧毁——SEB | 破坏性烧毁 | BJT、N 沟道功率 MOSFET |
| 栅击穿——SEGR | 栅介质击穿 | 功率 MOSFET |
| 介质击穿——SEDR | 介质击穿 | 非易失性 NMOS 结构、FPGA、线性器件等 |

**表 10-3　器件的典型 TID 退化模式[①]**

| 器件 | 退 化 模 式 |
|---|---|
| MOS | 阈值电压漂移 |
| BJT | 电流增益退化 |
| 数字电路 | 泄漏电流（$I_{ccop}$、$I_{cc-sb}$）增大、迟滞时间减少（DRAM 和 SDRAM） |
| 线性器件 | 失调电压和偏置电流增大 |

① 关于 MOS 器件总剂量效应的相关描述可参考 NSREC 2002 的短期课程[8]。

**表 10-4　电路中的典型 DD 退化模式**

| 器件 | 退 化 模 式 |
|---|---|
| CCD/APS | 灵敏度降低（暗电流增大、RTS 现象出现） |
| 双极型线性器件 | 增益退化 |
| 太阳电池 | 转换效率降低（输出功率、短路电流） |
| 激光二极管 | 阈值电流增大 |

## 10.2.1　关键参数

　　下文将介绍辐射条件。然而，必须注意到偏置和试验条件将极大地影响器件的辐射效应。后续在"标准和规范"节中描述的所有方法均需要给出在所有试验评估中所用到的"最劣偏置"。这种条件实际上并不容易确定。

　　更多细节可参考本章文献［1－7］和本书的其他章节。

## 10.2.2　所需各种参数的简要提示

### 10.2.2.1　阻挡能力

当离子进入目标材料后，会在下面两个过程中损失能量：①目标核子的弹性碰撞；②电子的非弹性碰撞。总阻挡能力定义为每单位路径长度的能量损耗：

$$\left(\frac{\mathrm{d}E}{\mathrm{d}x}\right)_{\mathrm{tot}} = \left(\frac{\mathrm{d}E}{\mathrm{d}x}\right)_{\mathrm{nuclear}} + \left(\frac{\mathrm{d}E}{\mathrm{d}x}\right)_{\mathrm{electronic}} \tag{10-1}$$

虽然以上两个过程均对总阻挡能力有贡献，然而就硅而言，在 100keV 以上能量中电子阻挡能力将占决定地位，如图 10-1 所示。

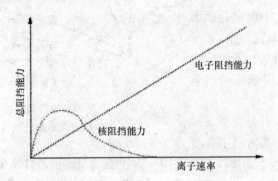

图 10-1　离子阻挡能力的演化曲线

### 10.2.2.2　线性能量传输（LET）

*LET* 为电离所引起单位路径长度的能量损耗：

$$LET = \left(\frac{\mathrm{d}E}{\mathrm{d}x}\right)_{\mathrm{ionization}} \tag{10-2}$$

*LET* 的单位一般为 MeV·cm²/mg 或 MeV/μm。

### 10.2.2.3　入射长度

入射长度为粒子在目标材料中入射的总距离，其与总阻挡能力有关：

$$R = \int_{E}^{0} \frac{1}{\left(\dfrac{\mathrm{d}E}{\mathrm{d}x}\right)_{\mathrm{total}}} \mathrm{d}E$$

### 10.2.2.4　非电离能量损耗（NIEL）

部分能量通过电离以外的方式传输到材料中，即以位移形式引入的总能量，其可采用 MeV·cm²/g 表示。位移损伤剂量（DDD）是 NIEL 和注量（单位为粒子/cm²）的产物。

### 10.2.3 TID

辐射期间诱生的氧化层陷阱电荷密度依赖于：

1）碰撞粒子种类和能量，其与 *LET* 值有关，并决定电离轨迹结构（径向载流子密度剖面）。

2）剂量率（与平均载流子产生率有关）。

3）控制载流子向氧化层界面输运的电场（偏置条件）。

4）氧化层质量，其决定了载流子迁移率和俘获因子（器件参数）。

图 10-2 表示辐射类型（和偏置条件）对栅氧化层中非复合空穴数量的影响。需要注意可采用 γ 射线源确保评价器件对 TID 的敏感性。

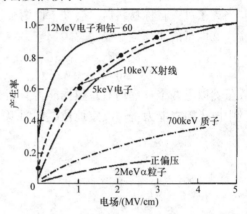

图 10-2　不同辐照源条件下逃离初始复合的空穴数量与电场的相关性[9]

剂量率是最重要且最关键的参数，特别对双极型工艺而言。图 10-3 中所述效应被称为 ELDRS（低剂量率敏感性增强效应），其将导致器件参数在低剂量率时退化更严重。在该情况下，相比于轨道环境，采用"标准"剂量率将极大低估器件的辐照敏感性。

### 10.2.4 SEE

由于粒子具有多种类、高能量与全方位发射等特点，并不能采用地面加速器对空间环境中的重离子效应进行精确模拟。空间银河宇宙射线的能量分布在 100MeV 处呈现峰值，但在 SEU 领域，业界感兴趣的离子范围覆盖了 0.1 ~ 100MeV·cm²/mg。很少有机器可以发射这种高能射线，但"低能"加速器可用于提供 *LET* 参数等效的电荷沉积。所选取的粒子种

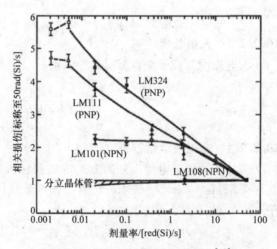

图 10-3　线性器件的 ELDRS 效应[10]

类通常受到加速器常规产物的限制（见图 10-4）。

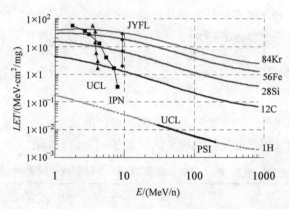

图 10-4　空间环境 *LET* 谱与标准加速器射线的对比（本章后半部分将对此进行描述）

　　直到现在，仍未在大部分器件试验中发现明确的能量相关性。所观察到的能量相关性通常与低能测试[11,12]中的传统数值有关。

　　与重离子相反的是，与实际空间所遇到能量相当的质子常用于地面试验（图 10-5 所示为 UCL – PSI 所提供的能量范围）。

　　因此，粒子能量是一个重要参数。实际上，所测得的截面曲线为 *LET*（重离子）或能量（质子）的函数，*LET* 可以通过给定目标（原子质量）和性质（能量和种类）并采用合适工具（Ziegler 表[13]，SRIM 代码）计算得到。习惯性地，粒子的 *LET* 值由目标材料表面给出。

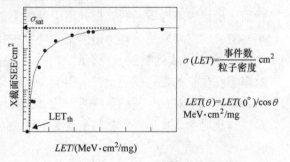

图 10-5　重离子的典型截面曲线（左图）和
有效 LET 和 $\sigma$ 的计算公式（右式）

封装、引脚、顶层或者背面辐射时衬底层的能量损耗都必须加以考虑。

　　采用中间能量粒子来产生 GCRs 的 *LET* 特性的另一个缺点是必须指定一个最小范围以确保粒子在敏感区的 LET 值为常数，并考虑长收集距离等情况（SEL、SET、SEB、SEGR、MBU）。在这种情况下，采用"有效 *LET* 概念"或"余弦函数" [ *LET* ($\theta$) = *LET* (0°) /$\cos\theta$ ] 将更适合。

　　除能量和范围参数外，没有芯片表面污染（保证射线纯度和流量一致性）也很重要。

　　射线纯度将如同射线能量一样影响粒子特性（*LET* 精度）。

加速器测试是板载射线技术，也就是说同时辐照整个器件表面。芯片表面的流量必须相同以确保器件的每个部分都被等效辐照。

通常而言，一个合适的剂量计（粒子计算和射线一致性）可以控制 $\sigma$ 的标准差。

### 10.2.5　DDD

位移效应相关的 3 个重要参数为入射类型、能量和接收注量。

半导体中初始损伤的特性取决于入射粒子的类型和能量（见表 10-5）。

表 10-5　粒子种类和能量对所产生缺陷特性的影响

| 种类 | 能量 | 碰撞和产生缺陷 |
| --- | --- | --- |
| 电子 | 所有能量 | 低质量⇒低能量传输⇒点缺陷 |
| 质子 | 低能（Si 中能量 < 10MeV） | 库伦碰撞⇒点缺陷 |
| 质子 | > 10MeV | 核碰撞和散射⇒面缺陷 |
| 中子 | 所有能量 | 核碰撞和散射⇒面缺陷 |

然而，虽然缺陷性质不同，但其所引发的电学效应均相似[7]。

事实上，就空间应用而言，因为空间环境中存在质子，一般采用质子来进行 DDD 试验。电子（或低能质子）有时用于太阳电池试验（无阻挡的）。

这里需要注意的是，质子也可能引起 TID 退化，其取决于器件的偏置条件和温度条件。在这里对这个问题不进行讨论，读者可以参考本章文献 [5 - 7]。

最终应用时的表现形式为器件所受到的注量。

## 10.3　标准和规范

### 10.3.1　TID

通过建立电子器件总剂量评价的标准，由此来确定适合实验室用评估电离环境下器件的方法。这些标准的目的是指导器件在电离环境下试验的正确方式（传统方法）并提供相似结果。由于不可能完整复制器件的工作环境，因而必须给出部分选择且不宜太多。ESA/SCC 基本规范 22900 条目 4（对于批量接受试验）和 MIL - STD - 886E 1019.5 试验方法（对于低剂量率应用）的主要特性和比较见表 10-6 和表 10-7，表 10-6 为辐照状态的比较，表 10-7 为辐照后效应的比较。

表 10-6　ESA 和 MIL 标准的主要辐射条件

| 标准 | 试验源 | 剂量率 | 样品数 | 偏置 |
|---|---|---|---|---|
| 22900.4 | Co⁶⁰ 或电子加速器 | 标准：36 ~ 360Gy/h<br>低剂量率：0.36 ~ 3.6Gy/h | 10 个 + 1 个对比样品 | 最劣偏置 |
| 1019.5 | Co⁶⁰ | 50 ~ 300rad（Si）/s（1800 ~ 10800Gy/h） | 没有规定 | 最劣偏置 |

以上标准主要的不同之处在于剂量率范围。实际上，实验室剂量率一般比典型空间剂量率更大，因此在空间应用和地面模拟之间存在加速因子。这个加速因子会在器件加固考虑时引入较大误差[1]。

对于感兴趣的总剂量 $D$ 而言，评价器件的辐射效应必须完成辐射后器件试验步骤。

表 10-7　ESA 和 MIL 标准主要的辐照后试验条件

| 标准 | 室温退火时间 | 过辐照 | 退火 | 偏置 |
|---|---|---|---|---|
| 22900.4 | 24h | 无 | 168h, 100℃ | 最劣偏置 |
| 1019.5 | 时间 $< D/R_{max}$ | 0.5$D$（默认） | 168h, 100℃ | 最劣偏置 |

注：$R_{max}$ 表示预期应用的最大剂量率。

在 1019.5 试验方法中，室温退火时间存在一定范围。所采用的大剂量率将加剧辐照诱生泄漏电流，而采用长时间室温退火（退火时间限制在 $D/R_{max}$）可以帮助器件满足传统条件。在 22900 方法中，由于其剂量率低于 1019.5 方法，因而限制了所高估的氧化层陷阱电荷所引起的退化。

为揭示界面陷阱所引发的退化，需要：

1）保证界面陷阱的产生（室温退火）。

2）由于氧化层陷阱电荷会补偿界面陷阱电荷，因而需在应用的同级别或较低水平上降低氧化层陷阱电荷的作用（在 100℃ 加速退火，反弹试验）。

## 10.3.2　SEE

SEE 试验的目的在于评价器件在数种射线特性辐照下器件的实时响应。其最终目标在于获得器件行为和辐照响应准确测量的一个合理描述［每个误差模式的 $\sigma(E)$ 或 $\sigma(LET)$］，由此来计算实际在轨期间的 SEE 概率。

传统的预测方法为研究器件的横截面曲线与合理环境谱（能量或 $LET$ 谱范围）的相关性[14-16]。对于质子 SEE 效应而言，需要重点考虑间接电离；对于重离子效应而言，则普遍为直接电离。因而必须分别考虑以上两种机理。

标准和规范的目的在于提供一种方法和测试程序，以此来帮助试验设计和运行。这些指南性名词将用来确保数据是有效的和有意义的。

在 SEE 试验中有两个主要标准得到了广泛应用：①ESA/SCC 25100：单粒子效应试验方法和规范；②JEDEC JESD57：重离子辐射下半导体器件单粒子效应测试的试验程序。

SCC 标准可应用于质子和重离子试验，而 JEDEC 标准仅给出重离子试验方法。如前所述，SEE 将影响所有工艺和器件类型。因此，目前没有合适的典型试验方法可以完全覆盖所有器件和效应范围。因而，除非器件工作条件将严重影响到器件的辐照响应，一般对器件的工作条件没有硬性规定。

标准的主要内容见表 10-8。

表 10-8　SEE 标准和规范的主要内容

| 要求 | ESA/SCC 25100 | JEDEC JESD57 |
|------|---------------|--------------|
| 名称 | 单粒子试验方法和规范 | 重离子辐射下半导体器件单粒子效应测试的试验程序 |
| 辐射源和参数 | 重离子：范围≥30 μm，$10^2$≤注量率≤$10^5$ 粒子/cm² · s；<br>质子：20~300MeV，$10^5$≤注量率≤$10^8$ 粒子/cm² · s | 范围相比收集区深度更大，$10^2$≤注量率≤$10^5$ 粒子/cm² · s<br>$LET$ 高于 120MeV · cm²/mg |
| 剂量计 | 器件区域内不均匀性 ±10%<br>注量 ±10% | 能量 ±10%<br>器件区域内不均匀性 ±10%<br>注量 ±10% |
| 试验要求 | 样品尺寸≥3（相同 dtc）<br>5 种不同有效 $LET$ 值（重离子）或能量（质子、普通入射）<br>最大注量率为 $10^7$ 粒子/cm² · s（重离子）和 $10^{10}$ 粒子/cm² · s（质子），或者有意义的数值 | 在开启阈值测试，饱和 $\sigma$ 的 10%、25%、50% 和 75% ~80%<br>最大注量率为 $10^7$ 粒子/cm² · s（"加固"器件）和 $10^6$ 粒子/cm² · s（"非加固"器件）；<br>倾斜角度小于 60° |

## 10.3.3　DDD

基于以下理由，并无现存位移损伤的标准与方法：

1）退化模式非常复杂。

2）所导致的电效应与应用有关。

3）退火机理与器件类型和应用情况有关。

但是，根据特定需求和应用，可设计和开展 DDD 测试。

然而，必须考虑部分意见，见表 10-9。

表 10-9　所建议的 DDD 试验辐照条件

| 类型 | 能量 | 说　明 |
|---|---|---|
| 质子 | 50~60MeV | 典型的"被遮挡"空间环境<br>对封装和器件具有良好的穿透性 |
| 质子 | 10 MeV | 探测器阵列 |
| 电子 | 1~3 MeV | 太阳电池 |

在数种能量下测试相同器件的辐射效应，可明确其与 NIEL 参数的相关性。然而，该方法受到实际情况和资金的限制。

## 10.4　试验设备和应用领域

与所考虑的现象相关，其测试方法呈现出极大的不同。其可简单概述如下：

1) 器件的 SEE 特征需要在辐射时开展实时测试（主要为功能测试）以及使用粒子加速器。

2) TID 评价需要在每个剂量点进行全参数测试（根据辐射/试验的顺序）。大部分情况下采用 $Co^{60}$ 源进行辐射。

3) DD 试验与 TID 试验非常相似，需要在不同注量点（相当于位移损伤注量－DDD[○]）进行参数测试与功能校验。然而，DD 试验需要采用粒子加速器。

表 10-10 总结了标准中辐射设备的基本要求。

表 10-10　辐射设备的标准要求

| 标准 | 效应 | 所关心的参数 | 试验源 |
|---|---|---|---|
| ESA – SCC 22900. 4 | TID | 总剂量、剂量率 | $Co^{60}$ 源 |
| MIL – STD 886E 方法 1019.6 | TID | 总剂量、剂量率 | $Co^{60}$ 源 |
| ESA – SCC 25100. 1 | SEE | *LET*/范围（重离子）能量（质子） | 粒子加速器 |
| JESD57 | SEE | *LET*/范围（重离子） | 离子加速器（$Z>1$） |
| ESA – SCC 22900. 4 | DD | 能量 | 粒子加速器（电子、质子、中子） |

### 10.4.1　TID

地面试验时可采用不同的电离辐射源，其互补优势和劣势见表 10-11。

使用粒子（如电子或质子）的主要缺点在于其资金花费。进一步说，质子将造成显著的位移效应，其将导致器件出现特殊的性能退化。X 射线产生器更加方便，但由于其激发的光子能量较低，因而其在不同材料界面附近所沉积的剂量随深度的分布并不均匀。这种效应也被称为"剂量增强"效应[17]，这使得在采用该设备时必须更加谨慎。

○　这里 NIEL（非电离能量损耗）参数用于描述粒子碰撞和后续的剂量沉积。

**表 10-11　地面 TID 辐射设备的主要特性**

| 辐射类型 | 主要优点 | 主要缺点 |
|---|---|---|
| 电子<br>（加速器） | 可使用的剂量率高<br>对部分轨道应用具有代表性 | 费用昂贵<br>不适用于低剂量率 |
| 质子<br>（加速器） | 可使用的剂量率高<br>对部分轨道应用具有代表性 | 同时存在位移损伤<br>费用昂贵 |
| X 射线（光子） | 可使用的剂量率高、费用便宜 | 剂量增强效应<br>不适用于低剂量率 |
| $Cs^{137}$ 和 $Co^{60}$ 源<br>（γ 射线） | 较大的剂量率范围<br>剂量均匀 | 需要厚重的遮挡<br>在一些轨道应用中不占主要地位 |

放射性的 $Cs^{137}$ & $Co^{60}$ 源会发射 γ 射线。虽然这种辐射类型在空间环境中很少，但其拥有两个优点：剂量率范围较大且总剂量在器件厚度区域易于控制。由于 $Co^{60}$ 发射的光子具有较大能量（1.17MeV 和 1.33MeV），其能保证剂量的均匀性。如果辐射设备不能获得正确的滤波，则其将发射一系列的低能散射光子并引发剂量增强效应，该优点亦不能体现。最终，有必要获取准确的剂量率并使用适当的滤波方法。

作为 TID 试验使用最广泛的设备，γ 射线源（主要是 $Co^{60}$ 源）具有两个特征。其整体设备适合开展大目标的辐射试验，例如复杂的电路板和系统等，如图 10-6 所示。该系统亦可与复杂指令系统（例如温度指令等）相集成。由于其辐射区域较大，该设备可普遍适用于工业生产和科研。更有利的是，在合理屏蔽下相同时间内可开展不同种类的 TID 试验。

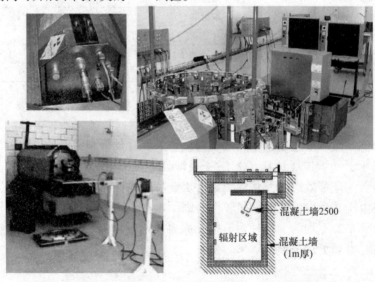

图 10-6　掩体内 GMA2500 $Co^{60}$ 源的全景图（ONERA/DESP）

出于辐射保护目的，辐射源的放射性将受到限制，因而该设备主要用于低到中剂量率试验（典型的剂量率范围为 $0.1 \sim 10Gy/h$）。

采用自动屏蔽设备，辐射源可将屏蔽装置用于储存和实验。辐射区域位于设备的最中间，其体积约为数立方米（见图 10-7）。

因为这些辐射装置提供了比较大且有效的屏蔽设备遮挡，其可有效防止辐射对环境的污染，因而亦可采用更高放射性的辐射源，以允许使用中至高剂量率（典型值为 $10 \sim 5000Gy/h$）。在这种类型的设备中，低能散射辐射$^{\ominus}$可能会导致剂量增强效应。因此建议使用过滤器（铝/铅金属片）来去除这种低能影响，以避免剂量误差。

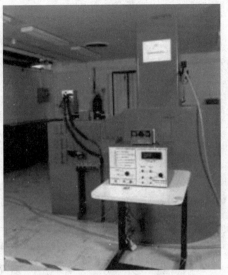

图 10-7　SHEPHERD 484 双 $Co^{60}$ 源
（ONERA/DESP）

## 10.4.2　SEE

加速器试验面临更严苛的要求。"元件试验线"一般由下面几项组成：

1）粒子发生器：串列范德格拉夫加速器、回旋加速器、同步加速器等。

2）射线控制和剂量计系统：磁体、快门、瞄准仪、辐射控制器（计算、射线入射衍射、能量测量等）。

3）由于能量受限且粒子射程不够，大部分重离子加速器不适用于在大气中开展辐射试验。因此，试验一般在真空腔中进行，这个真空腔带有穿通电缆、测试板/样品夹具与射线发射瞄准器/快门等。

粒子加速器最初的建设目标均为产生能量粒子，以用于改变其他核子结构或作为核物理研究中的探测器使用。随后，这些设备在不同领域得到应用：医学（研究、同位素产生、癌症治疗等）、凝聚态研究、薄膜制备、纳米技术（纳米管、纳米线、纳米孔等）、表面分析和最终电子器件试验。

可对粒子加速器进行相应分类，在下节中将基于其工作模式对应用于我们领域的欧洲加速器进行概述。

## 10.4.3　直流加速器

该类型仪器包含一个独立管道，其分别与粒子源及目标相连。两个终端之间

---

　㊀　由周围的目标材料所产生（卧室墙）。

通过施加电压来产生加速场。这些加速器产生直流电压的方式有两种：

1）"Cockroft – Walton"方式。其采用电压倍增整流电路来产生电压。该系统由剑桥大学 Cavendish 实验室在 1932 年提出，可实现 600kV 的直流电动势。

2）"范德格拉夫"（1931 年左右提出）方式。其基于含粒子源电极上电荷的传输和积累以产生相关电压。

该类加速器受电荷放电的限制，其最高仅能实现约 20MV。目前"范德格拉夫"是最常用的直流设备，后文将对其具体描述。

如图 10-8 所示，两个滑轮间的隔离环带不停运转，一个在地面，另一个在隔离金属电极内部。环带在机器的低电极端充电，在高电极端通过电晕形式放电。

环带传输的总电流为 $i_0 = \sigma v w$。这里：$\sigma = 2\varepsilon_0 E$；$\sigma$ 为表面密度；$v$、$w$ 为环带的速度和宽度；$\varepsilon_0$ 为真空介电常数，取 $9 \times 10^{-12} C/mV$；$E$ 为环带表面的电场。

这类加速器的主要特色是其能量分辨率。由于能量不是采用级联整流器产生的，因而典型的能量扩散与离子从源产生时相似（大概 100eV）。

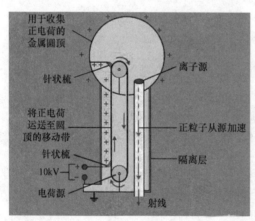
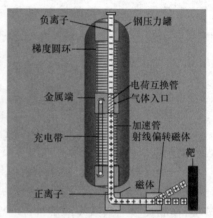

图 10-8  范德格拉夫加速器（左）和串列范德格拉夫加速器（右）

从技术方面，需留意数种看法。首先，环带高速运转，因而需保持机械和电学应力。其次，所有装备应装入填满数种气体（采用的气体为 $SF_6$ 或 20% 的 $CO_2 + 80\%$ 的 $N_2$）的箱内。

Alvarez 在 1951 年提出一种串列配置方法，其可用于提升范德格拉夫方法的最终射线能量。两个加速柱分别放置在正偏置中心电极的两边。该系统被放置在高压气体填充箱内，并通过前述环带上的电荷移动来产生电压。

离子源被放置在箱外，在附加电子情况下，所产生的正电荷离子被转换为负电荷，并注入第一个柱内。这些负离子由中心电极所产生的正电场进行加速。在这里面，通过穿过气体层或薄膜的方法来去除离子。在离子变成正电荷后，其进入排斥电场，并在第二个柱内再次加速。

离子电荷为 $Z$，高电压为 $V$，其最终能量为 $E = (1 + Z)V$。

## 10.4.4　线性加速器

在这些加速器（LINAC）中，参考粒子在高频电场下直线移动。在未遇到减速场情况下，粒子将通过一系列漂移管道并最终抵达合适的加速带。

粒子最终能量与试验线上加速器件所产生的电压总数成正比。

最早使用的结构由 Widerö 在 1928 年所提出。金属圆柱管道放置在轴线上，且成对连接以形成电容的两个电极。这个电容和电导形成了谐振电路，其与高频发生器相连接。在上半个周期内，对场强进行加速，参考粒子在两个管道之间；在下半个周期内，减缓场强，随后粒子将在下一个管道内部，并在轨迹上持续传输（Widerö 结构同样以此模式命名）。因而管道长度几乎与其粒子半个 RF 周期内穿行的长度一样。受这种结构容性的限制，其仅允许低能量粒子。在一定频率以上，受电磁辐射影响，这个系统是不精确的。

另一种新方法由 Alvarez 在 1947 年提出，他构造了一系列共振腔。对于这个方法，偏移管道将封入长圆筒中。基于罐内标准波形构建该 LINAC 结构，其电场与结构相平行。这些加速器在高频下工作（200MHz 以上）。这种结构适用于加速质子和重离子，可将它们从几 keV 加速到几百 MeV。

此类加速器最近发明的是射频四极法。这个设备可以在低能下使用。4 个电极的轮廓沿轴线调整。该形状给出了电场的轴向分布。这种结构的优点是可以聚焦（四极效应）和加速（轴向场分布）。

## 10.4.5　环形加速器

在这些设备中，可通过磁场弯曲粒子轨迹。所形成的轨道可能呈螺旋形或接近环形。

### 10.4.5.1　典型回旋加速器

典型回旋加速器[20]在一定频率和均匀磁场下运行。这些设备的原理是 Widerö 线性加速器在翻卷模式下的应用。加速腔有着类似药盒型裂开成两半的外形（DEE），其被放置在磁体柱之间。加速场在两个 D 字形之间产生，这表示粒子需要以合适速度抵达以符合加速电场（相位吻合）。粒子通常在 D 字形电场内部自由绕轨道运行，每个周期两次穿过两个 D 字形之间的加速带。随着粒子能量增加，其轨道半径越来越大。磁场用于使射线重复经过腔体。

在磁场 $B$ 作用下，当质量为 $m$、电荷为 $Q$ 和速度为 $v$ 的离子以正确角度运动时，其离子运动方向上的磁场力为 $F_b = QvB$。这个驱动力使得离子在半径 $r$ 的环形轨道上循环运动，可以通过使离心方程和磁场方程相等以获得相应关系式：

$$\frac{mv^2}{r} = QvB$$

粒子旋转频率为

$$f = \frac{v}{2\pi r} = \frac{QB}{2\pi m}$$

这种类型设备的问题在于其粒子所获得能量受到其质量相对性增加的限制。在一定限制上，粒子轨道频率降低，离子将在一定交替电压下飞出。对于质子而言，此限制大约为 20MeV。

### 10.4.5.2　同步回旋加速器

处理这种相对效应限制的一种方法是保持磁场均匀。这样，在粒子能量增加时保持了同步并降低了加速频率。当已知能量的粒子在加速电压的正确相位时，射线将汇聚起来。粒子流拥有与 RF 调制循环时间相等效的脉冲宏结构，其平均射线电流比典型回旋加速器小。

### 10.4.5.3　等时回旋加速器

避免能量限制的另一种方式是保持加速频率为常数，且在粒子能量增加时增加磁场。在这种方式下，有效磁场随着半径增大，以保持粒子轨道频率为常数。

一般而言，场强变化可能导致射线轴向发散。但是如果磁柱由扇面构造（如图 10-9 左图所示），这会引起扇形面边缘的粒子轴向恢复动力，并导致磁场方位角变化。扇面扭曲亦可能提供额外的轴向聚焦，如图 10-9 右图所示。

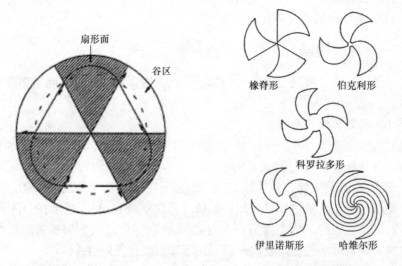

图 10-9　等时回旋加速器（左图）和回旋扇面（右图）

与磁体的聚焦能力有关，其仍存在能量限制。最终聚焦限制为分离的扇面回旋加速器。这里，磁体只包含相互间（谷区）没有铁和磁场的扇面。所有额外的设备（RF 系统、抽取器等）可放置在扇形面之间（见图 10-10）。

## 10.4.6 欧洲用于器件试验的多种设备

此节将基于粒子类型和能量范围概述欧洲的数种加速器。

图 10-10　分离的扇面回旋加速器

### 10.4.6.1 重离子

最广泛应用的重离子设备包括以下 3 个能量范围：

| 高能（100MeV/amu） | 法国：GANIL |
|---|---|
| 中能（≥10MeV/amu） | 比利时：CYCLONE；芬兰：JYFL |
| 低能（<10MeV/amu） | 法国：IPN；意大利：LNL |

### 1. GANIL

GANIL（Grand Accelerateur National d'Ions Lourds）位于法国卡昂。这个中心装配了 5 个回旋加速器：

1）两个紧凑回旋加速器（C01 和 C02），$K=30$。

2）两个分离扇面回旋加速器（CSS1 和 CSS2），$K=380$。

3）一个可变频率回旋加速器（CIME），$K=265$。

在结合以上设备后，可获得高能粒子。采用该配置即可使器件在空气中辐照，而不再需要采用真空腔。其缺点在于需要较长的射线启动时间。对于器件试验而言，一般采用 G41 屏蔽腔。表 10-12 给出了可使用射线的列表。

表 10-12　GANIL 有效射线

| 离子 | 能量/(MeV/amu) | $LET$/(MeV·cm$^2$/mg) | 射程/μm |
|---|---|---|---|
| Ar$^{36}$ | 95 | 2 | 4220 |
| Ar$^{36}$ | 27 | 5.4 | 445 |
| Ca$^{40}$ | 95 | 2.5 | 3812 |
| Ni$^{58}$ | 52 | 7.6 | 1013 |
| Kr$^{84}$ | 35 | 16.4 | 484 |

（续）

| 离子 | 能量/（MeV/amu） | $LET$/（MeV·$cm^2$/mg） | 射程/μm |
|---|---|---|---|
| $Kr^{86}$ | 60 | 11 | 1223 |
| $Nb^{93}$ | 31 | 22.7 | 349 |
| $Sn^{112}$ | 47 | 24.2 | 601 |
| $Xe^{132}$ | 35 | 33.5 | 393 |

## 2. CYCLONE（重离子辐射设备）

CYCLONE（CYClotron of LOvaine la NEuve）[22]是一种包含多种粒子、可变能量、等时的回旋加速器，其可以将质子加速到75MeV、氘核加速至55MeV、α粒子加速到110MeV、重离子加速到$110Q^2/M$能量，其中$Q$是离子电荷态，$M$是质量（原子质量单位）。与离子电荷态有关，重离子的能量范围为0.6~27.5MeV/amu。从上述公式可知，在Ar、Kr或者Xe等较重的元素中，其需要高电荷态以满足SEE工作所需的能量。可采用外部电子回旋振荡源（ECR）产生高电荷态的离子。CYCLONE即包含两个这样的离子源。这种源产生的离子可加速到低能（±10$Q$ keV），通过$Q/M$分析，并传输到回旋后轴线入射至后续加速器。

这种离子源的一个优点是其可产生"混合离子流"，见表10-13。

表10-13 $M/Q=3.33$混合（左表）和$M/Q=5$混合（右表）

| 离子 | 能量/（MeV/amu） | $LET$/（MeV·$cm^2$/mg） | 射程/μm | 离子 | 能量/（MeV/amu） | $LET$/（MeV·$cm^2$/mg） | 射程/μm |
|---|---|---|---|---|---|---|---|
| $^{13}C^{+4}$ | 131 | 1.2 | 266 | $^{15}N^{+3}$ | 62 | 2.97 | 64 |
| $^{22}Ne^{+7}$ | 235 | 3.3 | 199 | $^{20}Ne^{+4}$ | 78 | 5.85 | 45 |
| $^{28}Si^{+8}$ | 236 | 6.8 | 106 | $^{40}Ar^{+8}$ | 150 | 14.1 | 42 |
| $^{40}Ar^{+12}$ | 372 | 10.1 | 119 | $^{84}Kr^{+17}$ | 316 | 34 | 43 |
| $^{58}Ni^{+18}$ | 567 | 20.6 | 98 | $^{132}Xe^{+26}$ | 459 | 55.9 | 43 |
| $^{83}Kr^{+25}$ | 756 | 32.4 | 92 | | | | |

回旋加速器将同时加速拥有相似$Q/M$比例的元素。通过磁场或RF频率的微小调整，它们都可以从回旋加速器单独提取并分离，随后传输到用户目标。所有这些元素都拥有相同速度，但由于其原子量不同，其射程与$LET$值也不同。使用上述装置可快速改变离子并随后进行快速$LET$修正。从混合粒子流分离出的每一种射线均可在很少几分钟内对目标开展试验。

## 3. RADEF

芬兰的Jyväskylä大学（JYFL）最近开放了他们的辐射效应设备（RADiation Effect Facility，RADEF）。相比于Louvain la Neuve加速器，其使用的加速器为K130回旋加速器，使用两个独立的ECR源产生离子，其亦采用混合离子流原理。表 10-14 给出了该装置所采用的射线。

**表 10-14　9.3MeV/amu 混合离子流（左表）和 3.6MeV/amu 混合离子流（右表）**

| 离子 | 能量 /（MeV/amu） | *LET* /（MeV·cm²/mg） | 射程 /μm | 离子 | 能量 /（MeV/amu） | *LET* /（MeV·cm²/mg） | 射程 /μm |
|---|---|---|---|---|---|---|---|
| $^{15}N^{+4}$ | 139 | 1.8 | 202 | $^{12}C^{+2}$ | 43 | 3 | 51 |
| $^{20}Ne^{+6}$ | 186 | 3.6 | 146 | $^{30}Si^{+5}$ | 108 | 11 | 38 |
| $^{30}Si^{+8}$ | 278 | 6.4 | 130 | | | | |
| $^{40}Ar^{+12}$ | 372 | 10.1 | 118 | $^{54}Fe^{+9}$ | 194 | 27 | 33 |
| $^{56}Fe^{+15}$ | 523 | 18.5 | 97 | $^{84}Kr^{+14}$ | 302 | 40 | 39 |
| $^{82}Kr^{+22}$ | 768 | 32.1 | 94 | | | | |
| $^{131}Xe^{+35}$ | 1217 | 60.0 | 89 | $^{132}Xe^{+22}$ | 475 | 69 | 40 |

**4. IPN**

这个加速器位于法国巴黎，属于 CNRS/IN2P3。这个是使用双剥离器（薄膜和气体）构建的 14MV 串列范德格拉夫加速器。IPN 中可使用射线见表 10-15。

**表 10-15　IPN 中可使用射线**

| 离子 | 能量/（MeV/amu） | *LET*/（MeV·cm²/mg） | 射程/μm |
|---|---|---|---|
| C | 84 | 1.63 | 143 |
| F | 120 | 4 | 93 |
| Cl | 199 | 11.8 | 60 |
| Ti | 160 | 21 | 32 |
| Ni | 182 | 29.9 | 29 |
| Br | 236 | 40 | 31 |
| I | 325 | 62 | 31 |

**5. SIRAD**

这个装置属于意大利 Padova 的 Legnaro 实验室，是一个使用两个不同离子源、双剥离器的 15MV 串列范德格拉夫加速器。SIRAD 的有效射线见表 10-16。

**表 10-16　SIRAD 的有效射线**

| 离子种类 | 能量/MeV | $q_1$ | $q_2$ | Si 中射程 /μm | Si 表面 *LET* /（MeV·cm²/mg） |
|---|---|---|---|---|---|
| $H^1$ | 28 | 1 | 1 | 4390 | 0.02 |
| $Li^7$ | 56 | 3 | 3 | 378 | 0.37 |
| $B^{11}$ | 80 | 4 | 5 | 195 | 1.01 |
| $C^{12}$ | 94 | 5 | 6 | 171 | 1.49 |

（续）

| 离子种类 | 能量/MeV | $q_1$ | $q_2$ | Si 中射程 /μm | Si 表面 *LET* /(MeV·cm²/mg) |
|---|---|---|---|---|---|
| O¹⁶ | 108 | 6 | 7 | 109 | 2.85 |
| F¹⁹ | 122 | 7 | 8 | 99.3 | 3.67 |
| Si²⁸ | 157 | 8 | 11 | 61.5 | 8.59 |
| S³² | 171 | 9 | 12 | 54.4 | 10.1 |
| Cl³⁵ | 171 | 9 | 12 | 49.1 | 12.5 |
| Ti⁴⁸ | 196 | 10 | 14 | 39.3 | 19.8 |
| V⁵¹ | 196 | 10 | 14 | 37.1 | 21.4 |
| Ni⁵⁸ | 220 | 11 | 16 | 33.7 | 28.4 |
| Cu⁶³ | 220 | 11 | 16 | 33.0 | 30.5 |
| Ge⁷⁴ | 231 | 11 | 17 | 31.8 | 35.1 |
| Br⁷⁹ | 241 | 11 | 18 | 31.3 | 38.6 |
| Ag¹⁰⁷ | 266 | 12 | 20 | 27.6 | 54.7 |
| I¹²⁷ | 276 | 12 | 21 | 27.9 | 61.8 |
| Au¹⁹⁷ | 275 | 13 | 26 | 23.4 | 81.7 |

### 10.4.6.2 质子

欧洲部分国家有一些可开展器件质子试验的装置，见表 10-17。由于质子在空气中能量损失较少，因此所有辐射试验都可在大气中开展，而无需采用复杂的真空系统。

表 10-17 可使用的欧洲质子加速器

| | |
|---|---|
| CYCLONE – 比利时 | 最高 70MeV |
| JYFL – 芬兰 | 最高 45MeV |
| CPO – 法国 | 最高 200MeV |
| IPN – 法国 | 最高 20MeV |
| SIRAD – 意大利 | 最高 28MeV |
| PSI/OPTIS – 瑞士 | 最高 63MeV |
| PSI/PIF – 瑞士 | 最高 300MeV |

在最高能量时使用原始射线，可采用衰减器快速改变到达器件的能量。

### 10.4.6.3 中子

中子试验主要涉及航空人员，但其已成为所有电子装备需考虑的重要问题。由于 WNL 的能谱与海平面中子频谱吻合（如图 10-11 所示），因而 JEDEC/

JESD89[21]规范指定试验装置为 WNL（美国洛杉矶）。然而，其亦给出在欧洲如何采用准单能中子射线以获得相关试验数据。两个加速器都安置了中子射线试验线。

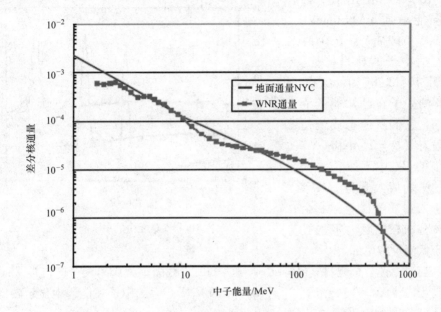

图 10-11　纽约和 LANL 中不同的中子束流（以 $1 \times 10^{18}$ 因子减小）

CYCLONE 装配了两个不同中子射线试验线：

1）准单能射线试验线。

2）高束流射线试验线。

## 10. 4. 7　准单能射线发生器

采用 CYCLONE 质子射线可产生能量范围介于 25 ~ 70MeV 的标准中子射线[23-25]。$Li^7$ $(p,\ n)$ $Be^7$ $(Q = -1.644MeV)$ 作用可产生准单能中子射线。

将校准的质子射线辐射至薄锂靶，随后采用石墨射线阻挡层将其进行磁化偏转，如图 10-12 所示。采用该方法可降低器件位置处的本底。使用瞄准仪的优点在于其所有的屏蔽均可到达辐射位置，以用于阻止在射线输出时产生的中子和 γ 射线。

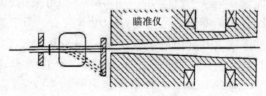

图 10-12　中子射线试验线，腔体 Q

位于其后的第二个磁体用于从中子射线中扫除带电粒子杂质。所有装置均被结实的硼砂石蜡混合物和铁挡板围绕。中子射线通过数种不同内部直径的黄铜圆筒来进行校准。瞄准仪设计通过以下设定完成：放置在目标物之前的瞄准仪的直径为7mm，最终部分则固定为20mm。

图 10-13 给出了 3 种不同能量质子（36MeV、48MeV 和 63MeV）在 0°时所发射中子的典型能谱。由图 10-13 可知：大约 50%的中子在已知能量范围内，它们从地态或最初发射态（$Q=0$，429MeV）产生的 $Be^7$ 中而来，这个峰的平均值大概为 2MeV，低于入射质子能量；剩余 50%分布较宽泛、平均且处于低能量的尾部。

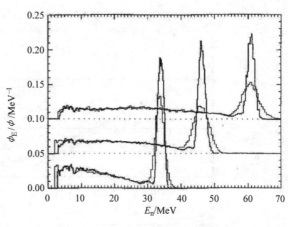

图 10-13　Q 腔中的中子能谱

当使用锂合金靶材（6% $Li^6$ 和 94% $Li^7$），截面率为 0°且两个同位素（$Li^6$ 和 $Li^7$）比例为 27%时，由 $Li^7$（$p$，$n$）$Be^7$ 反应所产生的中子在能谱中显示较低的杂质（总中子的 2%）[26,27]。

反应界面超过 30MeV 并在 35mBar 饱和时，所产生的中子束流与入射质子能量无关。对于 3mm 厚的 Li 靶和 10μA 质子射线，束流密度将在靶外 3m 处、直径 30mm 区域内达到 $10^6$ n°/s。峰值展宽限制了靶材的有效厚度（最大为 10mm），典型的 FWHM 值为 2MeV。

## 10.4.8　高束流试验线

CYCLONE 射线试验线之一是用来测试 CERN 中不同类型的专用仪器。LHC 环境约束很大（10 年内 $1 \times 10^{14}$ n/cm²），因此需要在有效时间内达到如此高的束流密度。基于反应 $Be^9 + d \rightarrow n + X$，可采用 50MeV 氘核射线构建这种快速中子射线，其典型流量可达 $6.6 \times 10^{12}$ N/s sr。为了避免二次射线污染，可在靶后增加过滤系统（1cm 厚的聚苯乙烯、1mm 厚的镉和 1mm 厚的铅）；所产生的杂质只有 2.4%的 γ 射线和 0.03%的轻粒子。T2 腔的中子能谱如图 10-14 所示。

◆ Svedberg 实验室（瑞典，乌普萨拉）

Svedberg 实验室通过薄靶方法来产生大射程的准单能中子，其可在 20 ~ 180MeV 能量范围内提供准单能中子，如图 10-15 所示。

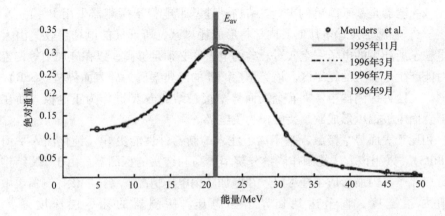

图 10-14　T2 腔的中子能谱

## 10.4.9　剂量计

在实现中, 所使用的重离子流量范围从几离子/(s·cm²) 到 10⁵ 离子/(s·cm²) (重离子), 而质子则从几粒子/(s·cm²) 到 10⁹ 粒子/(s·cm²)。因而在辐照器件必须实时采用剂量计系统对射线流量进行精确监控。由规范可知, 射线注量必须精确到 ±10% 范围内。

当采用离子 (质子和重离子) 进行器件试验时, 必须注意到总剂量亦会累积。因而必须对辐照过程进行完整记录。对于带电粒子而言, 可采用下式以 Rad 为单位对剂量进行计算:

$$D = 1.6 \times 10^{-5} \phi LET$$

式中, $\phi$ 为离子注量 (粒子/cm²); $LET$ 为线性能量传输 (MeV·cm²/mg)。

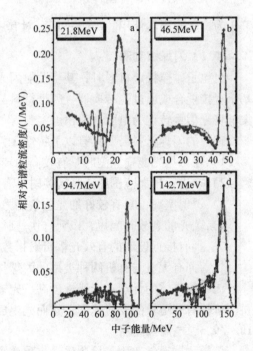

图 10-15　乌普萨拉的中子能谱

可以采用不同的方法来监控射线注量。探测系统的最终选择为基于粒子种类的测试方式, 包括预期注量和入射射线能量[35]。

SEE 设备中常用的探测系统为闪烁探测器、半导体探测器和离化室。

### 10.4.9.1 半导体探测器

该探测器是基于简单的 PN 结结构。硅基带电粒子探测器采用 P−I−N 结构[33-34]，在施加反偏电压时其内部将形成耗尽区，所形成的电场将收集由入射带电粒子所产生的电子−空穴对。硅的电阻率必须足够高，以在施加中等偏置电压时能产生足够大的耗尽区。该类型探测器的经典案例为硅表面势垒（SSB）探测器。在这种探测器中，拥有金表面势垒接触结的 N 型硅作为正电极，而在探测器背面电极铝以形成欧姆接触作为负电极。

相比于表面势垒接触，基于离子注入的新器件性能更好（钝化注入平面硅或 PIPS）。采用该方法能制作能量分辨率更高和结实的探测器。由于 PN 结排斥多数载流子，因而形成了耗尽区。在施加防偏电压情况下将拓展该探测器灵敏区的耗尽层宽度，直至达到临界击穿电压。探测器的耗尽层深度通常为 $100 \sim 700 \mu m$。

采用这种技术，可制作全耗尽探测器。当粒子射程足够穿过整个硅片时，其可作为输运探测器使用。基于 $\dfrac{\mathrm{d}E}{\mathrm{d}x}$ 即可对其进行直接计算。

### 10.4.9.2 闪烁探测器

当粒子碰撞特定材料时，其将发射闪光。基于该特性，可制作闪烁探测器。基于直接耦合或通过光转换器，闪烁材料与光电倍增管可进行光耦合，并采用采集链将光信号转化为电脉冲输出。

理想的闪烁材料需要具有以下特性：

1）在可见光能损探测时具有较高的转换效率。

2）在进行较大范围的能量转换时具有较高的线性度。

3）透射率高，具有较好的光收集能力。

4）荧光的衰减时间短，以允许快速脉冲。

5）拥有接近玻璃的有效光耦折射指数。

目前拥有无机与有机两种类型的闪烁材料。

无机闪烁体的优点在于线性度高、光输出能力强，缺点在于反应时间慢；有机闪烁体有着更快的反应速率，然而光生成率较低。

### 10.4.9.3 电离探测器

该探测器通常适用于检测质子与重离子。其原理基于收集气体中产生的离子对。探测器的电极可能采用平面、圆柱形或其他形状，其腔体内被氩气等常用惰性气体所充满。当粒子射入探测器后，其将产生电子−离子对。电子−空穴对的平均数量与射线能量损耗成比例。在电场作用下，所收集的电子与离子将向相关电极漂移。

在各种偏压条件下，该类型的探测器可能用于多种途径，如图 10-16 所示。

1）电离腔：如果偏压施加在曲线的下半部分（A部分），越来越多的电子 – 离子对将在复合前被收集，并使得探测电流随之增加。在一定阶段后，所有产生的电子 – 离子对都已被收集，电压的增加将再无作用。

2）线性计数器：如果偏压增大至超过最初的稳定层，电流将再次随电压的增高而增大。电场给予电子能量并使其加速，此时电子将

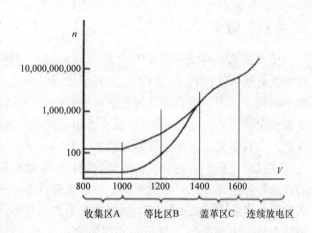

图 10-16　电离探测器的工作模式

使得探测器内的气体分子电离。在第二阶段产生的电子同样将被加速，以产生越来越多的电离。此时其类似级联或雪崩模式，电子 – 离子数量将与初始电子成比例变化。以上结果将导致与施加偏压有关的电流成比例放大。

3）Geiger – Muller：当所设置的偏置电压超过第二区域后，通过倍增产生的电离总量将变得极为显著，此时空间电荷将使阳极电场扭曲。这样就使其再也不成比例变化了。当超过这个阈值时，气体出现放电。

平面雪崩计数器（PPAC）为气态探测器，其拥有平面电极并工作在雪崩模式。单独腔体内包含两个平面金属（或敷金属）电极，并由垫片将其保持一定距离。由于电极间的间隙非常小（1 ~ 2mm），且其充满需要更新的气体以避免发生淬火效应。PPAC 惯常用于重离子监测。

## 10. 4. 10　补偿工具（激光器、$Cf^{252}$、$Am^{241}$、μ 射线）

除以上用于 SEE 试验的常规标准装置外，还需要使用部分补偿工具以在 SEE 试验时提供额外帮助。

相比于针对整个器件表面的辐射试验方法，采用激光或微束的方法可进行局部辐照（光斑直径在 1μm 量级），并将所观察到的失效模式与器件结构相关联。在试验应用过程中，通过触发激光可对异常的瞬态效应进行表征[18, 19]。

然而，这些技术有着以下主要缺点：

1）激光不能穿透金属或多层结构。

2）激光所引入的电荷注入（及随后的收集过程）不具有代表性（轨迹结构效应）。

3）扫描器件的所有区域需要消耗很长时间。

## 10.4.11 微束

使用重离子射线开展 SEE 表征为全局试验方法。换句话说,即使某一个事件发生,其依然很难发现原始位置等信息。采用激光试验可以解决以上问题。采用小的激光光斑并精确定义激光射线所处位置,可以将器件的敏感节点精确定位在微米量级[29-32]。而采用这种技术所出现的最主要问题在于激光将被金属层所发射,且其激光渗透深度仅有几微米 (815nm 激光只能在 Si 中射入 12μm)。

在试验过程中,通常采用散焦射线以确定敏感区。随后,采用更大分辨率下的微细聚焦激光光斑以定位先前区域的敏感节点。在使用重离子射线的典型 SEE 试验中,其翻转横截面与 LET 之间的关系曲线并不直接与激光有关。因而需要采用能量校准以获取 LET 值与激光能量之间的相关性。此时需注意的是必须对每个激光波长均进行校准。而使用重离子微束则可以解决这个问题 (见表 10-18)。

表 10-18

|  | 重离子束 | 激光 | 重离子微束 |
|---|---|---|---|
| DUT 射线直径 | 几 cm | 1μm 以下 | 1μm 以下 |
| 射程 | 几十 μm 范围 | 非常小的渗透深度 | 几十 μm 范围 |
| 敏感区域位置 | NO | YES | YES |
| 罕见现象分析 | NO | YES | YES |
| 计算横截面 | YES | NO | YES |

在欧洲,只有 GSI (德国,达姆施塔特) 一个装置具有了微束能力。该装置采用线性加速来产生 1.4 ~ 11.4MeV/amu 范围内的碳至铀离子。

与 CNES 合作,CYCLONE (比利时,Louvain – la – Neuve) 团队也在学习微束射线试验[28]。其想法是使用现有的两个混合粒子流之一。

使用这种方式来描述器件特性 [测试 σ (LET) 敏感曲线] 并不现实,然而这些工具对于帮助确定失效模式非常有用。

锎 – 252 是一种放射性元素,其可以自发分裂为一些碎片 (如图 10-17 所示)、α 粒子和中子。但其中仅有占据总分裂物 3% 的分裂碎片对于 SEE 试验有用。

因为其能量较低,所发射的离子很容易被阻止 (硅中射程大概 15μm) 且其并不能代表空间粒子。然而,在准备加速器实验前,采用平均 LET 值 (43MeV·cm²/mg) 可探测器件错误并对试验设置进行调试。

镅 – 241 通常作为 α 粒子发射,以模拟封装的放射性。出于这种目的,最近出版的 JEDEC JESD89 标准中介绍了航空电子和空间 SEE 条目。

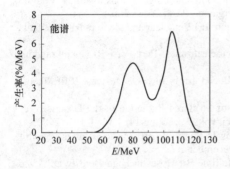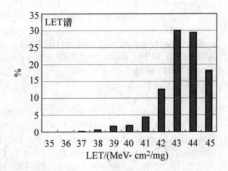

图 10-17　分裂能谱（左图）和 LET 谱线（右图）

# 致谢

感谢 ONERA 的 JP David 和 CNES 的 F. Bezerra 在本文 TID 章节的贡献。

# 参 考 文 献

[1] David J.P.: Total Dose Effects on Devices and Circuits, Space Technology Course (SREC04, June 2004), p.199.

[2] Duzellier S.: Single Event Effects: analysis and testing, Space Technology Course (SREC04, June 2004), p.221.

[3] Stapor W.J.: Single Event Effects Qualification, IEEE nuclear and space radiation effects conference, short course, section II, 1995.

[4] Titus J.L. et al: Experimental study of Single Event Gate Rupture and Burnout in vertical Power MOSFETs, IEEE Trans. Nuc. Sci., NS-43, n°2, p. 533, 1996.

[5] Marshall S.: Proton effects and test issues for satellite designers: part B. displacement effects, IEEE nuclear and space radiation effects conference, short course, section III, 1999.

[6] Johnston A.: Photonics Devices with Complex and Multiple Failure Modes, IEEE nuclear and space radiation effects conference, short course, section III, 2000.

[7] Hopkinson G.: Radiation Engineering Methods for Space Applications: Displacement Damage - Component Characterisation and Testing, Radiation Effects and Analysis, Radecs conference, short course, 2003.

[8] Schwank J. R.: Total-Dose Effects in MOS Devices, IEEE NSREC Short Cource, Section III, 2002.

[9] Ma T.P., Dressendorfer P.V.: Ionizing Radiation Effects in MOS Devices and Circuits, Wiley-Interscience, 1983.

[10] Johnston A.H., Swift G.M., and Rax B.G.: Total Dose Effects in Conventional Bipolar Transistors and Linear Integrated Circuits, IEEE Trans. Nucl. Sci. vol 41, n° 6, pp 2427-2436, Dec. 1994.

[11] Duzellier S. et al.: SEE Results using High Energy Ions, IEEE Trans. Nuc. Sci., NS-42, n°6, p. 1797, Dec. 1995.

[12] Dodd P.E. et al.: Impact of Ion Energy on Single-Event Upset, IEEE Trans. Nuc. Sci., NS-45, n°6, p. 2483, Dec. 1998.

[13] Ziegler J.F., Biersack J.P., Littmark U.: The stopping and range of Ions in solids. Volume 1 of "stopping and range of ions in matter", Pergamon Press (New-York).

[14] Petersen E.: Single Event analysis and prediction, IEEE nuclear and space radiation effects conference, short course, section III, 1997.

[15] Adams Jr. J. H.: Cosmic ray effects on microelectronics, Part IV, NRL memorandum report 5901, 1986.

[16] Pickel J. C., Blandford J. T.: Cosmic ray induced errors in MOS devices, IEEE Trans. Nuc. Sci., NS-27, n°2, 1006, 1980.

[17] Garth J.C., Burke E.A., Woolf S.: The Role of Scattered Radiation in the Dosimetry of Small Device Structures, IEEE Trans. Nucl. Sci. vol 27, n° 6, pp 1459-1464, Dec. 1980.

[18] Duzellier S. et al: Application of Laser Testing In Study of SEE Mechanisms In 16-Mbit Drams, IEEE Trans. Nucl. Sci., NS-47, n°6, December 2000.

[19] Makihara A. et al: Analysis of Single-Ion Multiple-Bit Upset in High-Density DRAMs, IEEE Trans. Nucl. Sci., NS-47, n°6, December 2000.

[20] John J. Livingood, "Principle of Cyclic Particle Accelerators", D. Van Nostrand Company Inc.

[21] JEDEC standard "Measurement and Reporting of Alpha Particles and Terrestrial Cosmic Ray-Induced Soft Errors in Semiconductor Devices", JESD89 August 2001

[22] G. Berger, G. Ryckewaert, R. Harboe-Sorensen, L. Adams « The Heavy Ion Irradiation Facility at CYCLONE - a dedicated SEE beam line » 1996 IEEE NSREC Workshop.

[23] A. Bol, P. Leleux, P. Lipnik, P. Macq, A. Ninane « A Novel Design for a fast intense neutron beam » NIM 214 (1983) 169.

[24] I. Slypen, V. Corcalciuc, A. Ninane, J.P. Meulders « Charged particles produced in fast neutron induced reactions on $^{12}$C in the 48-80 MeV energy range » NIM A 337(1994)431-440.

[25] C. Dupont, « Mesures de Sections Efficaces Différentielles du Bremsstrahlung Neutron-Proton à 76.5 MeV », UCL PhD Thesis 1987.

[26] H. Shuhmacher, H.J. Brede, V. Dangendorf, M. Kuhfuss, J.-P. Meulders, W.D. Newhauser, R. Nolte and U.J. Schrewe, « Quasi-Monoenergetic Référence Neutron Beams With Energies From 25 MeV To 70 MeV », International Conference on Nuclear Data for Science and Technology, Trieste, May 1997.

[27] M. Lambert, S. Benck, I. Slypen, J.-P. Meulders and V. Corcalciuc, « Comparison of Fast Neutron Induced Light Charged Particle Production Cross Sections for Si and Al », International Conference on Nuclear Data for Science and Technology, Trieste May 1997.

[28] F. Bezerra and G. Berger, "Heavy Ion Micro-Beam Study", RADECS Thematic Workshop on European Accelerators, Jyvaskyla May 2005.

[29] D. McMorrow et al., "Application of a Pulsed Laser for Evaluation and Optimization of SEU-Hard Designs," IEEE Transactions on Nuclear Science, Vol. 47, pp. 559–563 (2000).

[30] J. S. Melinger, et al., "Pulsed Laser-Induced Single Event Upset and Charge Collection Measurements as a Function of Optical Penetration Depth," Journal of Applied Physics, Vol. 84, pp. 690–703 (1998).

[31] G. C. Messenger and M. S. Ash, Single Event Phenomena (Chapman-Hall, New York, 1997).

[32] T. F. Miyahira, A. H. Johnston, H. N. Becker, S. D. LaLumondiere, and S. C. Moss, "Catastrophic Latchup in CMOS Analog-to-Digital Converters," IEEE Transactions on Nuclear Science, Vol. 48, pp. 1833–1840 (2001).

[33] H. A. Rijken, S. S. Klein, J. Jacobs, L. J. H. G. W. Teeuwen and M. J. A. de VoigtP. Burger " Subnanosecond timing with ion implanted detectors. " NIM B64 (1992) 272-276.

[34] E. Steinbauer, P. Bauer, M. Geretschläger, G. Bortels, J. P. Biersack and P. Burger "Energy resolution of Silicon detectors: approaching the physical limit." NIM B85 (1994) 642-649.

[35] Glenn Knoll, Radiation Detection and Measurement, 3rd Edition, 2000.

http://www.cyc.ucl.ac.be/
http://www.gnail.fr/public/presentation/index.html
http://pif.web.psi.ch/
http://www.phys.jvu.fi/research/accelerators/index.html
http://inpweb.in2p3.fr/%7edivac/divis/tandem.tandem.html

# 第 11 章　数字架构的错误率预计:测试方法学和工具

Raoul Velazco, Fabien Faure

TIMA 实验室，格勒诺布尔，法国

http：//www. tima. imag. fr

raoul. velazco@ imag. fr

fabien. faure@ imag. fr

**摘要：**评估可编程数字集成电路（即微处理器、数字信号处理器和场可编程门阵列）的单粒子效应敏感性需要特定的方法学和专用的工具。确实，这样的评估基于在线测试获得的数据。测试过程中，目标电路暴露于具有一定特性（能量、硅中射程）的粒子束下，该粒子束在某种程度上代表最终环境中遇到的粒子。这些实验，通常称为加速辐射地面实验，通过合适的辐射装置开展，因此需要大量的开发精力和费用。本章介绍了一种开发的软硬件工具，用于在合理的费用和精力平衡条件下处理此类实验。

## 11. 1　引言

高能粒子轰击硅，沿其径迹释放能量。能量被物质吸收并产生电子 – 空穴对。电荷可能通过扩散和漂移机制被收集，在被轰击节点产生一个"假"的电流脉冲。电流脉冲具有一个持续时间和幅度，依赖于入射粒子特性（能量、质量）和电路工艺。电流脉冲导致的现象被统称为单粒子效应（Single Event Effects, SEE）。

主要的 SEE 为所谓的单粒子翻转（Single Event Upset, SEU）和单粒子闩锁（Single Event Latch – up, SEL）。前者是非破坏性的，当电离导致的电流脉冲改变被轰击电路的一个存储器单元内容时发生。它的影响取决于被毁坏信息的本质和发生的时刻。对于 SEL，电流脉冲在"地"和"电源"之间引起一个短路，通过触发一个在所有 CMOS 电路中存在的寄生半导体闸流管，SEL 可以通过在线测量电路（或系统）的功耗而轻易检测。如果功耗高于一个预设限值，应关闭供电。与此相反，SEU 的影响较难检测或预测，源于它们依赖于 SEU 发生后被更改信息的未来使用。

以处理器为例，如果考虑一个特定的寄存器，应确定给定程序执行期间对寄存器 SEU 免疫的时期和不免疫的时期。的确，如果考虑的 SEU 目标在 $t$ 时刻被加载一个数值，该数值在 $t+\Delta t$ 时刻被执行的一个操作所使用，则对 SEU 的敏感性将被限制在时间区间 $[t, t+\Delta t]$（假设该寄存器在程序中不再被使用）。因此，所有发生在该时间区间之外的 SEUs 在程序执行层次将无效应。另一方面，如果是被持续用于指向下一个执行指令的程序计数器（Program Counter，PC）的内容被一个 SEU 改变，很容易预测到大多数情况下，程序执行将产生与预期不一样的结果（或程序执行持续时间）。PC SEU 导致错误的程序结果是很难预测的。在某些情况下，时序丢失的情况可以导致程序崩溃，源于非法指令或无限循环的执行。

对复杂电路存储单元内容"假"修改引起后果进行粗略分析的目的在于说明：对于任何用于辐射环境操作的应用，SEU 现象的后果都是潜在危险的。因此，当选择部件和开发架构时必须慎重考虑。

## 11.2　地面辐射测试的要求和目标

预测 SEE 错误率需要知晓目标电路对单个粒子的响应。用于成功描述可编程数字器件特性的术语、基本机理、概念和近似法在本文的"单粒子效应：分析和测试"部分中已经描述。

如前所述，加速辐射地面测试是研究被测器件（Device Under Test，DUT）单粒子响应所必需的。然而，辐射装置不具备提供这样粒子的能力：粒子总是宽束。此外，DUT 具有许多灵敏区。永远无法知道束流中哪个粒子将与器件中一个给定灵敏区相互作用。因此，辐射地面测试数据具有一个统计本性，是束流特性（主要是通量）和器件特性：灵敏区尺寸、单位表面积的灵敏区数量的函数。因此，实验者需要一个移除这些几何效应和测量粒子/器件相互作用动力学的概念。这就是截面的概念。

想象一个虚拟的入射高能粒子与一个具有灵敏区规律阵列的器件的相互作用。此外，假设粒子垂直轰击器件。最终，需要粒子具有一个足够高的 $LET^{\ominus}$，当其穿过灵敏区时可以触发一个单粒子事件（$Q_{col} \geqslant Q_{crit}$）。实验的最终结果是单粒子事件率（$R_b$）的一个测量值。图 11-1 给出了虚拟实验装置。

可以预见，每次一个入射粒子进入灵敏区（表面积记为 $\sigma$）的表面，将能观测到一个单粒子事件。如果沿束流方向的器件表面积为 $S$，$S$ 内的灵敏区数量为 $N_b$，$S$ 内的总灵敏表面积为 $\sigma \times N_b$，则

---

$\ominus$　LET（线性能量转移）指当入射离子沿其路径释放能量时引起电离的测量值。例如，一个 LET 值为 97MeV·cm$^2$/mg 的粒子沉积能量约为每微米 1pC。

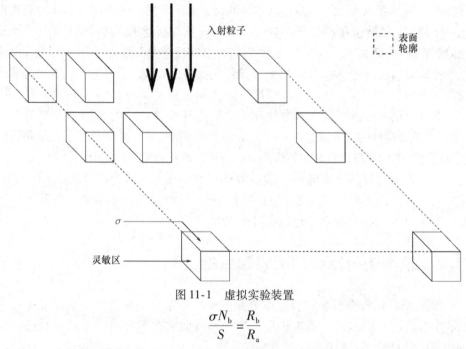

图 11-1　虚拟实验装置

$$\frac{\sigma N_{\mathrm{b}}}{S} = \frac{R_{\mathrm{b}}}{R_{\mathrm{a}}}$$

式中，$R_{\mathrm{a}}$ 为单位时间内穿过 $S$ 表面的入射粒子数。所以

$$\sigma = \frac{R_{\mathrm{b}}}{\dfrac{R_{\mathrm{a}}}{S} N_{\mathrm{b}}} = \frac{R_{\mathrm{b}}}{\Phi_{\mathrm{a}} N_{\mathrm{b}}}$$

式中，$\Phi_{\mathrm{a}} = R_{\mathrm{a}} / S$，指束流通量（单位时间单位表面积上的粒子数）。若引入持续时间 $T$，则

$$\sigma = \frac{R_{\mathrm{b}} T}{\Phi_{\mathrm{a}} N_{\mathrm{b}} T} = \frac{\text{实验中记录的单粒子事件数}}{\text{实验的注量} \times \text{暴露的灵敏区数量}}$$

$\sigma$ 称为相互作用截面，是灵敏区表面积的直接测量值，单位为 $\mathrm{cm}^2$ 或靶（1 靶 = $10^{-24}\ \mathrm{cm}^2$）。有时，灵敏区的数量是未知的，则 $\sigma$ 的单位成为每器件的相互作用截面（或每比特）。

$$\sigma_{\mathrm{dev}} = \frac{\text{实验中记录的单粒子事件数}}{\text{实验的注量}}$$

$$\sigma_{\mathrm{bit}} = \frac{\text{实验中记录的单粒子事件数}}{\text{实验的注量} \times \text{比特数}}$$

　　因此，一次辐射地面测试的最终结果是相互作用截面与粒子 LET 值的关系图。必须注意两个重要的量：LET 阈值指引起一个事件的第一个 LET 值，饱和截面对应于总的灵敏面积。从 LET 阈值和最终的环境性质，可以决定可靠地使用测试电路需要的评价。表 11-1 总结了 LET 阈值的典型值和对应的评价。获得的 LET 阈值测量值可以初步诊断 DUT 用于最终辐射环境的合适性。

**表 11-1　LET 阈值和需评价的环境**

| 器件阈值 | 需评价的环境 |
|---|---|
| LET$_{th}$ < 10 MeV · cm$^2$/mg | 宇宙射线、俘获质子、太阳耀斑 |
| LET$_{th}$ = 10 ~ 100 MeV · cm$^2$/mg | 宇宙射线 |
| LET$_{th}$ > 100 MeV · cm$^2$/mg | 无需分析 |

下面将仅讨论 SEU。为了获得 SEU 截面，电路在暴露于选择的粒子束流期间必须是工作的。一个重要的方法学观点是辐射实验期间 DUT 将实现活动的选择。其强烈依赖于电路的类型，对于具有单一功能的那些电路，比如存储器，十分简单；而对于可以执行一套指令或命令的电路，如处理器，则十分困难。在下一节中，常用于代表性电路的主要策略的一些趋势将会被简要列出。

## 11.2.1　静态和动态 SEU 测试策略

微电子集成电路辐射地面测试的一个重要方面是电路暴露于束流期间所实现的活动。该活动必须尽可能地代表电路安装在最终应用和环境中实现的活动。

对于芯片比如存储器（SRAMs、DRAMs……），估计其对 SEU 的敏感性可以容易做到。将其装载预设图形，通过周期性读出使用的存储区并与预期值相比较，确定是否发生 SEU 导致的毁坏。

由于所有可获取的目标均被同时暴露于 SEU，该策略通常被称为"静态测试"，但该情况与实际电路活动相差甚远。当被用于辐射地面测试时，一个静态测试策略将提供一个存储器 SEU 敏感性的最劣估计。确实，存储器在设备中将被用于存储信息，有些信息（比如一个程序代码或一个数据区域）在整个系统操作期间不被改变，而有些其他区域的使用则更动态化。一个决定接近于最终设备中的敏感性的方法在于，评估平均使用比特数量和估计敏感性，作为平均使用比特数量和每比特敏感性的产物（通过辐射测试获得的存储器截面除以比特数量获得）。

当 DUT 是处理器时，采用静态策略的尝试由下列方法组成：考虑目标存储区域包含所有可获取的 DUT 寄存器和内部存储区域（可以通过执行合适的指令时序读取）。可以容易编写一个实施静态测试策略的程序，主要使用 LOAD 和 STORE 指令获取指令集可获取的所有处理器存储单元（寄存器、内部 SRAM……）。当处理器暴露于辐射时，运行这样的程序将提供一个对应于电路 SEU 敏感性最劣估计的截面，而不是对应于 DUT 运行于真实应用时的敏感性。的确，当运行一个给定的程序时，寄存器和各种各样的存储器区域被动态和不可控地使用：比如，存储在寄存器中的数据只有在对程序有意义的期间才对辐射敏感。

研究表明，将存储器测试策略推广至处理器会严重高估错误率。的确，本章参考文献［1］、［2］的作者使用一个静态测试策略（被测处理器执行的程序仅加载和观测寄存器组和内部存储器）和一组某种程度上具有代表性的程序开展地面测试。后者被称为动态策略。处理器对象包括 16bit 处理器（摩托罗拉 68000 和 68882）和简化指令集并行处理器（Inmos Transputer T400）。结果表明，相比于静态测试策略，动态策略的错误率至少低一个数量级。

这些结果并不令人惊讶。的确，如果要在程序输出中引起一个错误，SEU 必须发生在目标的灵敏时期。此外，许多寄存器和存储器单元并不被程序使用，影响这些锁存器的 SEU 将对程序输出无影响，因此对最终的错误率没有贡献。不幸的是，对比使用标准检查程序获得的错误率和使用实际应用在地面测试或飞行实验中获得的错误率的报道工作很少。

理想化地，辐射实验应使用最终应用程序以获得真实截面测量值。但是在准备辐射测试以及选择用于空间设备的候选芯片时，这些程序常常是不可用的。本章参考文献［3］提出了一个解决该困难的有趣方法。作者强调通过计算软件使用的各种处理器单元的"任务因子"来评价应用截面的重要性。加载一个指定寄存器或存储器地址与将其写入存储器的时间间隔是寄存器的 SEU 敏感时间。将该时间表达为总执行时间的百分比，即为该寄存器或存储器单元的任务因子。一个程序对辐射的敏感性可以通过如下方式计算：对所有灵敏单元，个体灵敏性（辐射地面测试中使用静态策略获得的 SEU 截面）加权对应的任务因子的求和。

作为例子，图 11-2 给出了一段程序。为了分析，仅考虑一个寄存器，即寄存器 A。为了减少解释，假设每个指令在一个时钟周期内执行，执行该程序需要的最大周期数为 1200 个。

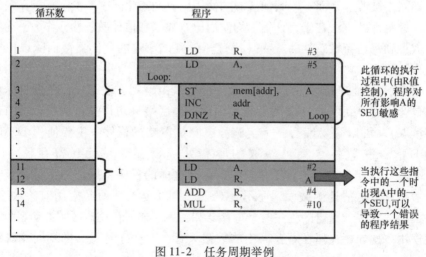

图 11-2　任务周期举例

第一个标出的程序部分是一个由寄存器 R 内容控制的循环。当执行条件分支指令 DJNZ 时，R 值自动减 1；当 R 将为 0 时，DJNZ 的执行将导致进入第二个标出的程序部分。在第二个标出的程序部分，A 的内容首先被初始化为 2，然后被传递给寄存器 R 后用作不同运算的一个操作数。可以清楚地看到，若仅考虑寄存器 A，其对 SEU 的敏感性仅为这两个程序部分的执行期间（假设这两个程序部分之外 A 不再被使用）。因此，其对总体敏感性的贡献可以计算为对应周期的和：10 个周期（A 的初始化需 1 个周期，三次循环需 9 个周期）和 2 个周期（第二个程序部分）。因此，A 对程序中 SEU 引起的错误率的贡献为 0.01，是静态策略获得的 A 的敏感性的 1/100。

这种计算程序错误率的方法将提供好的估计，仅需有限的地面测试实验来计算 DUT 中任何潜在的 SEU 目标的截面。通过对语言源代码集的分析计算得到的任务周期，可被用于任何应用程序未来演化的分析。尽管如此，主要的困难来自于处理器和指令集的多样性，导致开发任务周期自动计算工具的实践十分困难。据我们所知，自 1988 年该方法被首次提出后，没有可导出一个给定应用的任务因子的自动化工具被提出。这种工具的开发被执行路径的组合剧增严重阻碍（由软件构造如循环和条件陈述引起），使分析变得棘手。此外，程序输入的变化可以导致不同的指令路径、不同的任务因子和不同的 SEU 敏感性。另外一个限制来自于，并不是所有的 SEU 目标都可以通过指令集读取。许多处理器中存在的暂时寄存器和触发器在构架层次不为所知，因此它们对总体错误率的贡献不能被包括在计算中。尽管有这些固有的限制，考虑 SEU 敏感目标的任务周期的错误率计算方法总体上被认为十分接近电路操作与最终应用中的预期错误率。

## 11.2.2　错误类型和指导方针

### 11.2.2.1　错误类型

可编程器件在 SEE 测试时可能遇到多种错误类型。下面是本节中用到的一些情况：

1）毁坏的输出：程序输出与预期值不同。

2）延迟：程序执行持续时间比预期短或长。这种情况被认为是一个错误，尤其在实时系统中。

3）时序丢失：程序执行流程被破坏，处理器需要软重置来重启。

4）功能中断：处理器对软重置无响应，退出这种情况需要硬重置（供电断/开）。

由于是可编程的，大部分此类器件内嵌大量存储单元（寄存器、缓存）。所有这些存储器都可能潜在地被 SEU 扰乱。当今，处理器具有超过 500 KB 的缓存已不罕见，导致其成为 SEU 的首选目标。作为讨论过程中的一个参考，图 11-3

给出了一个虚拟微处理器的简图。

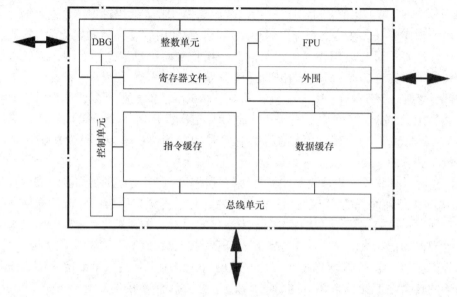

图 11-3　一个虚拟的复杂微处理器

### 1. 总线单元

这部分通常内嵌几个寄存器，用于锁存数据和地址。这里主要的问题是 SEU。锁存器中的翻转可能导致错误的数据/地址读或写。

### 2. 整数单元，浮点单元（FPU）

大多数时间，IUs 和 FPUs 是采用流水线工作的。寄存器上的翻转可能导致错误的计算。

### 3. 寄存器文件

随着近期编译器技术的发展，寄存器文件的使用被相当好地优化，意味着这些存储器具有很高的任务因子。因此，这些寄存器上的 SEUs 对程序输出产生瞬间的影响，包括从破坏的输出到时序完全丢失。

### 4. 指令缓存

这些单元被分成两个区域。最大的一个是 SRAM 阵列，用于存储获取指令。第二个是一个标签阵列，其目的是验证获取代码或使获取代码无效。标签阵列中的翻转主要有两个后果：

1）如果一个翻转导致一个将要被执行的指令无效，其直接后果是程序执行的延迟，因为该指令不得不再次被获取。

2）另一方面，如果一个错误的指令被验证有效，程序流程将被破坏。

指令阵列中的翻转效应很难预测。如果被破坏的指令没有被标签阵列验证有效，将不会观测到错误的行为。如果被验证有效，可能发生三种情况：

1）被破坏的指令不在处理器指令集中。当控制单元尝试译码时，将产生一个例外/陷阱。

2）翻转改变了指令（比如在简化指令集处理器、RISC 中，加载和存储指令的操作码仅相差一个比特）。

3）翻转改变指令的操作数。

同上，最终的结果包括从破坏的输出到时序丢失。

**5. 数据缓存**

数据缓存的构造与指令缓存相似，同样具有一个标签阵列和一个数据阵列。标签阵列中的翻转可能使数据无效（引入延迟）或使过期数据（导致破坏的输出）有效。与预期的一样，数据阵列中的翻转可能导致破坏的输出或无可观测到的效应，如果数据是过期的。数据缓存中的翻转不太可能引起时序丢失。但如果处理器将代码当作数据操作（比如自动变形代码），这种情况则可能发生。

**6. 控制单元**

取决于处理器，控制单元可能通过状态机或微代码和时序/译码器执行复杂的算法（代码预获取、过期执行）。这个复杂的电路可能很容易被一个翻转扰乱，导致时序丢失或例外/陷阱的产生。

**7. 调试单元**（DBG）

此单元的翻转可能触发处理器的特殊执行模式（比如调试模式、追踪模式）。可以清楚地看到，这些事件将中断程序的执行流程。这些单元中的翻转也会导致处理器的功能中断（比如，它们可能激活未列入文件的/非预期的执行模式）。

## 11.2.2.2 测试指导方针

现在已有帮助实验者证明电子器件合格的标准。不幸的是，这些文件大多数集中在存储器测试。本节给出了一些指导方针，目的在于帮助实验者描述可编程器件的特性。针对三种测试类型给出提示：

1）静态测试：一种目的在于测量器件存储单元静态敏感性（即静态截面）的测试类型。辐照期间，DUT 应该不活动，为了避免单粒子瞬态脉冲在器件读/写期间被锁存。这种类型的测试应当执行如下：开始时，必须将处理器存储单元填入已知图形。然后使处理器不活动，比如通过关闭时钟。打开束流，待实验结束时，关闭束流，打开时钟。处理器此时将存储单元中的数据输出。

2）半静态测试：此种类型测试的目的仍然在于决定存储单元的敏感性，所以应采用和静态测试相同的策略。但是，当束流打开时，DUT 是活动的。将此处获得的截面减去静态截面，实验者就可以测量单粒子瞬态脉冲的结果。半静态测试应在多种频率下开展。

3）动态测试：此类实验用于获得一个给定应用的错误率数据，同时帮助决定处理器的异常失效模式。处理器在辐照期间应是活动的，且执行一些计算（如一个分类程序，或一个矩阵乘法）。动态测试应在多种频率下执行，缓存处于开启和关闭状态。

无论测试是静态、半静态或动态的，实验者都应增加如下内容：

1）看门狗：用于测量程序执行时间。当且仅当程序执行完毕时，DUT 假设存在一个输出引脚。如果记录时间短或长于预期时间，则测试器件发生异常。

2）陷阱表格：这些表格必须全部填入确定陷阱本质的代码。确定方法可以是在主要存储器中写入识别标志或为每一个陷阱分配一个专用的输出引脚。这样如果一个非预期的陷阱被触发时，可以帮助实验者理解什么发生了故障。

3）NOP：程序执行完毕后，必须对存储器填入 NOP 指令（无操作）。在代码存储器结尾之前，应写入一个特定的程序。此程序分配一个专用的输出引脚，然后永远循环下去。目的在于捕捉程序地址范围之外的非预期跳跃。

## 11. 2. 3 硬件设备

评估设备暴露在辐射环境下工作时的错误率是最需要关注的。常用的评估方法基于最终应用环境的特征和系统内各部分的辐射敏感性。在这些部分中，几乎存在于所有复杂数字系统的存储器和处理器被认定是总错误率的主要贡献者。事实上，这些复杂数字系统包含大量的存储单元，使得它们潜在地对单粒子翻转敏感。单粒子翻转是一种十分重要的效应，单个粒子击中对系统应用十分重要的数据，会导致数据的改变，或击中处理器的程序时序部分，导致时序丢失，引起系统产生非预期和可能危险的行为。

如前文所述，评估电路的 SEE 敏感性需要将被测电路暴露在合适通量的粒子辐射下，使用辐射装置如粒子加速器（回旋加速器、直线加速器等）产生辐射粒子。为了提供具有精确能量的入射粒子，这些实验通常在真空室内进行。图 11-4 为劳伦斯·伯克利实验室（LBL, Berkeley, CA, USA）用于 SEE 实验测试的回旋加速器真空靶室。

这些测试通常被称为辐射地面测试。测试中的主要问题是被测设备需要处于"在线"状态，也就是说被测电路在测试阶段必须工作。这意味着被测设备必须工作在典型的电子/数字环境下，包括被测电路是处理器的情况，外部存储空间和所有必需的电路应保障处理器可以执行被选程序且可在线监测 SEE 效应。

从硬件设备的角度来看，这意味着必须开发一个测试平台。该平台应提供上述能力，还应可以与外部进行通信以存储与被测故障相关的信息，用于进一步的分析。图 11-5 是一个典型的 SEE 实验硬件设备，拍摄于在 LBL 回旋加速器开展辐射地面测试期间。硬件平台被装在一个移动支架上，可实现目标电路与束流的

图 11-4　劳伦斯·伯克利实验室 88in 回旋加速器装置的 SEE 测试真空靶室

图 11-5　处理器架构单粒子效应测试的一个典型硬件设备

对准。如果需要/可能，可以"倾斜"被测设备，用于使用相同的束流模拟具有更高有效 LET 值的离子效应。这个实验使用一个被称作 THESIC[4] 的测试设备来实现，该设备通过母板/子板设计，实现不同 DUT 反复使用的功能。实际母板可以满足的需求如下：

1）控制 DUT 电源，监测单粒子锁定并关闭电源以防止 DUT 损坏。

2）开始或结束子板工作，监测导致处理器程序时序丢失的 SEU 及恢复（通过可编程计时器的方式）。

3）在线检测 SEU 并恢复相关信息。恢复相关信息的功能通过以下手段实现：对于导致 DUT 输出错误的 SEU，读取母板和 DUT 板共享的存储空间内容，DUT 在该空间存储程序执行结果。对于导致程序时序丢失的 SEU，通过计时器的方式进行检测。计时器会显示程序执行时间与预期不同，并通过插入一个异步中断信号停止程序执行。

辐射地面实验期间，电路被暴露在粒子束流下，同时执行既定功能。辐射地面实验的目的是为了获得所谓的 SEE 截面，该截面是灵敏区域的测量值。常用的典型粒子束有重离子、质子和中子（大气环境）。

# 11.3　数字架构的错误率估计

如前文所述，如果在辐射地面测试时采用静态策略评估处理器的 SEU 敏感性，会导致结果与实际敏感性相差甚远。实际上，这种静态策略认为影响寄存器内容的每一个位翻转都将在程序执行层面引起一个错误。这明显不是真正程序运行时的情况，解决方法应为在辐照束流暴露期间使用最终应用程序。不幸的是，最终应用程序往往在辐照地面测试（用于选择设备可用的微处理器芯片）时是未知的。此外，最终应用程序可能会使用包含与外界环境相连的传感器架构。来源于环境的数据导致很难建立真实的测试方案，因为这些数据只有设计者或者最终用户才能得到。总结一下，处理器的 SEE 可靠性评价的主要问题在于很难在DUT 测试时使用与最终应用尽可能接近的程序。在实际操作中，可通过定义基准程序来试图解决该困难，基准程序可提供更真实的 SEU 动态敏感性数据。这种程序通常含有排序算法、FFT 和矩阵乘法程序。

下一节的主要目的是描述一种方法，该方法可基于辐照地面测试获得的静态SEU 截面和故障注入获得的错误率预测任何程序的 SEU 截面。

## 11.3.1　总体方法学

假设存在一种方法，该方法可以在发生时刻和目标上随机注入位翻转，也能在可编程 DUT（处理器、微控制器、数字信号处理器）上实现。静态测试策略获得的截面提供了在 DUT 的一个存储器单元中引起一个位翻转所需要的平均粒子数。

如果位翻转可以通过软件和/或硬件的方法，在既定程序执行的同时被注入，那么这些位翻转可以用来推导错误率 $\tau_{inj}$。$\tau_{inj}$ 等于观测到的错误数除以注入的位翻转数：

$$\tau_{inj} = \frac{\#错误数}{\#注入的位翻转数}$$

$\tau_{inj}$ 可以解释为诱发程序出错所需位翻转数的平均值。被测程序的 SEU 敏感性可以由基础截面（诱发一个位翻转所需的平均粒子数）与故障注入获得的错误率计算得到：

$$\tau_{SEU} = \sigma_{SEU}\tau_{inj}$$

这种评估错误率的方法原则上可以适用于任何处理器。与实际辐射测量结果比较，获得的错误率的准确性强烈依赖于被测电路中指令集不可访问的存储单元数量。

这种方法的主要困难在于实施的故障注入策略必须尽可能真实地模拟位翻转对处理器造成的影响。在下一节中会描述一种使用略微更改的测试硬件实现此类方法的实例。当然，也可以基于 DUT 软件模型来实现该策略，但该内容不在本文的讨论范围。

## 11.3.2　一个基于硬件的类 SEU 故障注入策略

我们考虑使用由可以执行指令顺序并且可以处理异步信号（如中断、例外）的器件（处理器）组建的架构。原则上，这个处理器可以被编译为直接或者间接执行外部 SRAM 地址，以及内部寄存器和存储空间的读写操作。另一方面，如前所述，一部分的处理器内部存储单元（特别是在处理器控制部分嵌入的触发器和锁存器）是无法访问（控制或观察）的。因为这些内容是未知的，或不能直接通过指令集进行访问。

对现在的大部分处理器来说，位翻转可以在程序执行的同时、在需要的时刻、使用专用的指令时序、使用软件的方式进行注入。下文中，我们把这种软件模拟位翻转称为 CEU（代码模拟翻转）。诱发 CEU 的代码片段被称为 CEU 代码。翻转注入的存储器位置称作 CEU 目标。

通常，向一个通用寄存器或者直接寻址的内部或者外部存储器中注入一个位翻转仅需少量指令，用于执行下列任务：

1）读取 CEU 目标内的现有内容。

2）将其与一个合适的掩码文件（对于要注入翻转的位置为 "1"，其他为 "0"）执行 XOR 操作。

3）将修改后的数据写入 CEU 目标位置。

仅剩的最后一步是在需要的时候触发执行 CEU 代码。如果 CEU 代码被放置在一个合适的存储器空间（例如外部 SRAM）的预定地址，被一个中断指令所指向（或等效的机制），该步骤可通过插入一个中断命令来实现。实际过程中，处理器会在中断信号插入后执行以下内容：

1）完成当前指令后停止程序运行。

2）在堆栈中保存中断点（至少保存程序计数器的内容）。

3）跳至 CEU 代码并执行，诱发翻转。

4）从堆栈中重新加载中断点继续执行程序。

如图 11-6 所示，4 步执行后，程序执行的状态与一个具有足够能量的粒子在相同的时刻和目标位上引起一个 SEU 从而导致位翻转发生的情况十分类似。除了被翻转修改的 CEU 目标，用于执行故障注入模拟的处理器寄存器仅有堆栈指针（用以存储和恢复堆栈中的关键寄存器）和程序计数器（用于指向下一条被执行的指令）。这两个寄存器在 CEU 故障注入时需要尤为关注。

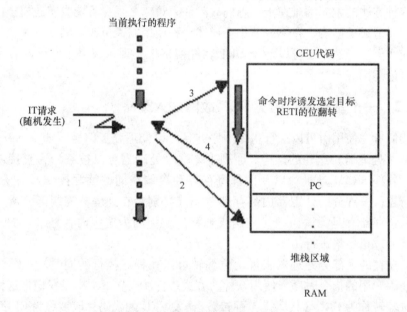

图 11-6　使用中断方法进行 SEU 注入

接下来会举例描述在典型目标进行 CEU 注入的重点步骤，目标有：内置寄存器、内置或外置 SRAM 型存储器以及特殊功能寄存器。第一步为分析处理器架构中包含的多种存储单元的访问方法和功能，这是为了决定给哪些 CEU 目标家族分配类 CEU 代码。这些类 CEU 代码将包含一些变量，在执行 CEU 注入之前将变量修改为合适的数值可以用于判定目标位。假设一个处理包含以下部分：

1）一个累加器 ACC，可使用 LOAD ACC 指令隐藏寻址。

2）分布在内置 SRAM 上部的寄存器（SFR），可以通过累加器寻址，使用指令 LOAD ACC。

3）128 bytes 的内置 SRAM，可以通过累加器直接寻址模式进行读取。

4）堆栈指针 SP（1 byte），指向内置 SRAM。

5）2 bytes 的程序计数器（PC）。

一旦 CEU 家族确定，就必须对其一一分配 CEU 代码。前文已经讲过，CEU 代码是一串处理器指令，执行这些指令将改变被选目标中一个存储位的内容。最简单的例子就是累加器的 CEU 代码。实际上，改变 ACC 的一个存储位只需要两条指令：异或（XOR）ACC 中的存储数据和一个字节，该字节通过多个"0"中"1"的位置指出 ACC 中将要被翻转的存储位（记为 BitPos）。之后为从中断指令（RETI）返回主程序。CEU 故障注入的目的是为了在 SEU 敏感区域进行单位比特修改。那些不同于 CEU 目标且必须在 CEU 代码中使用的所有存储单元的内容须予以特别关注。比如，当 CEU 目标是内置存储区域的某 1 byte 时，将会强制使用累加器 ACC，以获得将要被修改的数值并将其保存在最终的目标地址上。进行这一步需要存储 ACC 内容，比如使用堆栈和相关的 PUSH 和 POP 指令，这样就可以避免（错误地）注入多位翻转。表 11-2 为两种 CEU 代码的伪汇编语言样例。

表 11-2　累加器和内部 SRAM 的 CEU 代码。"addr"是被扰乱 SRAM 字节的地址，"BitPos"是在多个"0"中存储一个"1"的字节（对应于翻转位置）

| CEU 目标 | CEU 代码<br>（8051 汇编语言） | 备注 |
|---|---|---|
| 累加器 | XOR ACC, BitPos<br>RETI | 修改一个 ACC 寄存器比特<br>返回主程序 |
| 内部或 SRAM | PUSH ACC<br>LOAD ACC, addr<br>XOR ACC, BitPos<br>STORE ACC, addr<br>POP ACC<br>RETI | 保存累加器 ACC 内容<br>读目标字节内容<br>修改目标比特<br>在目标 SRAM 中存储修改的字节<br>恢复 ACC<br>返回主程序 |

需要注意的是，CEU 代码中可能包括用于读取、修改和覆盖堆栈数据的指令（最后一条操作仅在 DUT 使用软件实现堆栈时可用）。这使得 CEU 注入可以在 PC 和其他控制寄存器上实现，而这些对象通常不能通过指令集直接访问。在所有可以通过指令集访问堆栈的处理器架构中，可以通过以下方法实现 PC 中的故障注入：异或存储在堆栈中的 PC 值和对应于目标存储位的掩码文件。对于 SP 指向堆栈顶端，而堆栈顶端存储着 PC 的次要字节，最重要的字节（MSB）存储在后面地址的情况，PC 的 CEU 代码将从减小 SP 开始，以指向 MSB，见表 11-3。

最后，对堆栈指针进行的故障注入需要仔细分析。SP 中发生的错误有可能对所有程序，包括堆栈操作（子路径调用、中断过程等），造成严重的影响。基于中断和修改 SP（用于在中断过程后重新加载程序内容）的 CEU 方法必须小心使用。本章参考文献 [5] 中给出了此问题的一个通用解决办法，可以避免因修改 SP 而导致的 PC 加载错误地址，进而导致程序时序丢失的情况。本文不再详述参考文献 [5]。这样的方法主要通过以下方法实现：在扰乱 SP 之前，在一个特别的地址写入一个无条件的跳跃指令，指向主程序被中断的地址（从堆栈中恢复）。这样，在修改 SP 内容之前，主程序的返回地址就被保存在外置 SRAM 的一个预设地址处，从而不需要使用中断指令（RETI）恢复程序执行。跳跃到该地址即可切换到真正的返回地址，不需要使用 SP。

表 11-3  PC 的 CEU 代码

| CEU 目标 | CEU 代码<br>（伪汇编语言） | 备注 |
|---|---|---|
| 程序计数器（低） | PUSH R0 | 存储 R0 内容在堆栈中 |
| | PUSH ACC | 存储 ACC 内容 |
| | LOAD R0, SP | 在 PCL 存储地点使用 R0 |
| | LOAD ACC, @ R0 | 加载 PCL 至 ACC 寄存器 |
| | XOR ACC, BitPos | 翻转 ACC 中目标比特的内容 |
| | STORE @ R0, ACC | 在 PCL 中存储修改值 |
| | POP ACC | 恢复 ACC |
| | POP R0 | 恢复 R0 |
| | RETI | 返回主程序 |
| 程序计数器（高） | PUSH R0 | 保存 R0 |
| | PUSH ACC | 保存累加器内容 |
| | DEC SP | 减小 SP 内容 |
| | LOAD R0, @ SP | 将 R0 指向 PC 第二半段 |
| | LOAD ACC, @ R0 | 在 ACC 中加载 PCH 内容 |
| | XOR ACC, BitPos | 修改 ACC 中目标比特的内容 |
| | STORE @ R0, ACC | 将 ACC 内容转移到 PCH |
| | INC SP | 增大 SP |
| | POP ACC | 恢复 ACC |
| | POP R0 | 恢复 R0 |
| | RETI | 返回主程序 |

以 8bit 微处理器的 CEU 代码为例，其大小为 3 byte（计数器情况）到几十 byte（PC 情况）。粗略估计下，假设 1 个时钟周期为 $1\mu s$，DUT 执行 CEU 代码将不超过几十微秒时间。这个时间必须加上准备 CEU 代码的时间、DUT 独立完成或通过外部器件完成操作的时间和执行测试程序本身的时间。通过 CEU 方法实现故障注入的持续时间量级：使用 THESIC 测试装置在 8bit 微控制器中每注入一个位翻转约使用 1s 的时间（工作频率为 1MHz）。在使用更快时钟时，故障注入

时间会急剧缩短。作为比较，如果使用软件方法（使用处理器模型）实现故障注入，每位翻转将消耗10s 的时间。

　　一旦 CEU 成功注入，一个必要的步骤就是观察程序输出有什么变化。该步骤与程序的类型紧密相关。为了得到结果，我们可以使用与预计结果值（该程序的执行结果）相比较的方法来分析程序是否正确：

　　1）特殊存储空间用于存储程序的输出结果内容。

　　2）程序执行总耗时。

　　总结一下，CEU 方法对电路运行的较小影响是使得这种方法广泛适合于翻转模拟的主要原因之一。事实上，故障注入耗时相对较短（最大为几十个时钟周期）并且与应用的复杂程度无关。这使得这种方法可以承受住足够多次的重复实验，以得到翻转在复杂程序上造成影响的统计结果。实际操作时，通过简单地重载（或者调整）相关存储区域的 CEU 代码就可以得到其他目标区域的 CEU 代码，这样就可以对一个新目标进行故障注入。不过使用 CEU 方法仍有两个限制：①不能模拟发生在指令执行期间的翻转，因为中断只能发生在预定的时刻；②并非所有翻转敏感的目标都可以进行故障注入。相比于实际的总翻转敏感区，CEU 目标存储区域的大小是不能直接得到的，因为某些信息只有电路设计者和制造者才知道。不管这些限制，假设现代处理器的复杂性和其庞大的内置存储空间使得可访问空间占总敏感空间的很大部分，这将给故障注入方法的结果带来很大的可信性。

# 11.4　结合地面辐射测试和错误注入：一个例子

## 11.4.1　目标处理器：8051 微控制器

　　为了证明之前章节提到的概念和方法，我们选择 Intel 的 8051 微控制器为例，该控制器虽结构简单但是一款强大的 8 位微控制器，在空间设备中广泛应用，所以可以得到很多它的地面辐射数据。

　　8051 结构包含可以用标准寻址模式的 LOAD 和 STORE 指令访问内置 SRAM。一半的 SRAM 用于存储数据，或者多种其他内容比如堆栈，如果有需要还可以存储程序代码。另一半分布着不同的微控制器寄存器。图 11-7 给出了一个内置 SRAM 的占用情况原理图，前半个 SRAM 存储了典型矩阵乘法程序和矩阵结果。

　　该处理器的 CEU 目标有：128 bytes 的内置 RAM、特殊功能寄存器、程序计数器和指令寄存器。如前所述，一些对翻转存在潜在敏感性的存储单元（如 ALU 寄存器、控制部分的触发器）不能通过 CEU 方法进行翻转注入。以 8051 微控制器为例，可评估的不可访问的目标占总翻转敏感区域的7%。8051 的敏感区

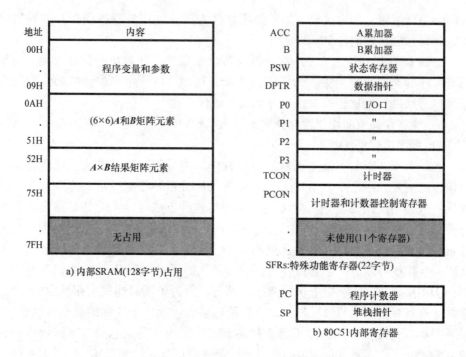

图 11-7　8051 CEU 注入目标：内部存储区域和寄存器

CEU 代码直接通过对指令设置的深度分析得到。最终代码的更多语法细节与表 11-2 和表 11-3 十分相似。

完成 CEU 代码后，CEU 故障注入方法还需要考虑如何实现异步中断信号。以 8051 为例，同时存在掩码和非掩码中断信号，并且都可以在预期时刻触发 CEU 代码的执行。从硬件角度来看，需要可编程计时器来实现这个功能。在执行所选程序之前，这个计时器通过外部控制器（测试平台）被随机初始化为一个周期性衰减的预设值。当计时器计到 0 时，触发中断信号，模拟随机发生的 SEU。

我们编译了一个程序，用于得到 SEU 导致电路可访问敏感区域的最坏情况。实际情况中，我们的程序使用了 6×6 的乘法矩阵，该矩阵与结果矩阵存储在一个 128bytes 的内置 SRAM 中，并占用了绝大部分存储空间。

如表 11-4 所示，从 00H 到 09H 的前 10 个内置存储位置用于存储各种矩阵乘法程序（矩阵的基本维度、指数和地址）。紧接着 0AH 到 051H 的位置用于存储 2 个矩阵对象的元素，同时这些矩阵的乘法结果存储在 052H 到 075H 地址之间。另外，当用在 THESIC 子板时，该应用直接或间接使用 21 个特殊功能寄存器（SFR）中的 10 个，以及显然会用到的程序计数器（PC）和指令寄存器（IR）。因此，只有 20 bytes（10 个 SFR 和 10 bytes 的内置存储空间）未被使用。

在它们中进行故障注入不会对程序执行结果产生影响。

**表 11-4　8051 的 CEU 注入实验结果**

| 注入错误数量 | 无效应 CEUs | 结果错误 | 时序丢失 |
|---|---|---|---|
| 内部存储器<br>10780 | 4890 | 5700 | 190 |
| SFRs<br>1465 | 1227 | 84 | 154 |
| 总共<br>12245 | 6117<br>（49.96%） | 5784<br>（47.24%） | 344<br>（2.8%） |

我们开发和验证了不同目标对应的 CEU 代码，并用于研究瞬态错误效应。经过特别的努力，该策略被扩展应用到关键寄存器，如程序计数器（PC）和堆栈指针（SP），从而模拟 80C51 在最终恶劣辐射环境中操作时会发生的大多数可能的翻转。

## 11.4.2　错误注入结果和错误率预计

在矩阵乘法程序执行期间，在随机位置、随机时刻注入了 12245 个 CEU。根据程序执行层面的结果，翻转注入的影响可以分为以下 3 类：无影响、结果错误、时序丢失。

第一种无影响的 CEU，例如在不会对之后程序运行造成影响的存储单元中注入了翻转故障（例如未使用的 1 个寄存器或者存储器中的 1 byte，或者在翻转注入后又被其他内容覆盖，因此造成错误被"擦除"）。导致结果错误的 CEU 故障是指测试程序结果与预计结果（本例中的结果矩阵）至少出现 1 位不同。最后，故障注入后程序执行过程与预计不同的情况属于时序丢失。属于最后这种功能紊乱的 CEU 可能会导致无影响到不可恢复的故障，需要硬件复位或者重启程序来恢复。

表 11-4 统计了实验结果，给出了由所有 CEU 导致的各种不同错误类型与对应的百分比。可以发现几乎一半的故障注入会引发乘法程序的结果错误，其中只有 2.8% 引起了时序丢失故障。此外，与内部存储（944bits）相比，SFR（88bits）仅占很少的数量，但是 44.8% 都引起了时序丢失。另一方面，结果错误主要由仅占内部存储 1.5% 的部分 SFR 上的 CEU 引起。

最后，如果我们使用矩阵乘法程序进行一个新的注入实验，这次操作数和结果矩阵存储在外部 SRAM 中，使得无影响的 CEU 升到了 94%。这表明真实 SEU 只产生微小影响，如果使用地面静态程序测试会导致错误率的过度评估。表11-5 总结了这两种 CEU 注入结果，充分证实了使用尽可能接近最终应用的程序和考虑实际组织架构（存储器占用情况）来评估 SEU 敏感性的必要性。在 80C51 微控制器案例中需要注意的是，其 CEU 目标代表了总 SEU 敏感区域的约 93%，使得根据已研究的方法预计得到的错误率与真实错误率一致性较好。

**表 11-5　矩阵乘法程序中两种不同存储器占用策略的故障注入结果**

| 错误类型 | 矩阵存储在内部存储器中 | 矩阵存储在外部存储器中 |
| --- | --- | --- |
| 无错误 | 50% | 94% |
| 结果错误 | 47% | 4% |
| 时序丢失 | 3% | 2% |

## 11.4.3　地面辐射测试结果

8051 被放置在 THESIC 子板上，使用 Louvain – la – Neuve（比利时）HIF（重离子装置）的"Cyclone"回旋加速器提供的重离子进行辐照。图 11-8 为硬件的照片。专为 8051 微控制器而开发的 THESIC 子板除了包含待测微控制器之外，还包括存储器区域和逻辑电路，用于在 DUT 辐照期间执行选择的测试程序。特别地，一个被称作 MMI（存储映射接口）的公共存储区域可以让 DUT 存储程序结果并且母板可以将运行结果和预计结果比对。

图 11-8　8051 THESIC 子板安装在重离子装置（HIF，Louvain – La – Neuve，比利时）回旋加速器的真空腔内

地面辐射测试的主要目的是测量 8051 微控制器执行矩阵乘法程序时的静态和动态 SEU 截面，以及评价错误率预计方法。为了达到这些目的，需要将 8051

暴露于不同重离子束下执行既定程序。表 11-6 的第一列统计了所用到的束流特性。为了覆盖更大的 LET 值范围，一些实验中通过倾斜子板的方法模拟既定粒子下的更高 LET 值。

**表 11-6　预计和测量的 SEU 动态截面**

| 粒子束 | 有效 LET 值/($MeV \cdot cm^2/mg$) | 错误率/($cm^2$/device) | |
|---|---|---|---|
| | | 测量值 | 预计值 |
| 氮 | 2.97 | $2.00 \times 10^{-6}$ | $2.00 \times 10^{-6}$ |
| 氖 | 5.85 | $1.02 \times 10^{-4}$ | $1.55 \times 10^{-4}$ |
| 氯 | 12.7 | $3.96 \times 10^{-4}$ | $3.78 \times 10^{-4}$ |
| 氩 | 14.1 | $4.50 \times 10^{-4}$ | $4.33 \times 10^{-4}$ |
| 氯，倾角 48° | 19.5 | $6.63 \times 10^{-4}$ | $6.00 \times 10^{-4}$ |
| 氯，倾角 60° | 25.4 | $7.13 \times 10^{-4}$ | $7.55 \times 10^{-4}$ |
| 氮 | 34 | $9.12 \times 10^{-4}$ | $8.86 \times 10^{-4}$ |
| 溴 | 40.7 | $8.85 \times 10^{-4}$ | $9.00 \times 10^{-4}$ |

SEU 截面曲线如图 11-9 所示，可以发现 8051 微控制器的动态截面预测和测量结果呈现非常好的一致性。该曲线可提取两个重要的信息：LET 阈值和饱和截面。此外，LET 阈值（此处为接近 $3MeV \cdot cm^2/mg$）清晰地表达了在所有空间环境中应用时，认真评估该处理器 SEU 敏感性的需求。

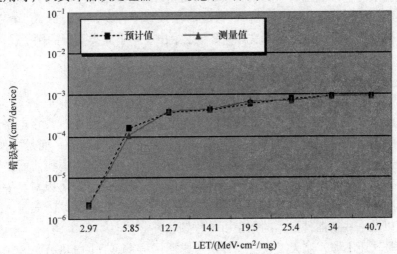

图 11-9　8051 在执行矩阵乘法程序时预计和测量错误率

前面提到了计算静态和动态 SEU 截面需要观测到的错误率和轰击 DUT 的粒子数量。该数量即为粒子注量，由回旋加速器装置控制方提供。辐射实验仅在错误率稳定后才会停止，即当观测到的错误数除以粒子注量少于一个预设的准确度。8051 执行矩阵乘法程序的实验结果统计在表 11-6 中。如 3.1 节提到的，预测的 SEU 错误率是通过静态截面乘以 CEU 故障注入的错误率计算得到的。对比表 11-6 的最后两列可以明显发现预测错误率准确度的情况：所有重离子束的预测与测量结果差别小于 3%。

错误率评估和测量结果良好的一致性证明了前面描述的两步 SEU 错误率预测的合适性。对于其他更复杂的处理器，可访问存储单元、CEU 目标和总存储单元（真实的 CEU 目标）数目的比例决定着错误率预测的精度。然而，相比于地面测试得到的几十个错误，大量位翻转注入的评估仍是十分重要的，它可以让结果更加接近真实错误率。束流时间费用和架构的复杂性是导致辐射地面测试实验经常被错误执行的两大主因。

在与空间机构（CNES、INTA 和 NASA/JPL）的合作框架下，上述两部策略被应用于不同的处理器上，用于获得错误率预测方法的准确性。在本章参考文献［5］、［6］中可以找到使用欧洲和美国不同装置的重离子束流，在复杂处理器、16bit 微控制器和数字信号处理器上得到的试验结果。在这些试验中，预测结果和测量结果在同一个数量级，是辐射测试机构可以接受的。需要注意的是，对于一些试验，故障注入通过指令集模拟器[7]或 HDL（硬件描述语言）模型的方式来执行。对于含有缓存的处理器，开发故障注入策略时必须特别小心。确实，缓存在这些架构中对敏感区域的重要贡献使得将缓存包含在目标区域中成为强制性的。然而，使用 CEU 方法对缓存进行故障注入并不容易，需要深入了解处理器架构和指令集容量。本章参考文献［8］中给出了一个此类实验的例子。

## 11.5　更复杂架构的处理

至此，本文主要研究了微处理器的相关特性。但是，可编程数字电路还包括现场可编程门阵列。此类器件的"应用程序"不是一系列指令，而是硬件设计。它通过连接 FPGA 内的基础单元来实现预期功能。因此测试方法和前面提到的方法完全不同。研究人员已经找到了一些简单设计，每种设计都可以对其中各个和所有不同的单元进行翻转敏感性检测。这些单元包括查找表、触发器、内置块 RAM，以及一些新器件嵌入的数字可编程锁相环。

但是这还不够，航天工业已经开始考虑使用可重编程的 FPGA。这些器件的连接清单存储在小的 SRAM 单元中。直接的后果是，不仅这些电路的基础单元对辐射敏感，基础单元的连接也对辐射敏感。即使已有一些尝试去评价可重编程 FPGA，至今正确的方法学还未很好地建立起来。

# 参 考 文 献

[1] Bezerra F. et al, "Commercial Processor Single Event Tests", 1997 RADECS Conference Data Workshop Record, pp. 41-46.

[2] R. Velazco, S. Karoui, T. Chapuis, D. Benezech, L. H. Rosier, Heavy ion tests for the 68020 Microprocessor and the 68882 Coprocessor, IEEE Trans. on Nuclear Science, Vol. 39, N° 3, Dec. 1992.

[3] J. H. Elder, J. Osborn, W.A. Kolasinsky, R. Koga, A method for characterizing microprocessor's vulnerability to SEU, IEEE Trans. on Nuclear Science, Vol. 35, N° 6, pp. 1679-1681, Dec. 1988.

[4] Velazco R., Cheynet Ph., Bofill A., Ecoffet R., "THESIC: A Testbed Suitable for the Qualification of Integrated Circuits Devoted to Operate in Harsh Environment", IEEE European Test Workshop (ETW'98), Sitges, Spain, pp. 89-90, May 1998.

[5] Velazco R., Rezgui S., Ecoffet R., "Predicting Error Rate for Microprocessor-Based Digital Architectures through C.E.U. (Code Emulating Upsets) Injection", IEEE Transaction of Nuclear Science, Vol. 47, No. 6, Dec. 2000, pp. 2405-2411.

[6] Rezgui S., Velazco R., Ecoffet R., Rodriguez S., Mingo J.R., "Estimating Error Rates in Processor –Based Architectures", IEEE Transaction of Nuclear Science, Vol. 48, No. 5, Oct. 2001, pp. 1680-1687.

[7] R. Velazco, A. Corominas, P. Ferreyra, "Injecting bit flips faults by means of a purely software approach : a case studied", Proc. of 17th IEEE International Symposium Defect and Fault Tolerance on VLSI systems (DFT 2002), Vancouver (Canada), 6-8 Nov. 2002, pp.108-116.

[8] F. Faure, R. Velazco, M. Violante, M. Rebaudengo, and M. Sonza Reorda, "Impact of Data Cache Memory on the Single Event Upset-induced Error Rate of Microprocessors", IEEE Transactions on Nuclear Science, Vol. 50, No. 6, pp. 2101-2106, Dec. 2003.

# 第 12 章 基于 SEEM 软件的激光 SET 测试和分析

Vincent Pouget, Pascal Fouillat, Dean Lewis

IXL – 波尔多第一大学 – UMR CNRS 5818

351 Cours de la Libération – 33405 – 塔朗斯 – 法国

pouget@ ixl. fr, fouillat@ ixl. fr, lewis@ ixl. fr

**摘要**：本章旨在分析利用脉冲激光系统开展集成电路中辐射导致的单粒子瞬态脉冲研究的可行性。列举了三个案例以说明激光技术在空间和时间分辨率方面的优势。我们利用专用软件工具来分析激光试验中获得的瞬态脉冲响应。该软件能够提取电路敏感性评估和加固设计需要的所有信息。

## 12.1 简介

重离子等带电粒子与空间嵌入式集成电路的半导体材料相互作用产生电子 – 空穴对，电子 – 空穴对被器件电极电压分离和收集，会造成其功能扰动。这种由单个粒子作用产生的不同效应称为单粒子效应，其中单粒子瞬态脉冲相当于电压或电流的瞬态扰动。对应数字电路中的单粒子翻转（SEU），在线性器件中表现为单粒子瞬态（SET）。通常，瞬态脉冲即意味着这种扰动是可以自恢复的，与 SEU 相反，SET 不需要通过重新编程或者时钟刷新来恢复正常状态。然而，这种瞬态扰动可能传播到下一级逻辑单元，如果瞬态扰动水平达到一定的阈值条件可能被锁存从而成为永久性错误。因此，SET 是一个包括模拟功能或组合逻辑在内的几乎所有种类集成电路都关心的问题。

在数字电路中，SET 主要表现为错误率随时钟频率变化。在线性器件中，相比二进制的 SEU，SET 模拟的特点使它更难描述。如果我们考虑一个由少量晶体管组成的简单模拟功能，粒子作用导致在其输出端产生的瞬态脉冲宽度和幅度将依赖于被击中的晶体管和其偏置条件，这对 SET 敏感性评估和加固设计而言，将存在多方面的影响。在器件鉴定试验中，必须确保受试器件在尽量近似其最终应用条件下进行，按照保守方法，使用其最恶劣状态。加固设计时，识别出产生最关键瞬态脉冲的电路节点非常重要。激光试验方法从各方面来说都非常有用，因为其测试装置可方便调节，且其具备的空间分辨能力为设计中的敏感性分析提供了必要信息。

本文给出了几个利用脉冲激光技术并结合专用软件工具对线性器件和混合信号器件进行 SET 分析的实际研究案例。第一部分是一个关于 LM124 的技术例子。第二部分是模 – 数转换器（ADC）器件的时间分辨分析案例。最后一部分给出了利用专用软件工具研究 LM6142 器件中 SET 特点的详细内容。

## 12.2　激光诱发 SET

### 12.2.1　模拟器件激光测试

作为第一个案例，我们在此讨论 LM124 器件的 SET 敏感性特点，该器件是一个四运放，广泛应用于现行系统中。LM124 器件的一个典型应用是作为一个电压放大器。试验过程中输入电压维持恒定，试验监测激光脉冲导致的输出端口产生的瞬态脉冲。

图 12-1a 和图 12-1b 分别为位于法国 Orsay 核物理研究所的粒子加速器和波尔多 IXL 实验室 800nm 波长 1ps 脉宽脉冲激光试验设备的试验结果[1]。比较 Br 离子和激光脉冲产生的瞬态脉冲响应，显示两个信号几乎完全相同。瞬态脉冲仅仅是多种不同波长激光脉冲入射器件所观察到的一个例子。这说明了利用脉冲激光可以有效模拟电路的 SETs。

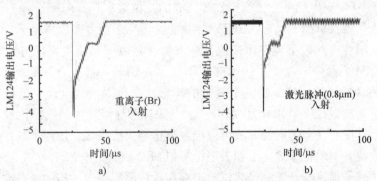

图 12-1　LM124 输出瞬态响应

a）Br 离子辐照　b）正面激光脉冲照射

激光方法的一个主要优点是可以进行 SET 敏感性分布绘图。在可以提取的不同参数之中，图 12-2 给出了瞬态脉冲的峰 – 峰值随不同位置的变化[2]。这些数据图是通过正面扫描（图 12-2a）和背面辐照获得的。

背面入射方式中将激光脉冲能量调节至和正面方式产生相同的 SET 脉冲幅度。彩色图表示脉冲幅度大小分布，红色部分代表最高值。这里可以看到两图的一致性，可以看到正面入射时金属的遮挡现象。根据这些图可进行电路敏感性电

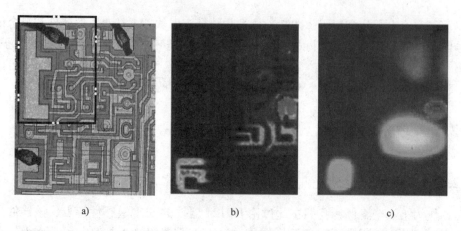

a)　　　　　　　　　　b)　　　　　　　　　　c)

图 12-2　a) 为 LM124 器件 1/4 区域的微观形貌，右图对应长方形虚线框区域，
b) 为激光正面入射 SET 幅度分布图，c) 为激光背面入射 SET 幅度分布图

学的细节分析。特别是在几次实验后，SET 最敏感的区域可以清楚地识别出来，即为靠近由两个晶体管构成的达林顿放大器的一个浮空基极[3]。

## 12.2.2　混合信号器件激光试验

### 1. 模－数转换器激光特性

由于 ADC 输出端是一个模拟量转换成的几位数字量，ADC 中单粒子翻转认为是由线性器件单粒子瞬态（SET）导致的。实际上，大多数情况下，单粒子效应可以从幅度（从数字码方面来说）和其脉冲宽度（从转变周期方面来说）进行表征。ADC 器件单粒子翻转敏感性不能像存储器一样完全用截面曲线表征。ADC 器件单粒子效应特征是一个复杂的概念，这是因为其设计中包含了各种不同的电学功能。在一个 flash 型 ADC 中，从采样和保持功能到电压比较和逻辑代码生成，其中有许多不同的方式可以导致数据丢失或损坏。依赖于其在器件结构中的发生位置，单粒子效应可能表现得类似 SEU 或者类似 SET。

利用粒子加速器开展的经典试验中存在各种限制，通过施加静态输入电压比较不同的逻辑构架可以获得错误直方图，但是这种方法不能得到清晰的失效机理，且几乎不能评估其动态错误率。为了协助设计师进行电路的加固设计，需要控制电离辐射产生的位置和时间。利用空间和时间分辨的激光试验方法可以达到这个目的[4,5]。实际上，使激光脉冲和测试时钟进行同步，可以精确控制单个激光脉冲在转换周期中的作用时间。

### 2. AD7821 激光试验结果

下面是 IXL 实验室给出的 8 位半 flash 型 ADC（AD 公司的 AD7821）器件的试验结果。在器件输入端施加恒定电压，在每次转换和激光脉冲后，对器件输出位进行采集，并通过与期望值进行比较统计数字错误。通过确认每一个错误信息及激光束位置关系获得模 – 数转换错误图。转换周期和激光脉冲之间的触发信号延迟通过一个延迟发生器进行控制。

在一个 flash（或半 flash）型 ADC 器件中，最受到关注的结构是并行比较器，这些比较器构成了模拟和数字之间的边界单元。图 12-3 表示两个比较器周围的扫描窗口图形，以及相应的三种不同延迟时间的错误分布图。每一个图中包含了超过 100000 个测试点（步进 1μm），用时超过 30min。灰度水平表示不同的错误代码，如果观测值与期望值不同则定义为一次错误。逐图观察可以看到明显的从头到尾的变化。这些图片清晰给出在给定的时间延迟下模块中的哪些区域包含敏感信息。在第一个图（30ns 延迟）中，SET 敏感区域位于比较器的输出端节点。更大的延迟时间情况下，敏感区域表现为比较器输出端锁存器的 SEU。通过每一种延迟下敏感区域的积分，可以得到转换周期内的截面数据。在加固设计方法中，可以分辨时序中最严格的相位位置。

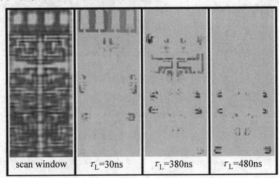

| scan window | $\tau_L$=30ns | $\tau_L$=380ns | $\tau_L$=480ns |

图 12-3　AD7821 中两个比较器的扫描窗口及其对应的三种不同激光延迟下的错误分布图

图 12-3 给出了鲜见的器件中信息传播视图。除进行 SET 分析之外，该视图可以用于内部信号检查、反向工程，或者进行缺陷定位。该技术的一个优点是图片中没有无关的信息，而在电子束探测电压衬度成像中所有金属线都是可见的。在瞬态故障注入技术中，仅能揭示器件给定时刻包含功能重要信息的区域。

## 12.3　利用激光试验和 SEEM 软件进行 SET 分析

该部分中，我们给出了利用 IXL 实验室的激光设备和 SEEM 专用软件进行 LM6142 型双运放 SET 研究的案例。该器件表现出超长的 SET 脉冲，对此已经有较多的详细研究[7]。本文中，仅仅考虑了线性器件内部区域产生典型 SET 响应的情况。器件接为反向放大器形式，增益为 10，偏压为 ±10V，测试过程中采用 –60mV 的恒定输入。

图 12-4 给出了测试器件的形貌图，以及由 15pJ 激光脉冲导致的 SET 强度分布图。为了构图，对图 12-4a 中的长方形区域进行了扫描，逐点扫描步长为 5μm，激光进行单脉冲发射，器件的输出由数字示波器进行监测。存储的波形采用标准算法[8]处理，以提取出幅度、脉冲宽度等参数。提取的参数最后按照位置的函数进行了绘制，所有的任务均由自动化的 SEEM 软件进行处理[5]。初级版软件仅包括数据的可视化处理，部分代码进行了升级，升级版即为 SEEM Reader（见图 12-5），该软件可为基于 IXL 激光设备进行的试验数据分析所用。

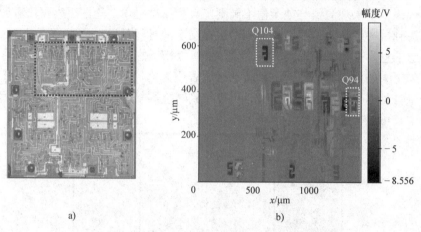

a)　　　　　　　　　　b)

图 12-4　a）为 LM6144 器件微观形貌图，其中标出的虚线长方形
为扫描区域，b）为对应的 SET 幅度分布图

在图 12-4b 中，可以清晰看出不同的双极晶体管区域，分别可导致正向（亮点）和负向（暗点）瞬态脉冲，分别标识为 Q104 和 Q94。利用 SEEM Reader，可以标出这些晶体管周围长方形区域中激光脉冲导致的所有瞬态脉冲，结果如图 12-6 所示。Q104 点的瞬态脉冲本质上是单极的负脉冲，而 Q94 产生的都是对称的双极瞬态脉冲。这些不同的波形具有不同的系统级影响，具体影响将依赖于应用。

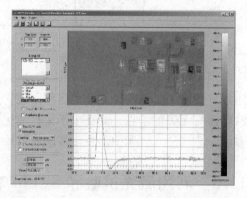

图 12-5　SEEM Reader 软件的图形化用户界面

如图 12-6 所示，即使采用单一能量的激光脉冲激发，结果得到不同幅度的瞬态脉冲波形，其幅度从 0 到最大值。主要是由于不同的位置点具有不同的瞬态脉冲产生效率，这依赖于其与灵敏结的距离。因此，不同的作用位置可观察到不

同幅度的瞬态脉冲波形。另外一个影响不同 SET 幅度的因素是金属内部互联层的遮挡作用,金属层会阻挡激光入射半导体材料。由于点与附近点之间的互联线遮挡程度不同,所以入射硅材料的激光能量随位置变化,这导致产生不同的 SET 幅度。大部分线性器件集成度不太高,如果不是为了精确获得瞬态脉冲的产生阈值边界信息,可以粗略认为激发图 12-6 中所示的一组 SET 波形的激光脉冲能量等于或小于实际使用的脉冲能量。这意味着,需要获得所有可能的瞬态脉冲波形时,高能量测量方式比低能量更为有效。然而,这并不意味着瞬态脉冲幅度与激光脉冲能量是线性关系。

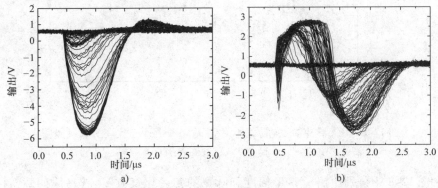

图 12-6　图 12-4b 中 Q104 a) 和 Q94 b) 附近标出的长方形区域的瞬态脉冲波形

　　许多晶体管会产生特有的瞬态脉冲形状,简单通过绘出所有瞬态脉冲波形来获得器件敏感性整体情况非常困难。此外阻止 SET 在一个模拟系统中传播的主要技术手段是采用低通滤波,这样,瞬态脉冲形状细节并非必需信息,而唯一需要关注的是 SET 谱能量密度。进行粗略估算时,如果排除异常瞬态波形,可以从瞬态脉冲的脉宽和幅度进行估计。采用这两个参数进行绘图也是一种可给出模拟电路的 SET 敏感性可视化结果的便捷方法[9]。图 12-4 中相关区域扫描后并由 SEEM 软件给出的 SET 图如图 12-7 所示。

　　由图 12-7 可以看出,该器件的扫描区域中 SET 最大脉宽达到 μs 范围。器件带宽为 17MHz,该 SET 脉宽结果落在了器件的工作频率范围。该结果意味着该器件全速度空间应用需要考虑一些限制因素。

　　很显然,图 12-7 中的点不是一种规则分布,但是整体上可分为不同的组。利用 SEEM 软件,可以获得这些组和其在图 12-4 中区域之间的关系。一组数据代表了一组特定的晶体管。相应地,也可以区分特定晶体管在图表中的贡献。图 12-7 中给出了 Q104 晶体管的贡献,这是最关键的晶体管之一,这是因为它是脉宽大于 1μs 的幅度最大的瞬态脉冲的根本原因,因此在抗辐射加固设计中要对该信息特别关注。

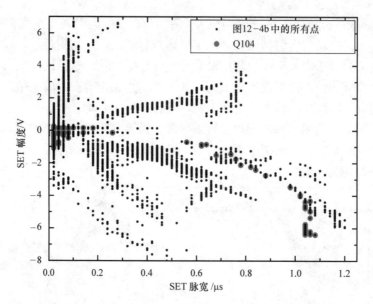

图 12-7　瞬态脉冲幅度随脉宽的关系图。图中每个点代表图 12-4 绘图
中的一个试验点，灰色圆圈表示 Q104 结果

　　图 12-8 中分别给出了 SET 幅度和脉宽的归一化直方图。作为图 12-7 的补充，该图提供了器件响应的一个有趣信息，实际上，图 12-7 不能给出一组给定幅度和脉宽的概率信息。在图 12-8 中，可以看出许多瞬态脉冲幅度达到 −6V。同样，$1.05\mu s$ 脉宽的 SET 脉冲看起来也有相当的可能性。这些样品结果表明利用 SEEM 软件可以分析得到可信的细节信息。

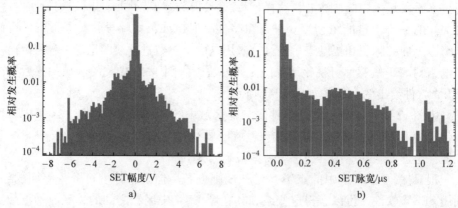

图 12-8　归一化的 SET 幅度柱状图（图 12-4 中区域扫描），其中 a）为幅度图 b）为脉宽图

　　最后，和 SEU 的情况类似，进行错误率预计的主要参数便是 SET 截面。利用 SEEM 软件，我们可以计算满足特定幅度和脉宽阈值条件的瞬态脉冲数量。在

粒子加速器试验中，SET 试验通常是在给定一个或一组固定阈值的情况下开展的。利用 SEEM 软件，无论是否超过阈值，扫描窗口中每一个位置点的瞬态脉冲波形都进行了记录。这意味着可以进行后续的数据处理，其提取截面数据时用到的幅度和脉宽阈值数据可以随着应用不同而进行调节。

图 12-9 中显示几组不同脉宽阈值时 SET 截面随峰 – 峰幅度阈值的变化情况。这些曲线和图 12-4 即单能量绘图结果相一致。在给定的一组幅度和脉宽阈值条件下，可以在不同脉冲能量下获得结果，进一步绘图得到截面随激光能量或激光等效 LET 的变化关系[10]。

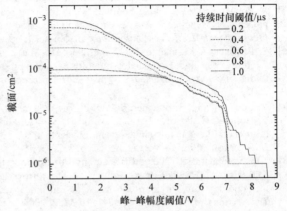

图 12-9　不同最小脉宽时 SET 截面随峰 – 峰幅度阈值的变化

## 12.4　结论

本文给出了脉冲激光试验技术在集成电路 SET 敏感性分析方面的应用。通过三项研究案例说明了激光工具的作用。开发了专用软件工具，可为 IXL 激光设备用户进行数据分析所用。利用该软件可以从激光试验中提取所有有效信息，以对器件的 SET 响应进行定量评估，这有助于在加固设计方法中理解 SET 敏感性的根本原因。

## 参 考 文 献

[1]　P. Adell, R. D. Schrimpf, H. J. Barnaby, R. Marec, C. Chatry, P. Calvel, C. Barillot, and O. Mion, "Analysis of single-event transients in analog circuits," *Nuclear Science, IEEE Transactions on*, vol. 47, no. 6, pp. 2616-2623, 2000.

[2]　D. Lewis, V. Pouget, F. Beaudoin, P. Perdu, H. Lapuyade, P. Fouillat, and A. Touboul, "Backside laser testing of ICs for SET sensitivity evaluation," *Nuclear Science, IEEE Transactions on*, vol. 48, no. 6, pp. 2193-2201, 2001.

[3]　A. L. Sternberg, L. W. Massengill, R. D. Schrimpf, Y. Boulghassoul, H. J. Barnaby, S. Buchner, R. L. Pease, and J. W. Howard, "Effect of amplifier parameters on single-event transients in an inverting operational amplifier," *Nuclear Science, IEEE Transactions on*, vol. 49, no. 3, pp. 1496-1501, 2002.

[4]　S. P. Buchner, T. J. Meehan, A. B. Campbell, K. A. Clark, and D. McMorrow, "Characterization of single-event upsets in a flash analog-to-digital converter (AD9058)," *Nuclear Science, IEEE Transactions on*, vol. 47, no. 6, pp. 2358-2364, 2000.

[5]　V. Pouget, D. Lewis, and P. Fouillat, "Time-resolved scanning of integrated circuits with a pulsed laser: application to transient fault injection in an ADC," *Instrumentation and Measurement, IEEE Transactions on*, vol. 53, no. 4, pp. 1227-1231, 2004.

[6]　S. Buchner, A. B. Campbell, A. Sternberg, L. Massengill, D. McMorrow, and C. Dyer, "Validity of using a fixed analog input for evaluating the SEU sensitivity of a flash analog-to-digital converter," *Nuclear Science, IEEE Transactions on*, vol. 52, no. 1, pp. 462-467, 2005.

[7]　Y. Boulghassoul, S. Buchner, D. McMorrow, V. Pouget, L. W. Massengill, P. Fouillat, W. T. Holman, C. Poivey, J. W. Howard, M. Savage, and M. C. Maher, "Investigation of millisecond-long analog single-event transients in the LM6144 op amp," *Nuclear Science, IEEE Transactions on*, vol. 51, no. 6, pp. 3529-3536, 2004.

[8]　"IEEE Standard 181-2003 on Transitions, Pulses and Related Waveforms," July1, 2003.

[9]　S. Buchner, J. Howard, Jr., C. Poivey, D. McMorrow, and R. Pease, "Pulsed-laser testing methodology for single event transients in linear devices," *Nuclear Science, IEEE Transactions on*, vol. 51, no. 6, pp. 3716-3722, 2004.

[10] V. Pouget, H. Lapuyade, P. Fouillat, D. Lewis, and S. Buchner, "Theoretical Investigation of an Equivalent Laser LET," *Microelectronics Reliability*, vol. 41, no. 9-10, pp. 1513-1518, 2001.

本书由 Springer 授权机械工业出版社在中华人民共和国境内（不包括香港、澳门特别行政区及台湾地区）出版与发行。未经许可的出口，视为违反著作权法，将受法律制裁。

北京市版权局著作权合同登记　图字：01 - 2015 - 8401 号。

## 图书在版编目（CIP）数据

嵌入式系统中的辐射效应/（法）拉乌尔·委拉兹克（Raoul Velazco）等著；黄云等译.—北京：机械工业出版社，2017.9

（国际电气工程先进技术译丛）

书名原文：Radiation Effects on Embedded Systems

ISBN 978-7-111-58286-1

Ⅰ.①嵌…　Ⅱ.①拉…②黄…　Ⅲ.①微型计算机 - 系统设计　Ⅳ.①TP360.21

中国版本图书馆 CIP 数据核字（2017）第 253787 号

机械工业出版社（北京市百万庄大街 22 号　邮政编码 100037）
策划编辑：付承桂　责任编辑：张利萍
责任校对：樊钟英　封面设计：马精明
责任印制：张　博
三河市国英印务有限公司印刷
2018 年 1 月第 1 版第 1 次印刷
169mm×239mm·15.5 印张·288 千字
0001—2600 册
标准书号：ISBN 978 - 7 - 111 -58286 - 1
定价：79.00 元

凡购本书，如有缺页、倒页、脱页，由本社发行部调换
电话服务　　　　　　　　　　网络服务
服务咨询热线：010 - 88361066　机 工 官 网：www.cmpbook.com
读者购书热线：010 - 68326294　机 工 官 博：weibo.com/cmp1952
　　　　　　　010 - 88379203　金 书 网：www.golden - book.com
**封面无防伪标均为盗版**　　　教育服务网：www.cmpedu.com